压水堆核电厂操纵人员基础理论培训系列教材

核电厂运行概论

An Introduction to Operation of Nuclear Power Plants

郑福裕　邵向业　丁云峰　编著

中国原子能出版社

图书在版编目(CIP)数据

核电厂运行概论 / 郑福裕,邵向业,丁云峰编著 .
—北京:原子能出版社,2010.12 (2024.8 重印)
(压水堆核电厂操纵人员基础理论培训系列教材)
ISBN 978-7-5022-4892-5

Ⅰ.①核… Ⅱ.①郑… ②邵… ③丁… Ⅲ.①核电厂
—运行—概论 Ⅳ.①TM623.7

中国版本图书馆 CIP 数据核字(2010)第 079557 号

内容简介

本书介绍了压水堆核电厂运行的基础知识。全书共分五章,内容包括概论、核电厂运行技术规格书、核电厂正常运行、核电厂异常运行、核电厂事故。书中有两个附录:核电厂模拟机简介和蒸汽发生器传热管破裂事故实例。

本书是压水堆核电厂操纵人员基础理论培训系列教材之一,也可供从事核电工程的相关技术人员及高等院校核工程专业的师生参考。

核电厂运行概论

策　划	刘　朔　张　琳
出版发行	中国原子能出版社(北京市海淀区阜成路 43 号　100048)
责任编辑	刘　岩
技术编辑	冯莲凤
责任印制	赵　明
印　刷	中煤(北京)印务有限公司
经　销	全国新华书店
开　本	787 mm×1092 mm　1/16
印　张	12.75　　字　数　317 千字
版　次	2010 年 12 月第 1 版　2024 年 8 月第 7 次印刷
书　号	ISBN 978-7-5022-4892-5
定　价	65.00元

网址:http://www.aep.com.cn　　E-mail:atomep123@126.com
发行电话:010-88828678

《压水堆核电厂操纵人员基础理论培训系列教材》

校审专家

（按姓氏拼音顺序排列）

一审专家：

高秀清　高永春　李文埮　李永章　刘耕国
罗璋琳　彭木彰　浦胜娣　吴炳祥　夏益华
张培升　赵兆颐

二审专家：

陈　跃　付卫彬　黄志军　蒋祖跃　李守平
马明泽　毛正宥　潘泽飞　唐锡文　王瑞正
魏　挺　薛峻峰　杨　炜　朱晓斌

统审专家：

曹述栋　丁卫东　丁云峰　宫广臣　苟　峰
顾颖宾　郭利民　何小剑　黄世强　廖伟明
刘志勇　马明泽　毛正宥　缪亚民　戚屯锋
苏圣兵　孙光弟　王晓航　魏国良　吴　放
吴　岗　杨昭刚　俞卓平　张福宝　张志雄
周卫红

前　言

核电厂操纵人员的素质关系到核电厂的安全运营，而培训工作是保证人员素质的基本环节之一。为适应当前我国大力发展核电的形势，保证核电厂操纵人员的培训质量，使基础理论培训满足国家核安全法规与行业规定的要求，便于对培训过程实施统一规范的管理，国家主管部门决定编写一套适用于核电厂操纵人员的基础理论培训教材——《压水堆核电厂操纵人员基础理论培训系列教材》。鉴于核工业研究生部在近20年的核电基础理论培训中，积累了丰富的教学及管理经验，具有稳定的师资队伍和较完整的教材体系，故由核工业研究生部具体承担教材编写的组织工作。

为了编好操纵人员培训教材，核工业研究生部牵头组织长期从事核电培训的专家、教授进行认真分析和讨论，根据我国现有堆型的特点，从压水堆核电厂入手，由核电厂、核动力运行研究所、操纵人员资格审查委员会等单位的专家共同参与编写。这套教材共十二册，包括《核反应堆物理》、《核反应堆热工水力学》、《核电厂辐射防护》、《核电厂材料》、《核电厂通用机械设备》、《核电厂水化学》、《核电厂电气原理与设备》、《核电厂核蒸汽供应系统》、《核电厂蒸汽动力转换系统》、《核电厂仪表与控制》、《核电厂核安全》、《核电厂运行概论》。这套教材内容以核电厂相关专业的基本概念、基本原理及基础知识为主，可为操纵人员下一步培训打下良好的理论基础。

本套教材是经过充分准备、精心组织而完成的。首先，根据核电厂操纵人员的培训目标，按照《核电厂操纵人员的执照考核标准》(EJ/T 1043—2004)的相关内容和要求进行课程设置、制定教材编写原则、明确每种教材应涵盖的内容；在总结以往教学经验的基础上，充分征求各核电厂专家的意见，形成了内容完整、要求明确的教材编写大纲。其次，聘请既有较高的专业水平又有较强的实际工作能力和丰富的教学经验的专家担任本套教材的编者，并为编者提供教材编写技巧、《著作权法》等相关知识的讲座和模拟机现场观摩学习；编者根据教材编写原则和大纲编写具体内容，力求做到既符合学员的认知规律又贴近核电厂的实际。再次，请理论功底扎实、教学经验丰富的教授、专家根据教学原则对教材内容的准确性、系统性等进行审查，并广泛征求任课教师的意见；同时请实践经验丰富的核电厂专家结合实际进行审查。编者根据上述意见对教材进行认真修改后，再征求各方意见，最终由操纵人员资格审查委员会审定。

本套教材中《核电厂电气原理与设备》由江苏核电有限公司具有丰富实际工作经验的专家编写。其余的各分册由核工业研究生部多年从事核电培训教学工作、教学及实践经验丰富的教授、专家编写。

在本套教材的编审过程中，核工业研究生部的任课教师们认真参与教材的编审和研讨；江苏核电有限公司专门成立"电气教材编写专项组"，精心组织编审；各核电厂积极推荐审稿专家，提供编写教材所需资料；核电秦山联营有限公司组织一线人员与编者进行对口交流，创造条件为编者提供模拟机现场演示与讲解；各核电厂、核动力运行研究所、操纵人员资格审查委员会等单位的专家们认真审稿，提出许多宝贵意见；原子能出版社自始至终给予通力合作，提前介入指导，缩短了出版周期。

本套教材的编制出版，凝聚着编、审、校、印及组织管理人员的大量心血，同时得到各相关单位的大力支持和热情帮助，在此深表谢意！

编委会

2010 年 11 月

编者的话

《核电厂运行概论》是根据核电基础理论培训教材编写大纲要求，在广泛听取核电专家意见的基础上编写的，是《压水堆核电厂操纵人员基础理论培训系列教材》之一，也可供核电厂相关人员参考。

本书根据《核动力厂运行安全规定》(HAF103)和《核电厂人员的配备、招聘、培训和授权》(HAD103/05)的要求，内容以基础理论知识、基本概念和基本原理为主，涵盖了《核电厂操纵人员的执照考核》标准(EJ/T 1043—2004)附录D.3的有关内容。

本书以核工业研究生部核电厂操纵人员培训讲义《压水堆核电厂运行》为基础，结合任课老师的教学实践作了修改和补充。在编写上，尽量从原理上着重讲清楚基本概念，并注意联系实际，将这些基本概念与核电厂的运行实际相结合。教材中强调运行文件的重要性，并指出核电厂运行是离不开运行规程的。在内容选择和安排上，为便于读者理解，力求做到由浅入深，尽量避免繁杂的公式推导，做到既重点突出，又具有一定的全面性、系统性。

全书共分5章。第1章绪论，重点介绍了核电厂运行的特点；第2章介绍核电厂技术规格书，这是核电厂最重要的运行文件；第3章核电厂正常运行，结合正常运行规程介绍正常运行全过程；第4章核电厂异常运行，结合异常运行规程介绍部分异常运行；第5章事故，重点介绍了美国三哩岛事故后，美国西屋型压水堆核电厂的应急运行规程的特点及内容，并介绍了典型事故之一——蒸汽发生器传热管破裂。最后还给出了两个附录：① 全范围核电厂模拟机简介，这是最重要的培训工具；② 蒸汽发生器传热管破裂事故实例。

在编写的过程中，李永章、马明泽等专家审校了全文，编者表示衷心感谢。

本书的出版，承蒙秦山核电有限公司、核电秦山联营有限公司、大亚湾核电运营管理有限责任公司等单位和有关同志的大力支持，编者表示诚挚的谢意。

书中如有不妥之处，恳请批评指正。

编者

2010年11月

目　录

第1章　绪论 ……………………………………………………………… (1)

1.1　核电厂运行特点 ……………………………………………………… (1)

1.1.1　压水堆核电厂与化石燃料电厂 ……………………………… (1)

1.1.2　压水堆核电厂与研究堆 ……………………………………… (4)

1.1.3　压水堆核电厂与舰船核动力装置 …………………………… (6)

1.2　核电厂运行工况分类 ………………………………………………… (8)

1.2.1　正常运行和运行瞬态 ………………………………………… (8)

1.2.2　中等频度事件 ………………………………………………… (8)

1.2.3　稀有事件 ……………………………………………………… (9)

1.2.4　极限事故 ……………………………………………………… (9)

1.3　核电厂工作人员的基本要求 ……………………………………… (10)

1.3.1　“安全文化”的概念 ………………………………………… (10)

1.3.2　培训 ………………………………………………………… (12)

1.3.3　经验 ………………………………………………………… (15)

1.4　核电厂的运行文件 ………………………………………………… (16)

1.4.1　技术规格书(Technical Specifications) …………………… (17)

1.4.2　运行规程 …………………………………………………… (17)

复习题 …………………………………………………………………… (20)

第2章　核电厂技术规格书 ………………………………………… (21)

2.1　概述 ………………………………………………………………… (21)

2.2　定义 ………………………………………………………………… (21)

2.3　安全限值和安全系统限值的设定 ………………………………… (23)

2.3.1　安全限值 …………………………………………………… (23)

2.3.2　安全系统限值的设定 ……………………………………… (24)

2.4　运行限制条件 ……………………………………………………… (24)

2.4.1　适用范围 …………………………………………………… (25)

2.4.2　反应性控制系统 …………………………………………… (26)

2.4.3　功率分布限值 ……………………………………………… (28)

2.4.4　仪表 ………………………………………………………… (31)

2.4.5　反应堆冷却剂系统 ………………………………………… (31)

2.4.6　应急堆芯冷却系统(ECCS) ……………………………… (32)

2.4.7 安全壳系统…………………………………………………………………………… (32)
2.4.8 电厂系统……………………………………………………………………………… (33)
2.4.9 电力系统……………………………………………………………………………… (33)
2.4.10 换料运行 ……………………………………………………………………………… (34)
2.4.11 特殊试验 ……………………………………………………………………………… (34)
2.5 监测要求………………………………………………………………………………… (34)
2.6 设计特点………………………………………………………………………………… (35)
2.7 行政管理………………………………………………………………………………… (35)
2.8 广东大亚湾核电厂技术规格书简介………………………………………………… (36)
复习题 ……………………………………………………………………………………… (40)

第3章 核电厂正常运行 …………………………………………………………… (42)
3.1 概述……………………………………………………………………………………… (42)
3.2 核电厂加热升温………………………………………………………………………… (42)
3.2.1 初始条件……………………………………………………………………………… (42)
3.2.2 注意事项……………………………………………………………………………… (43)
3.2.3 运行操作……………………………………………………………………………… (45)
3.3 反应堆启动至最小功率………………………………………………………………… (47)
3.3.1 反应堆启动过程中的几个问题……………………………………………………… (48)
3.3.2 初始条件……………………………………………………………………………… (54)
3.3.3 注意事项……………………………………………………………………………… (54)
3.3.4 运行操作……………………………………………………………………………… (55)
3.4 功率运行………………………………………………………………………………… (56)
3.4.1 初始条件……………………………………………………………………………… (56)
3.4.2 注意事项……………………………………………………………………………… (57)
3.4.3 运行操作……………………………………………………………………………… (57)
3.4.4 常轴向(功率)偏移的运行…………………………………………………………… (61)
3.4.5 运行中的负荷瞬变…………………………………………………………………… (66)
3.5 功率运行中的两个估算——稀释率与热平衡计算………………………………… (79)
3.5.1 稀释率的确定………………………………………………………………………… (79)
3.5.2 热平衡计算…………………………………………………………………………… (80)
3.6 核电厂停闭——从100%额定功率至冷停堆模式 …………………………………… (82)
3.6.1 初始条件……………………………………………………………………………… (82)
3.6.2 注意事项……………………………………………………………………………… (83)
3.6.3 运行操作……………………………………………………………………………… (84)
复习题 ……………………………………………………………………………………… (90)

第4章 核电厂异常运行 …………………………………………………………… (91)
4.1 概述……………………………………………………………………………………… (91)

4.2 棒控系统故障……………………………………………………………………………… (92)
4.2.1 功率运行时控制棒组连续上提……………………………………………………… (92)
4.2.2 控制棒束掉落堆芯………………………………………………………………… (95)
4.3 应急加硼……………………………………………………………………………… (97)
4.3.1 概述………………………………………………………………………………… (97)
4.3.2 现象………………………………………………………………………………… (98)
4.3.3 动作………………………………………………………………………………… (99)
4.4 发电机甩负荷 ……………………………………………………………………… (100)
4.4.1 概述 ……………………………………………………………………………… (100)
4.4.2 现象 ……………………………………………………………………………… (100)
4.4.3 动作 ……………………………………………………………………………… (101)
4.5 给水流量不充足 …………………………………………………………………… (105)
4.5.1 概述 ……………………………………………………………………………… (105)
4.5.2 现象 ……………………………………………………………………………… (105)
4.5.3 动作 ……………………………………………………………………………… (106)
4.6 反应堆冷却剂系统泄漏 …………………………………………………………… (108)
4.6.1 概述 ……………………………………………………………………………… (108)
4.6.2 现象 ……………………………………………………………………………… (108)
4.6.3 动作 ……………………………………………………………………………… (109)
4.7 反应堆冷却剂泵异常 ……………………………………………………………… (110)
4.7.1 概述 ……………………………………………………………………………… (110)
4.7.2 失去反应堆冷却剂泵设备冷却水 ……………………………………………… (110)
4.7.3 失去反应堆冷却剂泵轴封注入水 ……………………………………………… (113)
4.8 反应堆冷却剂系统压力异常 ……………………………………………………… (114)
4.8.1 概述 ……………………………………………………………………………… (114)
4.8.2 反应堆冷却剂系统压力高 ……………………………………………………… (114)
4.8.3 反应堆冷却剂系统压力低 ……………………………………………………… (115)
4.9 仪控通道失效 ……………………………………………………………………… (116)
4.9.1 概述 ……………………………………………………………………………… (116)
4.9.2 一回路系统仪控通道失效 ……………………………………………………… (117)
4.9.3 二回路系统仪控通道失效 ……………………………………………………… (124)
4.9.4 芯外核测仪表通道失效 ………………………………………………………… (127)
复习题……………………………………………………………………………………… (129)

第5章 事故 ……………………………………………………………………………… (130)
5.1 概述 ………………………………………………………………………………… (130)
5.1.1 应急响应导则(ERG) …………………………………………………………… (131)
5.1.2 最佳恢复导则(ORG) …………………………………………………………… (131)
5.1.3 功能恢复导则(FRG) …………………………………………………………… (136)

5.1.4 最佳恢复导则与功能恢复导则的转换关系 …………………………… (142)
5.2 未紧急停堆的预期瞬变(ATWS) ……………………………………………… (144)
5.2.1 概述 ……………………………………………………………………… (144)
5.2.2 处理未紧急停堆的预期瞬变的应急运行规程——FRP－S.1 ………… (148)
5.3 蒸汽发生器传热管破损(SGTR)事故 ………………………………………… (150)
5.3.1 蒸汽发生器传热管破裂事故概述 ……………………………………… (150)
5.3.2 蒸汽发生器传热管破裂的瞬变过程 …………………………………… (151)
5.3.3 处置蒸汽发生器传热管破裂事故的应急运行规程 …………………… (153)
5.3.4 操纵员及时干预下的蒸汽发生器传热管破裂 ………………………… (163)
附录1 核电厂模拟机简介 ……………………………………………………… (172)
附录2 蒸汽发生器传热管破裂事故实例 ……………………………………… (176)
复习题……………………………………………………………………………… (187)

索引 ……………………………………………………………………………… (188)

参考文献 ………………………………………………………………………… (192)

第1章 绪 论

1.1 核电厂运行特点

核电厂运行与现代化石燃料(煤炭、石油、天然气)电厂基本相似,即都是按照电网负荷需求调节热源的输出功率,使其与电网负荷相平衡,生产出合格电力。其不同之处在于前者是利用核裂变产生的能量,而后者则是利用燃烧化石燃料产生的能量。图1-1给出了压水堆核电厂简化工艺流程,图1-2给出了过热和再热化石燃料电厂简化工艺流程。

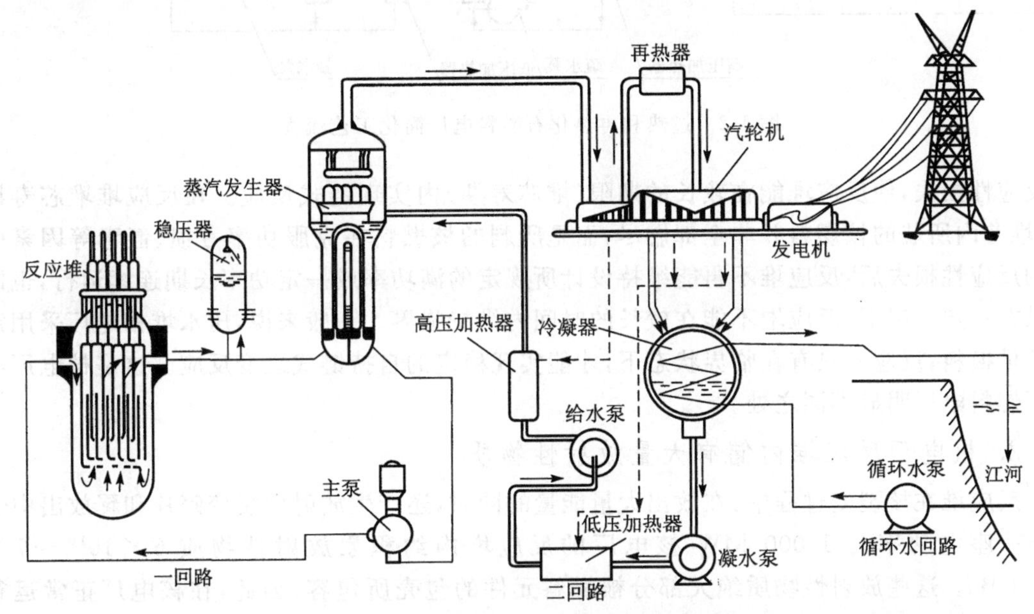

图1-1 压水堆核电厂简化工艺流程

现简要归纳压水堆核电厂与化石燃料电厂、研究性反应堆和舰船用核动力装置的特点,分别叙述如下。

1.1.1 压水堆核电厂与化石燃料电厂

1. 反应堆临界是核电厂运行特点之一

核电厂和化石燃料电厂一样,都是将热能转换成电能。化石燃料电厂是将化石燃料加入燃烧炉内,在炉膛内温度足够高、燃料和充足的空气条件下,使化石燃料得到燃烧,将由化学反应产生的热能转换成电能。一般化石燃料电厂需要连续不断地向锅炉供给燃料。核电厂则是利用在反应堆内原子核裂变产生热能转换成电能。为了能维持反应堆内核燃料的链式裂变反应,并能持续较长的时间,反应堆内的核燃料装载量必须一次性装入大于反应堆临界所需的量,以克服冷态至热态、功率亏损、平衡氙毒、燃料消耗以及裂变产物积累等所引起

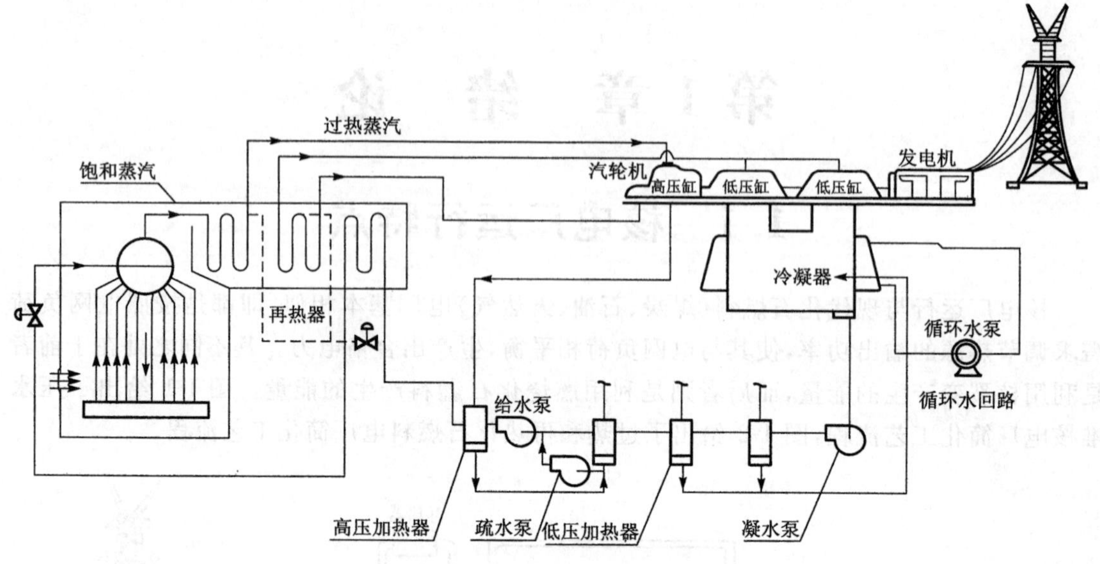

图 1-2 过热和再热化石燃料电厂简化工艺流程

的反应性损失，使反应堆能在较长的期限(堆芯寿期)内实现链式反应。在反应堆堆芯寿期末，堆芯内所装的核燃料并非全部燃尽，而是所剩的核燃料在克服功率亏损、氙毒等因素引起的反应性损失后，反应堆不再能维持设计所规定的满功率或一定功率长期连续运行，也即在维持一定功率下，反应堆不能在较长的时间内维持临界。一般来说，压水堆核电厂采用定期停堆换料，反应堆只有在临界状态下，才能实现稳定的自持链式裂变反应。这是核电厂与化石燃料电厂明显不同之处。

2. 核电厂反应堆内储有大量放射性物质

反应堆在核裂变过程中，在放出大量能量的同时，还产生放射性裂变碎片和释放出中子等。一座电功率为 1 000 MW 核电厂的反应堆内约积累放射性物质 $6\times10^{10}\sim7\times10^{10}$ GBq。这些放射性物质绝大部分被燃料元件的包壳所包容，因此，在核电厂正常运行期间，如果能保持燃料元件包壳的完整性，就不可能有从燃料中释放大量放射性物质情况的发生，当然也就不会对周围环境造成放射性危害。保持燃料包壳完整性的主要因素是对燃料充分冷却。为此，最重要的是要保持反应堆冷却剂系统压力边界的完整性。这既可防止冷却剂流失，也可避免引起冷却效率降低。在防止放射性物质释放方面，完整的压力边界和安全壳又是燃料元件包壳的补充措施，因而，使事故概率及其后果减到最小。

核电厂正常运行中，还会产生气、液、固态放射性废物，由于采取了必要措施，可以满足国家标准的要求，也只有在符合国家标准的情况下才允许排放。

中子、γ 射线对反应堆内部构件及其他材料的活化，使核电厂一回路及其辅助系统，不论在核电厂运行或停闭期间，都会有较强的放射性，这是核电厂显著的特点之一。

3. 相当可观的堆芯剩余释热

堆芯剩余释热是指反应堆停堆后堆芯内的释热。它由两部分组成，一部分是剩余裂变发热，另一部分是衰变热。停堆后反应堆内相应于剩余释热的功率被称为剩余功率。

剩余裂变发热 停堆后，剩余中子继续引起裂变，从而导致反应堆继续发热。剩余中子包括瞬发中子和缓发中子。瞬发中子贡献部分通常随时间衰减得非常快，缓发中子部分起主要作用。

对于以恒定功率运行了很长时间的轻水堆，如果停堆时引入的负反应性足够大，在衰变热起重要作用的期间内，可以近似用公式 $P(t)/P(0)=0.15\exp(-0.1t)$ 估算相对功率随时间的变化。式中，t 是停堆后的时间(s)，$P(0)$是停堆之前的功率，$P(t)$是停堆之后 t 时刻的剩余功率。

衰变热　衰变热包括裂变产物和中子俘获反应产物的放射性衰变释放出的热量。

裂变产物的衰变热可由图 1-3 来表示，也可以用公式 $P(t)/P(0)=5\times10^{-3}A[(t)^{-a}-(t+t')^{-a}]$ 估算，式中，$P(t)$是停堆后 t 时刻(s)的裂变产物衰变热功率；$P(0)$ 是停堆前连续运行 t'(s)的功率；A、a 是常数，根据 t 的值按表 1-1 选取。

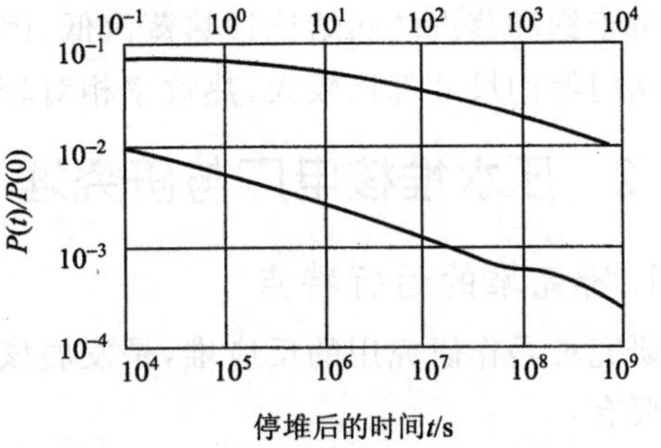

图 1-3　相对裂变产物衰变功率随停堆后时间的变化
停堆前反应堆在 $P(0)$功率下运行了无限长时间

表 1-1　裂变产物衰变热公式中常数 A、a 的值

时间范围/s	A	a	最大正偏差	最大负偏差
$10^{-1}\leqslant t<10^{1}$	12.05	0.063 9	在 10^{0} s，4%	在 10^{1} s，3%
$10^{1}\leqslant t\leqslant1.5\times10^{2}$	15.31	0.180 7	在 1.5×10^{2} s，3%	在 3×10^{1} s，1%
$1.5\times10^{2}<t<4\times10^{6}$	26.02	0.283 4	在 1.5×10^{2} s，5%	在 3×10^{3} s，5%
$4\times10^{6}\leqslant t\leqslant2\times10^{8}$	53.18	0.335 0	在 4×10^{7} s，8%	在 2×10^{8} s，9%

对于轻水反应堆，中子俘获反应产物的衰变功率可以用公式 $P(t)/P(0)=1.63\times10^{-3}\times\exp(-4.91\times10^{-4}t)+1.60\times10^{-3}\exp(-3.41\times10^{-6}t)$来表示。与裂变产物衰变热相比，中子俘获反应产物的衰变热比较小，但衰变得比较慢。

从上述讨论可知，在反应堆停闭后，堆芯不能立即停止冷却或快速将反应堆冷却到要求的温度以下，而是必须继续冷却一定的时间，这也正是为什么在反应堆冷却剂泵电机轴上设有一大的惯性飞轮的缘故。在核电厂停堆换料期间，也不能停止冷却，否则会因衰变热引起冷却剂沸腾甚至燃料元件过热而被烧毁。为此，核电厂不仅设有反应堆冷却剂系统(RCS)，而且设有余热排出系统(RHRS)。

4. 核电厂系统、设备复杂

一座大型核电厂约有 250 个系统，其中又分完全和核安全相关系统，部分和核安全相关系统以及与质量相关和无关系统等。设备中仅阀门就约有 40 000 只(美国西屋公司设计的现役电厂)，而相同规模的化石燃料电厂则只有 4 000 只左右，且多为手动；核电厂正常运行瞬变比化石燃料电厂要快得多(如蒸汽发生器水位变化与锅炉水位变化相比)，因而使得操纵人员驾驭核电厂顺利渡过瞬变更困难；压水堆核电厂反应堆冷却剂系统含硼，频繁的负荷变化势必造成繁杂的操作和废水量增加；更主要的原因是核电厂投资比化石燃料电厂高，而单位电价中核燃料所占比例又远比化石燃料低，因此，目前的核电厂多为带基本负荷(24 h

按 100%满功率)运行。随着机组容量增大和电网内核电机组的增多,带基本负荷已不能满足一些电网要求,因而根据电网需求,也有一些核电机组,设计成按 3-12-3-6 或 2-12-2-8 的方式运行①。

5. 使用饱和蒸汽

核电厂绝大多数使用饱和蒸汽,而现代化石燃料电厂使用过热蒸汽或超临界和超超临界。由于饱和蒸汽的热焓比过热蒸汽低,因而相同规模的核电厂使用的蒸汽管道、汽轮机、调节阀门等的尺寸都比较大,热效率相对较低,向环境排放的热量稍高。

1.1.2 压水堆核电厂与研究堆

1. 研究堆的运行特点

研究堆是作研究用的反应堆,是发展核能科学技术不可缺少的装置。研究堆的运行特点主要有:

(1) 运行时堆功率的恒值调节

由于这种类型反应堆的热能不被利用,因此从功率调节的意义来说它没有负荷。堆内的辐照材料器件与试验装置对反应堆来说没有反馈,是稳定功率运行的。所以,研究堆的功率调节比核电厂简单得多,改变功率后重新稳定也快得多(铀氢锆脉冲堆除外)。

(2) 系统简单、运行操作方便

由于大多数研究堆规模小、系统数量少且简单,并在低温低压下运行,功率低又不带外部负荷,所以,反应堆的启动、停闭操作简单方便。

(3) 堆功率随研究要求而定,反应性经常变化

研究堆主要用于试验研究或兼用于同位素辐照等,所以运行功率要兼顾诸方面的要求。一般情况下,试验研究要求堆功率开得尽量低,运行时间尽量短,只要满足要求即可。辐照中、长寿命同位素则要求较高的功率和较长的时间。辐照燃料元件时,需要在高功率下 1~2 年的长期运行,才能达到预定的指标。

研究堆总是间断性运行的,所以其中某些反应性变化(例如^{135}Xe毒性)呈现一种周期性变化。“碘坑”中启动,在研究堆是常见的。对多用途的研究堆在一个开堆周期中,要经常向堆芯取放辐照件。每次都会引起反应性的变化。对某些研究堆,这种操作是相当频繁的,一天可达数十次之多。如果是燃料元件试验回路,由于反应性变化较大,所以这类操作是在停堆时进行的。

2. 压水堆核电厂与研究堆运行的异同之处

(1) 相同之处

核电厂反应堆堆芯保护系统的原则是对功率、轴向功率分布、冷却剂的流量、温度和压力等确定一个允许的运行区间。当运行超过该区间限值时,实现事故紧急停堆,此原则与研究堆相同。

(2) 不同之处

---

① 3-12-3-6 方式,即用 3 h 将核电厂功率从 50%提升至 100%额定功率,在 100%功率下稳定运行 12 h,然后用 3 h 将功率降至 50%,在 50%功率下稳定运行 6 h;2-12-2-8 方式,同理。

1）压水堆核电厂载硼运行：压水堆核电厂靠调节慢化冷却剂中的硼浓度（化学补偿）和控制棒联合控制，以调节硼浓度为主，棒控为辅（首次装料时还应装载一定量的可燃毒物棒）。载硼运行是压水堆核电厂运行的一大特点。

在压水堆核电厂中改变硼浓度可以控制长期缓慢的反应性变化，如① 反应堆从冷态到热态（零功率）时，慢化剂温度效应所引起的反应性变化；② 易裂变同位素燃耗和长寿命裂变产物积累所引起的反应性变化；③ 平衡毒性（^{135}Xe，^{149}Sm）所引起的反应性变化。控制棒则用于反应堆启动、跟踪负荷变化以及微小反应性瞬变的控制。控制棒还有控制反应堆功率分布的作用。

图1-4中给出了典型压水堆核电厂的三种控制方式下所控制的反应性量的分配。从图中可见，如果剩余增殖因数k_{ex}为$26\%\Delta k$，硼的控制量最大，可达$20\%\Delta k$。这是根据控制方式的安全性及经济性决定的。

硼酸溶解在一回路冷却剂内，对整个堆芯的反应性影响比较均匀。硼不但不引起堆芯功率分布的畸变，而且在堆芯燃料分区装载的情况下，还能降低功率峰因子，提高堆的平均功率。硼酸的浓度可以根据运行需要来调节。正是由于堆内有硼酸的存在，大大减少了堆内控制棒的数量；另外，硼酸不占堆芯栅格位置，也不需要设置控制棒驱动机构，保证了压力容器上封头的强度，简化了堆的结构，提高了堆的经济性。

众所周知，现在运行的压水堆核电厂都具有固有安全性，因为物理设计上保证了核电厂慢化剂温度系数α_T为负值。正是为了保证α_T为负值，核电厂运行在堆芯寿期初（BOL）时，硼浓度一般限制在1 300 ～ 1 400 ppm（$ppm=1\times10^{-6}$）以下。又，在核电厂运行技术规格书中明文规定有最低临界温度的要求，其中原因之一在于含硼慢化剂在低温情况下，α_T容易出现正值，见图1-5。

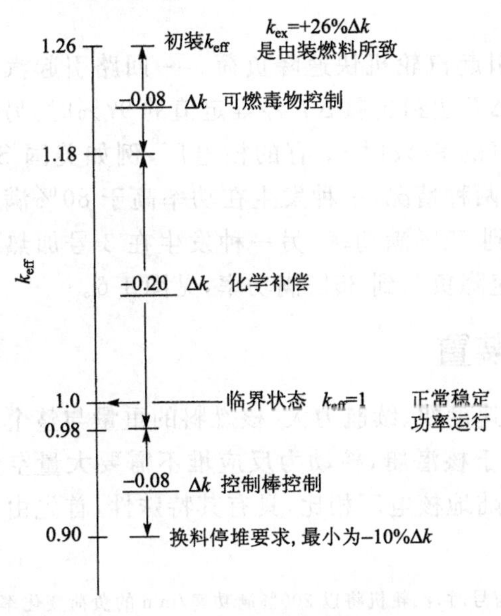

图1-4 k_{eff}和三种控制方式

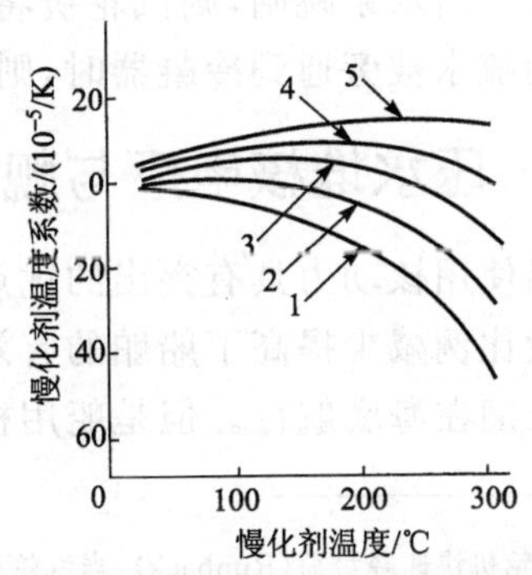

图1-5 不同硼浓度下慢化剂温度系数与慢化剂温度的关系

1—0 ppm；2—500 ppm；3—1 000 ppm；4—1 500 ppm；5—2 000 ppm。纵坐标零以下为负数

所以，在反应堆启动之前必须用反应堆冷却剂泵和稳压器的加热器对反应堆冷却剂系统进行较长时间的加热，即使在硼浓度比较低的情况下，也必须如此，但研究堆运行中不存在这些问题。

由于载硼运行，当反应堆停堆后，为了不使反应堆安全重返临界，保证足够的停堆深度，需要向堆内注硼。在核电厂换料操作中，出于对安全的要求，对硼浓度也有一定运行限制条件——硼浓度应不小于 2 000 ppm（或 $k_{eff} \leqslant 0.95$）。这也得靠注硼来实现。

也正是由于载硼运行，才能使得堆内控制棒多数都提至上限，仅留下调节棒组，也多处在较高的棒位，有利于堆内中子注量率分布的改善。通过调节硼的浓度（或稀释，或加硼）的方式，可使控制棒处在应在的运行范围内，这与研究堆对控制棒的棒位要求有明显不同。

载硼运行也带来了一些特殊问题。由于慢化剂中含硼致使压水堆核电厂设置了一个内容庞大的一回路辅助系统，即化学和容积控制系统（CVCS），增加了核电厂运行的复杂性，但载硼运行带来的好处是明显的。

综上所述，可见载硼运行确是压水堆核电厂运行独特之处，研究堆的慢化剂中不含硼，所以运行中都不存在这些问题。

2）压水堆核电厂运行有汽轮机快速降负荷功能：由于核电厂不仅有核岛（一回路）部分，还包括一个完整的常规岛（二回路）部分，系统多而复杂，从冷停堆到热态零功率，需要经过比较长的时间加热升温（包括在稳压器内建立汽腔）过程。因此，在核电厂运行中，不希望且尽量避免紧急停堆，既保证了反应堆安全，又能提供合格的电力。核电厂的反应堆保护系统还设计成一旦运行到接近危及安全运行工况的指示信号，该系统除了触发警告信号以外，还能防止提升控制棒（停棒），同时触发汽轮机快速降负荷（Runback）①，从而使反应堆的功率下降。这样就避免和尽量减少不必要的停堆次数，缓解了不希望核电厂频繁停堆的矛盾。

在压水堆核电厂中，一回路和二回路均可以引起汽轮机快速降负荷。一回路引起汽轮机快速降负荷有两种情况：一种发生在环路温差 ΔT 达到超温 ΔT 停堆定值的 97%时，另一种发生在环路温差 ΔT 达到超功率 ΔT 停堆定值的 97%时②。有的核电厂，例如美国 Sequoyah 核电厂，二回路引起汽轮机 Runback 也有两种情况：一种发生在功率高于 80%满功率时一台主给水泵跳闸，则汽轮机将快速降负荷到 75%满功率；另一种发生在 3 号加热器疏水箱的疏水被旁通到冷凝器时，则汽轮机将快速降负荷到 85%满功率，见图 1-6。

1.1.3 压水堆核电厂与舰船核动力装置

舰船使用核动力具有突出的优点：机动性强、速度快、续航力大、核燃料的重量与整个装置的重量比例减少提高了船舶的有效载重量。对于核潜艇，核动力反应堆不需要大量空气就可以长期在海底航行。但是船用核动力装置与陆地核电厂相比，具有其特殊性，首先由于

---

① 汽轮机快速降负荷（Runback）：当汽轮机接到 Runback 信号时，汽轮机将以 200%满功率/min 的负荷变化率降负荷，持续降负荷 1.5 s（降负荷 5%满功率），等待 28.5 s 后，如果该信号仍存在，则再次快速降负荷 5%满功率，直至信号消失。

② 在核电厂反应堆保护系统中，设置超温 ΔT 保护停堆是为了防止发生偏离泡核沸腾。由于偏离泡核沸腾会使燃料棒和反应堆冷却剂之间的传热系数减小，包壳温度上升，有可能使包壳烧毁。设置超温功率 ΔT 保护停堆则是为了防止燃料棒高的线功率密度和由它引起的包壳破坏和燃料芯块熔化。

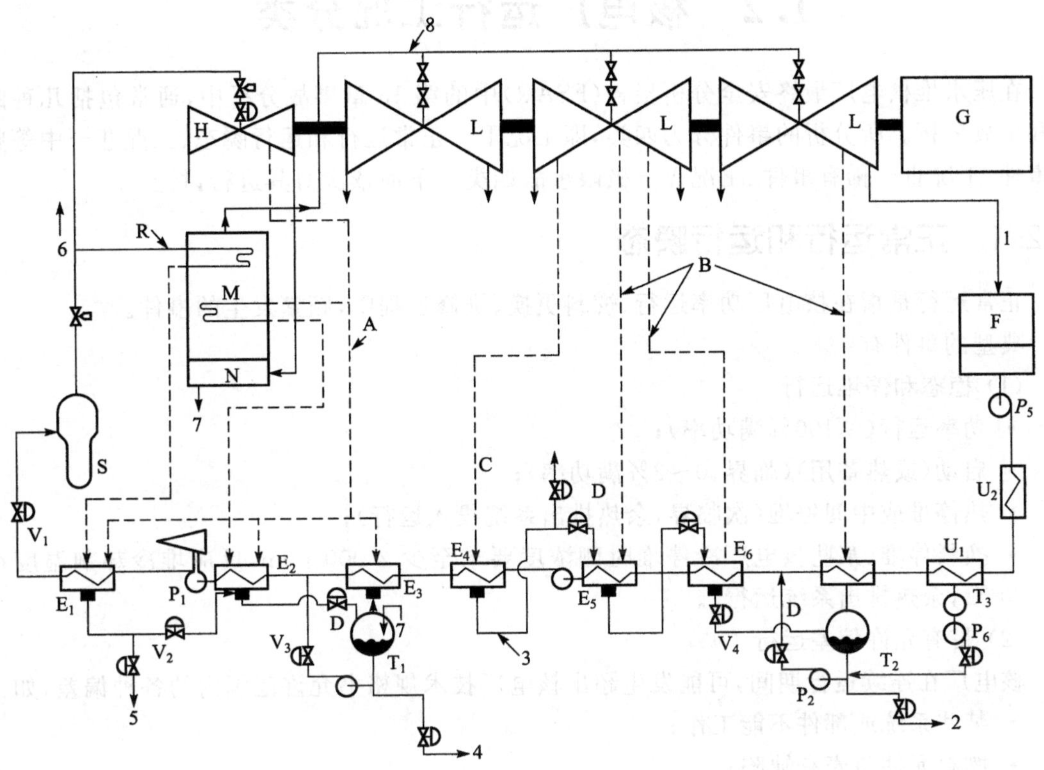

图 1-6　给水加热器及疏水系统

1—低压段汽轮机乏汽；2—疏水箱高水位排至冷凝器；
3—低压加热器疏水由 4 到 5,5 到 6 级返回；4—疏水箱高水位排至冷凝器；
5—1 号加热器高水位排至冷凝器；6—主蒸汽；7—3 号加热器疏水箱；8—再热蒸汽
A—高压段汽轮机引出蒸汽用于汽水分离再热器的加热和给水加热(1 号,2 号,3 号加热器)；
B—低压段汽轮机引出蒸汽用于给水加热(4 号,5 号,6 号,7 号加热器)；C—1 号加热器高水位排至热阱；
D—水位控制(阀)；E_{1-7}—加热器；F—主冷凝器；G—发电机和励磁机；H—高压段汽轮机；L—低压段汽轮机；
M—引出蒸汽蛇形管；N—汽水分离器；P_1—主给水泵；P_2—3 号加热器泵；P_3—7 号加热器疏水泵；P_4—增压泵；
P_5—热阱泵；P_6—主给水泵汽轮机冷凝器疏水泵；R—主蒸汽蛇形管；S—蒸汽发生器；T_1—3 号加热器疏水箱；
T_2—7 号加热器疏水箱；T_3—主给水泵汽轮机冷凝器疏水箱；U_1—主给水泵汽轮机冷凝器；U_2—汽封蒸汽冷凝器

舰船的容积和重量有限,为提高船舶的有效载重、航速和机动性能,则要求核动力装置体积小而重量轻,动力设备、系统布置紧凑。同时因舰船长期在海洋环境中运行,所以要求核动力设备、系统、操纵机构等能在摇摆、冲击和振动条件下稳定可靠地工作。其次,船用核动力装置与陆地核电厂相比,由于舰船的机动性特点,它需要频繁地改变功率,且航行中运行工况变化也较大。舰船上可活动的场所较小,工作条件较恶劣,对整个运行管理增加了难度。再次,舰船在海洋上可能会遭到碰撞、触礁、着火、爆炸等意外袭击,为了保证在沉没事故下不发生核污染事故,舰船核动力装置设置了有效的安全防护措施,以确保核安全。最后,舰船核动力装置不载硼运行,其系统和设备以及运行大大简化。总之,舰船用核动力装置军事考虑是首要的,而压水堆核电厂是民用发电设施,除安全运行是同样的以外,更重要的是考虑经济效益,这也决定了它稳定功率运行是主要方式。

1.2 核电厂运行工况分类

在压水堆核电厂最终安全分析报告(FSAR)中的第15章事故分析中,通常包括几种瞬态和事故分析。所分析的事件分为四类,即工况Ⅰ－正常运行和运行瞬态、工况Ⅱ－中等频度事件、工况Ⅲ－稀有事件、工况Ⅳ－极限事故四类。下面依次对其进行讨论。

1.2.1 正常运行和运行瞬态

正常运行是指在核电厂功率运行、燃料更换、维修过程中,频繁发生的事件。

典型的事件有:

(1) 稳态和停堆运行

• 功率运行(≤100%满功率);

• 启动(或热备用)(临界,0～2%满功率);

• 热停堆或中间停堆(次临界,余热排出系统投入运行);

• 换料停堆(某些核电厂冷停堆时硼浓度要求至少2 000 ppm,反应堆冷却剂温度在10～60 ℃,余热排出系统运行)。

(2) 带有允许偏差运行

核电厂在连续运行期间,可能发生超出核电厂技术规格书允许范围内的各种偏差,如:

• 某些系统或部件不能工作;

• 燃料元件包壳有缺陷;

• 反应堆冷却剂中的放射性活度偏高(主要由裂变产物、腐蚀产物、氚引起);

• 蒸汽发生器有泄漏,但没有达到技术规格书允许的最大值;

• 技术规格书中允许在运行过程中进行的试验。

(3) 运行试验

• 核电厂升温和降温[反应堆冷却剂系统最高升温速率可达37.7 ℃/h(或根据设计规定),稳压器为93.3 ℃/h(或根据设计规定)];

• 负荷阶跃变化(变化量最大一次可达±10%满功率);

• 负荷线性变化(变化率最大为±5%满功率/min);

• 甩负荷(最高可甩掉全部负荷)。

1.2.2 中等频度事件

这类事件在最坏的情况下,会使反应堆紧急停堆,但核电厂能很快恢复运行,不会扩展并引起更严重的事件,如燃料元件棒损坏或反应堆冷却剂系统超压等。下列事件属于此类事件:

• 引起给水温度下降的给水系统失灵;

• 引起给水流量增加的给水系统失灵;

• 二回路蒸汽流量过度增加;

• 主蒸汽系统事故卸压;

• 外部负荷丧失;

- 汽轮机跳闸；
- 主蒸汽隔离阀意外关闭；
- 凝汽器真空丧失及其他导致汽轮机跳闸的事件；
- 电厂辅助设备非应急交流电源丧失；
- 正常给水流量丧失；
- 反应堆冷却剂强迫流量部分丧失；
- 一组棒束控制组件在次临界或低功率启动工况下失控抽出；
- 一组棒束控制组件在功率运行工况下失控抽出；
- 棒束控制组件掉落堆芯；
- 一条具有不正确温度的非在役反应堆冷却剂环路的启动；
- 导致反应堆冷却剂内硼浓度降低的化学和容积控制系统失灵；
- 功率运行期间安全注射系统误运行；
- 稳压器安全阀误开。

1.2.3 稀有事件

该类事件在核电厂寿期内可能是非常稀有的，但一旦发生此类事件将有可能造成部分燃料损坏，使得核电厂在相当长的期限内不能恢复运行。但是，事件所产生的放射性的释放不会导致停止或者限制使用隔离半径以外的公用地区，也不会失去冷却剂系统或安全壳屏蔽的功能。属于此类事件的有：

- 蒸汽系统小管道破裂；
- 反应堆冷却剂强迫流量全部丧失(频率快速降低的瞬变)；
- 单个棒束控制组件在满功率下抽出；
- 燃料组件意外装载和运行在错误位置；
- 稳压器安全阀误开启保持在卡开位置；
- 反应堆冷却剂从小破裂管道或大管道裂纹的流失；
- 废气处理系统破损；
- 放射性废液系统泄漏或破损。

1.2.4 极限事故

极限事故一般是不会发生的设计假想事故。一旦发生此类事故，其后果是严重的，但不会使裂变产物向环境释放致使公众健康和安全受到危害。单一的极限事故不会相继引起对付事故所需要系统功能的丧失，如应急堆芯冷却系统和安全壳系统等的功能丧失。此类事故有：

- 蒸汽系统大管道破裂；
- 给水系统管道破裂；
- 反应堆冷却剂泵轴卡住(转子卡住)；
- 反应堆冷却剂泵轴断裂；
- 各种棒束控制组件弹出堆外；
- 蒸汽发生器传热管破裂；

• 反应堆冷却剂压力边界内假想的不同尺寸管道破裂引起的失水事故；
• 燃料装卸事故；
• 乏燃料容器坠落事故。

以上讨论的四类核电厂运行工况具有普遍性，其差异处均取决于每个核电厂的特殊性。

1.3 核电厂工作人员的基本要求

核电厂的工作人员都有培训与经验的要求。对不同层次的人员，培训要求不同，经验要求也分为不同级别。但是，对核电厂的所有员工，最重要的是首先要建立牢固的安全意识——“安全第一”。

1.3.1 “安全文化”的概念

1986 年 5 月，苏联切尔诺贝利核事故发生后，国际原子能机构(IAEA)邀请了一批著名专家组成了国际核安全咨询组 INSAG(International Nuclear Safety Advisory Group)，共发表 7 份研究报告。其中第 4 份报告(INSAG－4)为安全文化(Safety Culture)。该报告主要证实了两点：一是给出了安全文化这一概念的定义，使人们对此有一致的理解；二是如何将这一概念应用于核安全的实践中去。

安全文化是存在于单位和个人的种种特性和态度的总和，它建立一种超出一切之上的观念，即核电厂的安全问题由于它的重要性要保证得到应有的重视。

INSAG－4 的这一表述措辞严谨，强调安全文化既是态度问题，又是体制问题。既和单位有关，又和个人有关，同时还牵涉在处理所有核安全问题时所应该具有的正确理解能力和应该采取的正确行动。这一定义把安全文化与每个人的工作态度和思维习惯以及单位的工作作风联系在一起。

对于操作人员来说，由于他们担负着最直接的责任，想要得到优异的成绩，其素质应该要求具备以下三点：

(1) 探索的工作态度。这是指每个人在操作之前，应该向自己提问：

• 我了解这项工作任务吗?
• 我的责任是什么?
• 它们和安全的关系如何?
• 我具备完成任务的必要技能吗?
• 其他人的责任是什么?
• 有什么异常情况?
• 我是否需要帮助?
• 可能会出什么错?
• 出现失误会造成什么结果?
• 应该怎么防止失误?
• 万一出现故障，我该怎么办?

(2) 严谨的工作作风。指在操作之前或操作中必须：

• 弄懂工作程序；

- 按程序办事；
- 对意外情况保持警惕；
- 出现问题停下来思考；
- 必要时，请求帮助；
- 追求纪律性、时间性和条理性；
- 谨慎小心地工作；
- 切忌贪图省事。

(3) 互相交流的工作习惯。这是指人人必须明白，相互交流的工作习惯是对安全至关重要的。内容包括：

- 从他人处获取有用的信息；
- 向他人传送信息；
- 汇报工作结果并做书面记录，无论是正常状态还是异常状态；
- 提出新的安全建议。

当然，安全文化还对核电厂的决策层，即核电厂的经理们及政府部门，研究单位，设计单位，设备制造单位也分别提出了要求。由于超出本书的范围，此处不再赘述。

安全文化之形成，除了选择人员和任命程序保证工作人员在聪明才智、文化程度和健康方面具有令人满意的初步资格外，人员的培训及定期的复训是必不可少的。只有这样，才能使得绝大部分的问题和答案自行得到解决。

总之，安全文化这个概论只有在实际工作与锻炼中才能更深入地理解与体会其内涵。

最后还应指出：每个国家对核电厂的运行人员都制定了法规条例，规定了明确的要求。在我国则载于中华人民共和国民用核设施安全监督管理条例(HAF100)中的第十三条，第十四条。其具体条文是：

第十三条 民用核设施操纵员执照分《操纵员执照》和《高级操纵员执照》两种。

持《操纵员执照》的人员方可担任操纵核设施控制系统的工作。

持《高级操纵员执照》的人员方可担任操纵或者指导他人操纵核设施控制系统的工作。

第十四条 具备下列条件的，方可批准发给《操纵员执照》：

① 身体健康，无职业禁忌症；

② 具有中专以上文化程度或同等学力，核动力厂应具有大专以上文化程度或同等学力；

③ 经过运行操作培训，并经考核合格。

具备下列条件的，方可批准发给《高级操纵员执照》：

① 身体健康，无职业禁忌症；

② 具有大专以上文化程度或同等学力；

③ 经过运行操作培训，并经考核合格；

④ 担任操纵员两年以上，成绩优秀者。

对于核电厂运行人员的考核取照，在国防科学技术工业委员会制定的《核电厂操纵人员的执照考核》(EJ/T 1043—2004)里也已做出详细而明确的规定与要求。

1.3.2 培训

(1) 核电厂知识

A. 所有人员

营运单位通常要对新员工进行公司和电厂的入门培训。为了获得所需要的能力，所有人员必须接受辐射防护和安全方面的培训。培训内容的深度应和所在岗位相适应。培训的目标是确保所有人员了解他们会遇到的潜在危害、熟悉他们应遵守的安全规程并知道预防事故及万一发生事故时应采取的行动。

对所有人员必须进行的培训有：

• 课堂教学和实际操作，适当地开展辐射防护、工业安全和消防方面的有关知识；

• 讲解公司和政府有关核电厂的安全性和有关安全运行的法规、标准和程序的一般性知识，包括核电厂的应急计划；

• 讲解质量保证(QA)要求以及质量控制(QC)的程序，使得新来人员能有一个一般性的了解；

• 在总的技术和科学方面的课堂教学，由后面的要求来决定深度。

例如，德国核安全当局把"安全相关知识"安排成四类：辐射防护、消防、工业安全和电厂的专门知识，并列出在三个层次上应进行的教学清单，它们与岗位的责任大小有关。最低层次包括的知识对在有能力的技术监督下工作的人来说是足够的。第二层次是对在工作现场不需要有能力的技术监督的人员。第三层次是有关在高层岗位人员所需要的知识，如那些有权向他人发布技术指令的人员。这三个责任层次与技术决策和知识技能有关。最低责任层次涉及最简单的决策，所需的知识技能最少；最高责任层次涉及最复杂的决断，所需的知识技能水平最高；中间层次在决策复杂性和技能要求方面则居中。

当核安全当局颁布了所有导则后，所列的清单应认为是最低要求。这个清单可以比营运单位认为实现其目标的少，营运单位的目标应包括确保核电厂和设备的可用性以及人员的安全。

上面提及导则建议的最低知识层次可在较短的教学期限内完成，每类不少于两个小时。最高层次则由于其知识复杂，需要持续几个星期的教学。而对于中间层次则需几天时间的教学。

B. 直接操作人员

除了A. 所描述的在安全方面的培训外，直接操作人员，尤其是值班操作人员，通常要在以下几个方面接受培训：

• 课堂教学和在电厂里接受指导的活动(在岗)，开展核电厂布置，核电厂设备、系统和整个电厂的设计和操作特点方面的知识；

• 课堂教学和接受指导的活动(在岗)，开展受训人员所在核电厂的电厂布置、设计和操作特点方面的知识；

• 在厂内在岗接受指导的活动(在岗)，模拟机教学和监督操作，以扩大在正常和异常运行状态期间控制核电厂的能力；

• 在一般性技术和科学方面的课堂教学，完善受训人员的学历教育，以达到前面的所述要求；

• 持照操纵人员(RO/SRO)的培训是核电厂中最重要的培训，为了使在各种工况下RO/SRO具有控制核电厂的技能并保持这种技能，核电厂RO/SRO都必须参加模拟机的培训和复训。模拟机培训一般包括三种工况：正常运行工况、故障工况和事故工况。核电厂模拟机简介见附录1。

表1-2是几个国家对主控制室操纵人员在课堂培训方面的时间统计和操纵人员所需的培训内容。

表 1-2 主控制室操纵人员初始培训的课堂教学时间

项目	通用技术	核电技术	辐射防护安全和法规	模拟机	总数
平均时间/周	9	21	9	7	46
范围/周	2～8	10～35	3～17	4～12	24～72

3至5年的时间范围用于培训及提供适当经验，这是营运单位用于主控制室操纵员的能力开发的典型投资。表1-3是西班牙的主控制室操纵员的培训计划。这个培训大纲与其他几个国家(如捷克、法国、民主德国、苏联、荷兰、瑞典、比利时等)的培训大纲相比，在内容和结构上是比较典型的。

表 1-3 西班牙主控制室操纵员培训内容

	阶段1 核基础	阶段2 压水堆技术	阶段3 压水堆上的运行实践	阶段4 核电厂设计	阶段5 在岗经验
培训内容	核电厂操纵员的核基础培训	轻水堆部件、系统和结构的设计和功能	压水堆模拟机运行实践(125小时模拟机)	实际核电厂系统和部件的设计和运行，编写操作规程	核电厂系统和运行的实际经验，政府管理部门和营运单位的法规和标准
培训时间	4个月	6个月	10周	12～18个月	18～24个月

经验表明，无论对操纵人员的学历教育要求如何，对他们进行的系统培训的方法在任何地方都基本相似。可以对已经提出的和正在使用的方法有多种选择。目前，最重要的是对培训课程的全面改进和完善，包括与基础学科和安全相关的更多的培训教材，增加使用模拟机作为培训工具。

C. 支持人员

技术教育的资格是与技术支持岗位的职责和任务更加密切相关，对这些人员的培训和直接从事操作的人员相比，所花的时间要短得多。除了前面所述的在安全方面的培训以外，技术支持人员应在以下方面接受培训：

• 课堂教学和在所在核电厂内接受他人指导下的活动，以掌握与岗位相关的知识，如电厂布置、部件和系统运行特性；

• 课堂教学和在所在核电厂内接受他人指导有关部分的活动，以掌握与岗位要求相关的专门知识；

• 前面所要求的一般技术和科学方面的课堂教学。

表1-4列出了在一些国家技术支持人员初始培训的课堂时间。

表 1-4　在一些国家技术支持人员初始培训的课堂时间

岗　位	平均时间/周	时间范围/周
经理	30	25～40
工程师	20	15～30
工长	25	20～30
技术人员	20	15～30
熟练技术工人	10	1～2

(2) 特殊技能

A. 手工技能

手工技能与技术工人的岗位有关,如焊工、机械师、仪表修理工、机械设备操作工等。核电厂的质量要求决定了任何时候他们的技能必须保持在一个较高的水平上。营运单位必须作出安排,以便他们可以利用有关设备进行培训,达到所需的技能水平。

B. 智力技能

当一个人年轻时接受教育,其智力技能最易于开发。随着年龄增大,这种智力技能也可以通过培训和经验积累来获得,但是一般较为困难。

对于核电厂中直接从事运行操作的岗位,很重要的一项技能要求是在复杂和不熟悉的环境下,尤其是在有外界压力的情况下,具备作出正确评价和决策的能力。这种在有外界压力条件下的思维和行动能力并非一定与智力水平相关。这类似高智商人群中也可能有人缺乏数学能力。

在外界压力和不熟悉的环境下是否有解决问题的办法,这可称为一种特殊的智力和技能。营运单位在招聘员工时应努力发现他们身上的这种能力。在运行人员培训时,尤其在模拟机操作培训中,应进一步努力去发现这种能力。这种能力似乎不能通过教学得到培养,但可通过实践来改进。

C. 交流沟通能力

一个人在早年生活中形成的个人品性趋于稳定,并且不易通过培训得到有效的改变。因此,营运单位对员工必须仔细挑选。但是培训可以形成所希望的工作态度和方法。

最重要的态度是遵守指令和规程以及对上级和下级的态度。纪律可以通过在培训中强调其重要性以及厂内岗位培训、培训中的实际演练期间坚持执行正确的规程来形成。要求所有管理人员在下属面前以身作则。要求所有人员服从他们所负责的人。大多数人觉得当上司比在下属位置各司其责更容易。上下级关系中很重要的一个方面就是交流,即适时地把所有相关的信息正确、完整地上传下达。在交流方面的培训有助于在机构内部形成良好的上下级关系。

在某些活动中,班组工作是很重要的,对进行直接操作的值班岗位尤其重要。班组中每个成员的活动都与电厂运行有关,电厂要求操纵人员在任何时候都要能够正确干预。与核电厂运行的其他领域相比,值班工作要求人员之间有更多的相互配合与合作。一个运行班组中的人员相对较少,且这些人员通常相当一段时间内都在一起工作,这一事实强化了班组工作的特点。

班组工作要求每个人有明确的责任、义务和分工。同时班组工作给予每个成员有机会来为集体作出更大的努力。班组成员不仅要知道自己的责任和义务，还应该知道他的同事的责任和义务。只有这样才能使成员之间相互支持。班组成员有了对核电厂的全面知识后，就会对处理异常情况作出有益的贡献。然而成功的班组工作也需要纪律来约束。班组成员必须接受值班长的指导，甚至当他们提出了建议并确信是对的而却没有被采用时，也应服从值班长的指令。

1.3.3 经验

经验包括完成岗位责任时所获得的知识和形成的技能。在核电厂内监督下进行的工作被认为是培训的一部分(在岗培训)。如果培训计划结构合理，就能使学员在适当的时间里去体验有关的情形并讨论其重要性，那么学习别人的经验将会更为有效。

经验可以分成三个级别。第一级是有关核电厂和相关活动的一般性知识，它可通过在不同岗位上的工作来获得，称为"一般电厂经验"。第二级是有关某一特定电厂或活动的详细知识，它只能通过在特定岗位上每天的工作来获得，称为"熟悉电厂"(Plant Familiarity)。第三级经验的相关知识并不与某一特定岗位的职能相联系，它包括一些相关活动的知识，以及关于核电厂、电力公司和厂外活动等更为广泛的知识范围，称为"经验的广度"。

应该注意的是核电厂调试期间是获取经验的一个极好机会。事实上，运行人员到一个他们将要去操作和维护的电厂中去，积极参加调试是对他们进行培训的一项基本内容。

有多年核电经验的营运单位，一般很重视通过岗位途径和责任逐渐增加的一系列岗位较为长的要求来获得经验。这一方法不适用于核电计划刚起步的营运单位。因而，对这样的营运单位，除非他们可以从国家的人才市场获得经验丰富的核电厂运行人员，否则须更多地依靠化石燃料电厂、在岗培训和参加核电厂的调试获得经验。

(1) 一般电厂经验

一般核电厂的经验与直接执行运行功能的人员有关，易于讨论。这也同样适用执行支持功能的人员。几个电厂的经历可为直接从事运行的人员积累一般电厂经验。同样，有几种不同类型电厂的维修经历也可为维修人员增加一般电厂经验。

直接运行岗位的责任和义务，有关电厂行为方面的知识在一定时间内便可积累起来。对这些知识归纳后便可用于相似的电厂。一些国家的法规要求持照操纵员应有一个最低的电厂工作年限，从而满足这一需要，同时法规也认为部分经验可在其他电厂获得，包括化石燃料电厂。

不同的知识来源于不同的经验。有了一般的核电厂经验就具备了核电厂一般特征(或有关维修活动、类似活动)方面的知识，这种知识是广泛适用的，并可长时间保持，甚至已不在电厂工作时仍能保持。原因是这种知识可能是综合性的，具有普遍意义。

(2) 熟悉电厂(Plant Familiarity)

一般核电厂综合知识和一个特定核电厂的具体的最新知识是有明显区别的，后者称为"熟悉电厂"。这种知识只能通过在某个岗位上的工作来获得并保持，一旦停止在岗位上的日常工作，这种知识就会很快被遗忘。其原因可能是这种知识具体但并没有普遍意义。一些国家的核安全当局已经意识到这种知识的短期保持效应，因而规定运行人员更换执照或保持执照必须在所在核电厂进行再培训。

熟悉核电厂对主控制室和其他运行人员是必要的。因为他们必须能够在核电厂允许的行动和决策的时间内回忆起特定核电厂的细节，而其他岗位则不必受时间的限制，因此，对这些岗位的活动细节最新的了解并不很重要。

（3）经验的广度

从核电厂一般经验和熟悉核电厂中获得的知识直接与岗位的职责和义务有关。岗位活动以外的知识称为“经验的广度”。

一个人可以通过他的生活来增加其经验的广度，而他所获得的知识取决于他的经历。因而，营运单位可以通过为它的员工提供多种工作经历来形成他们的经验广度。很多营运单位已经采取了固定的工作轮换制度。没有多种经历，要想拓宽经验广度就会很慢。这正如有时候说的，十年的经验实际上有时候等于一年的经验重复十次。

（4）不同岗位的经验要求

不同岗位的经验要求可定性描述成：

- 一般核电厂经验是所有岗位都要求的；
- 熟悉核电厂对那些直接从事核电厂运行有关的岗位来说是重要的；
- 经验的广度对经理和管理岗位特别重要。

经验的广度对经理和管理岗位的重要性是显而易见的。一个管理人员应具备在其控制管辖范围内的所有岗位活动的知识。进一步说，在更高的经理层岗位上，决策时所涉及的不仅是有关下属岗位的知识，而且还会涉及厂外机构的知识，如集团公司的政策等。

目前还没有一个客观的方法可以定量地确定某一特定岗位所需的经验。因为特定的经验及从中获得的知识会因人而异。但是，知道了某一领域中胜任岗位工作的人员通常具有的经历年限，就可做出合理的定量定义，为实践提供有益的指导。

一些国家的核安全当局对核电厂的某些岗位，主要是核电厂运行和管理岗位，规定了最少的工作年限的要求。这些管理要求除了对经历的年限作了规定外，还具体规定了经验的种类。实际上营运单位对经验的要求一般都超过法规的最低要求，这种要求一旦确定，并且覆盖了所有最低的入厂水平以上岗位，在通常情况下，对经理和管理岗位的经历要求比对技术岗位的要求更高。同样对直接运行人员的经验要求比对支持岗位的人员的要求要高。当然，营运单位的实际做法在很大程度会受到国家是否具有相关经验的人力资源因素的制约。

1.4 核电厂的运行文件

随着核电技术的发展，现在的核电厂（不管压水堆型，还是沸水堆型）早已是商业化的成熟的产品了，因此管理较完善，运行文件也较齐全。核电厂的运行文件很多，概括起来分为管理性和技术性两个方面的内容，并分别对正常运行、故障和事故紧急情况作出详细的、书面的和经过批准的规程和指令进行工作。

具体管理性文件包括：

（1）运行安全管理；

（2）运行指挥调度管理；

（3）运行指标管理；

（4）运行计划管理；

（5）内部经验反馈及事件管理；

(6) 运行大修管理;
(7) 运行交接班管理;
(8) 运行巡检管理;
(9) 运行值班管理;
(10) 运行记录管理;
(11) 临时控制变更(TCA)管理;
(12) 临时特殊设施(TSD)管理;
(13) 应急管理;
(14) 定期试验管理;
(15) 主控制室人员控制管理;
(16) 核电厂防火大纲;
(17) 在役检查;
(18) 质量保证大纲;
(19) 核燃料管理;
(20) 废物管理与环境保护;
(21) 辐射防护;
(22) 工业安全;
(23) 生产程序管理;
(24) 变更管理等。

技术性文件主要包括技术规格书与运行规程。

1.4.1 技术规格书(Technical Specifications)

这是最重要的文件,它是制定核电厂运行规程的重要依据,现在核电厂的最终安全分析报告(FSAR)中的第 16 章就是技术规格书。在美国核电厂中,运行人员都将它称为运行"圣经"(Bible),可见其重要性。关于技术规格书的问题,将在第 2 章里专门讨论。

1.4.2 运行规程

不同的压水堆核电厂其运行规程虽有差异,但基本相同。下面介绍的是大亚湾核电厂的运行规程概况。这个运行规程体系考虑了核电厂在役期间安全运行所需规程。它包括运行规程和定期试验规程两大类。

1. 第一类规程——运行规程

运行规程是核电厂运行的各种工况下运行人员进行操作控制的依据,其构成如图 1-7 所示。

(1) 正常运行规程

A. 运行标准工况定义规程

在大亚湾核电厂,这个规程按反应

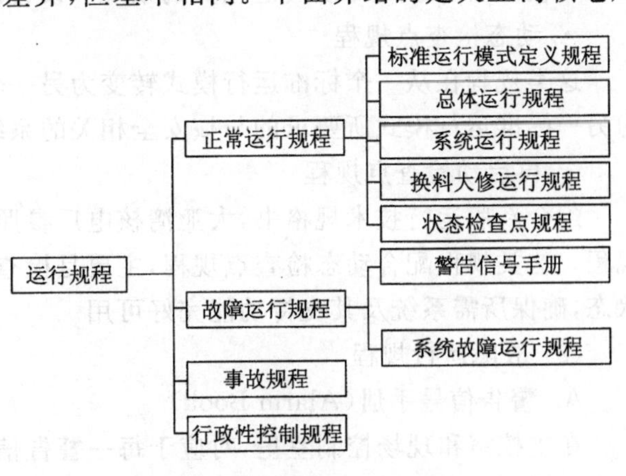

图 1-7 运行规程构成框图

堆的温度和压力等参数定义换料冷停堆、维修冷停堆、正常冷停堆、单液相中间停堆、停堆冷却系统连接的双相中间停堆、正常中间停堆、热停堆、热备用和功率运行九个反应堆的运行标准工况。

近年大亚湾核电厂采用了新版运行技术规格书，将反应堆状态划分为6个运行模式，分别是完全卸料、换料停堆、维修停堆、余热导出系统冷却的正常停堆、蒸汽发生器冷却的正常停堆和功率运行模式。

各个运行标准工况或运行模式之间转换需使用总体运行规程。

B. 总体运行规程

每份总体运行规程描述使所有系统和回路可用的全部操作，它参照系统运行规程进行特定的操作。总体运行规程的内容主要包括：

- 参考文献
- 需遵守的所有注意事项，如技术限制，设备可用性和投运等
- 所用的系统运行规程，定期试验规程和检查点规程的编码
- 预检查操作
- 一些专门操作
- 操作细则

C. 系统运行规程

大亚湾核电厂全厂的设备和回路按功能组合划分为300多个基本系统。

系统运行规程详细描述单个系统的管线准备、启动、停止、跟踪和监视等所有操作，并处理与本系统有关的故障。

D. 换料大修运行规程

这类规程形式近似于总体运行规程，但只用于换料和年度大修。

它描述启、停或保持机组在任一标准运行工况的全部操作，并参照系统运行规程进行特定的操作。

E. 状态检查点规程

- 静态检查点规程

这类规程在一回路处于某一冷停堆标准运行模式时使用。它用来检查相应的冷停堆标准运行模式所要求的与核安全相关的系统和设备的可用性。

- 动态检查点规程

这类规程在从一个标准运行模式转变为另一个标准运行模式时使用。它用来检查转变为另一标准运行模式所要求的与核安全相关的系统和设备的可用性。

- 再启动检查点规程

配合新版运行技术规格书，大亚湾核电厂参照法国核电厂的规程，发展了再启动检查点规程。这类规程配合动态检查点规程，主要是检查模式转换时安全所需系统和设备现场的状态，确保所需系统及其支持功能完好可用。

(2) 故障运行规程

A. 警告信号手册(Alarm Book)

在主控室和现场控制室里，对应于每一警告信号光字牌，都有一个警告信号卡，警告信号卡包括下列内容：

- 对应的计算机记录信号
- 发信号传感器、报警阈值
- 原因
- 要执行的操作
- 后果
- 可能发生的危险
- 有关程序和有关电源

每个系统的警告信号卡汇编为该系统的警告信号手册。

B. 系统故障运行规程

这个类型的运行规程处理发生于整个基本系统的故障。它除了给出警告信号卡相同的内容外,还描述了运行人员所需执行的紧急操作和后续操作。同时,它描述了将受故障影响的各系统置于某一安全状态所需的全部操作。

(3) 事故规程

这类规程在事故发生时使用。事故规程分为以下几个部分:

- 安全工程师操作单
- 协调员(值长或机组长)操作单
- 反应堆操纵员操作单
- 水一蒸汽回路操纵员操作单
- 核辅助厂房现场操作员操作单
- 汽轮机厂房现场操作员操作单
- 外围厂房现场操作员操作单

事故规程的编写形式不同于其他规程,它使用逻辑框图来进行一步一步的操作、检查和监视。

(4) 行政性控制规程

这一类规程用于实施对设备的行政性的规定。

它描述对应于机组的不同工况使机组安全运行所需执行的操作。

2. 第二类规程——定期试验规程

定期试验是实施核电厂监督大纲的主要手段。

定期试验规程用于定期地检查系统的可用性,或用于在检修工作完成后对系统的功能进行重新鉴定。

通过进行定期试验,确证所有与核安全相关系统的可用性符合对应于机组不同运行模式条件下的技术规范的要求。

核电厂运行期间,运行人员应该严格遵照运行文件的规定。没有运行文件为依据的运行操作是不允许的,对已发生过的大部分运行事故分析的结论表明:由于操纵人员自认为正确,违反技术规格书与运行规程而引起的事故占绝大部分。因此,每个核电厂投入运行时必须要备有一套完整的运行文件并教育操纵人员养成严格遵守规程的良好习惯。

复习题

1. 试对压水堆核电厂与化石燃料电厂进行运行比较。
2. 试述载硼运行是压水堆核电厂运行的一大特点。
3. 试述“安全文化”的概念。
4. 以大亚湾核电厂为例，核电厂的运行规程有哪些？
5. 以大亚湾核电厂为例，核电厂有哪几个反应堆的运行标准工况？有哪几个运行模式？
6. 什么是汽轮机的自动快速降负荷(Runback)？

第 2 章　核电厂技术规格书

2.1　概　述

核电厂技术规格书是最终安全分析报告的第十六章，是核电厂制定运行规程的重要依据，所以说它是最重要的运行文件之一，这也是我们单列一章来介绍的原因。

美国在世界核电发展的历史上占有重要地位，其核电厂的规模和数量位居世界首位。美国核电厂运行的正反两方面的经验是丰富的，逐步建立起来的安全运行体系也是在不断完善的。继美国之后发展起来的国家如法国、德国、日本等，它们都是在美国的基础上消化与吸收，继承与发展而各自成体系，其中法国最为突出。我国的秦山核电厂的技术规格书就是参照美国西屋型核电厂的技术规格书修改而完成的。我国的广东大亚湾核电厂是引进法国核电厂而建造的，它的核电厂技术规格书基本类同于法国核电厂的技术规格书。

本章内容主要介绍美国西屋型压水堆核电厂的核电厂技术规格书（由美国核管会(NRC)颁发），最后简单地介绍广东大亚湾核电厂的技术规格书。

无论哪个核电厂的技术规格书都是大同小异的。应该指出，重要的部分内容都包括在内，重要的部分随后都有着相应的理论依据(BASES)。

在核电厂操纵员取照考核过程中对操纵员与高级操纵员要求也有差异之处。取照试题中对操纵员要求他们知道如何去操作(HOW TO OPERATE)，但对高级操纵员则要求更高些，更深些，他们不仅要知道如何去操作，还必须要知道为什么，即 WHY？也即对 BASES 部分要有深刻理解。

现在世界各国都制定了适合自己国情的考核取照国家标准，但其依据的重要文件之一就是核电厂技术规格书。

2.2　定　义

在核电厂技术规格书中，首先给出了核电厂运行中重要术语的定义，这是很重要的，也是很必要的。为了核电厂的安全运行，对特定核电厂运行中出现的一些专用术语，给出清楚的、毫不含混的定义，这样不仅明确、统一，也方便使用。例如，在运行文件中只要碰到 MODE 1，大家都明确这是第一种运行模式，即功率运行模式。

在美国西屋公司类型的压水堆核电厂技术规格书中，所有术语定义均以大写字母形式出现，如 MODE，OPERABLE，……因此在正文中只要见到出现全部大写字母的术语，肯定在定义部分里有明确定义。

核电厂运行术语的多少，各个核电厂不尽相同，但是重要的术语都包括了。由于篇幅所限，下面只列出小部分术语为例予以介绍。

(1) 动作(ACTION)

动作应该是技术规格书的每条规范中在指定条件下规定所需补救措施的部分。

(2) 泄漏(LEAKAGE)

可分为四种泄漏,定义如下:

① 可控泄漏(CONTROLLED LEAKAGE)

可控泄漏应该是供给反应堆冷却剂泵密封的密封水流量。

② 可识别的泄漏(IDENTIFIED LEAKAGE)

可识别的泄漏应该是:

(a) 泄漏(可控泄漏除外)至封闭系统,例如泵的密封或阀门盘根泄漏。这些泄漏都能被收集至一个地坑或收集罐里,或

(b) 从一些源处泄漏至安全壳空间内,这些源可以是特置和已知的,但既不影响泄漏检测系统的运行,也不是压力边界泄漏,或

(c) 通过蒸汽发生器向二回路冷却剂系统的反应堆冷却剂系统泄漏。

③ 压力边界泄漏 (PRESSURE BOUNDARY LEAKAGE)

压力边界泄漏应该是通过反应堆冷却剂系统部件本体、管壁或容器壁的非隔离损坏的泄漏(不包括蒸汽发生器传热管的泄漏)。

④ 不可识别的泄漏(UNIDENTIFIED LEAKAGE)

不可识别的泄漏应该是不属可识别的泄漏或可控泄漏的所有泄漏。

(3) 停堆深度(SHUTDOWN MARGIN)

假定最大价值的一束控制棒全部卡在堆外,而其他棒组(包括控制棒组与停堆棒组)全部插入堆内,由此,使反应堆处于次临界或从现时状态将达到次临界,使堆次临界的反应性总量称为停堆深度。

(4) 轴向通量偏差(AXIAL FLUX DIFFERENCE)

轴向通量偏差应该是两部分堆外中子探测器上半部与下半部归一化通量信号的差值。可表示为 AFD,因为是电流信号差,所以也多用 ΔI 表示轴向通量偏差。

(5) 象限功率倾斜比(QUADRANT POWER TILT RATIO)

象限功率倾斜比应该是上半部堆外探测器标定输出值的最大值与平均值的比值,或下半部堆外探测器标定输出值最大值与平均值的比值,取大者。在一个堆外探测器不可运行时,应用其余三个探测器来计算平均值。

(6) 运行模式(OPERATIONAL MODE)—模式(MODE)

一种运行模式(模式) 应该满足表 2-1 中的堆芯反应性条件,功率水平和反应堆冷却剂平均温度等参数。

表 2-1* 运行模式

序号	模　式	k_{eff}	额定热功率/%[1]	冷却剂平均温度/℃
1	功率运行	≥0.99	>5	不适用
2	启动	≥0.99	≤5	不适用
3	热备用	<0.99	不适用	>176.6
4	热停堆[2]	<0.99	不适用	176.6>T_{avg}>93
5	冷停堆[2]	<0.99	不适用	≤93
6	换料[3]	不适用	不适用	不适用

注:* 引自国家核安全局文件 NNSA－0055 核电厂标准技术规格书(西屋核电厂)1998.7。

1) 不包括衰变热;

2) 反应堆压力容器顶盖的所有螺栓处于完全紧张状态;

3) 反应堆压力容器顶盖的一个或多个螺栓未处于完全紧张状态。

还有很多定义，如通道标定、通道检查、安全壳完整性、可运行的—可运行性、物理试验等，这里不一一列举。但应该说明定义的多少取决特定的核电厂，是因核电厂的不同而有所差异的。

上面所给出的六种运行模式，是美国西屋公司压水堆核电厂的规定。我国的秦山核电厂则略有所不同，广东大亚湾核电厂从原来的九种运行模式改为目前的六种运行模式。

2.3　安全限值和安全系统限值的设定

2.3.1　安全限值

(1) 反应堆堆芯

热功率、稳压器压力和运行环路最高冷却剂温度的组合不得超过图 2-1 所给出的限值。

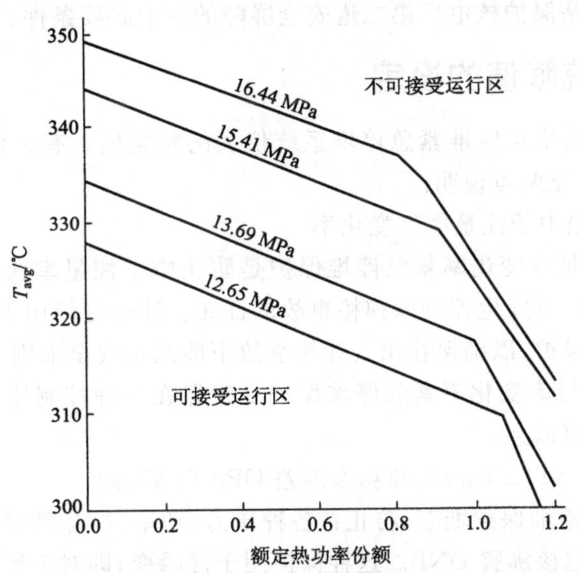

图 2-1　反应堆堆芯安全限值(三环路运行)(Shearon Harris Unit 1)

适用范围：模式 1、模式 2。

动作：

a. 无论何时，只要由运行环路最高冷却剂温度和热功率组合所确定的点超过了相对稳压器压力限值，则核电厂应在 1 h 内处于热备用模式，并遵从相应技术规范的要求。

b. 少于三个环路的运行受“所有反应堆冷却剂环路必须要运行”这条技术规范的限制。

说明：这主要是为了防止燃料过热和燃料包壳可能穿孔而造成裂变产物释放到反应堆冷却剂中。燃料的运行被限制在泡核沸腾范围，这里传热系数大，包壳表面温度稍高于冷却剂饱和温度，以防止燃料包壳的过热。

稳态运行、正常运行瞬态以及预期瞬态下的最小偏离泡核沸腾比 DNBR 值一般限定为 1.30(广东大亚湾核电厂 DNBR 限值为 1.22)。

这个限值实际上是保护核电厂第一道安全屏障的一个必要条件。

(2) 反应堆冷却剂系统压力

反应堆冷却剂系统压力不得超过 18.9 MPa (对于美国 Shearon Harris Unit 1)。

适用范围:模式 1、模式 2、模式 3、模式 4、模式 5。

动作:

a. 对模式 1、模式 2

无论何时,只要反应堆冷却剂系统压力超过 18.9 MPa,则核电厂应在 1 h 内使反应堆冷却剂系统压力处于限值内的热备用模式。

b. 对模式 3、模式 4、模式 5

无论何时,只要反应堆冷却剂系统压力超过 18.9 MPa,则核电厂应在 5 min 内将反应堆冷却剂系统压力降至其限值之内,并遵循相应技术规范的要求。

说明:这主要是保护反应堆冷却剂系统不受超压而保持完整性,因此可防止反应堆冷却剂内的放射性核素泄漏到安全壳空间里。

这个限值实际上是保护核电厂第二道安全屏障的一个必要条件。

2.3.2 安全系统限值的设定

本节主要讨论与给出反应堆紧急停堆系统仪表的整定值。有关依据在相应的 BASES 中做了解释,这里只补充两点说明。

(1) 关于功率量程中子注量率高变化率

a. 正的高中子注量率变化率紧急停堆保护是防止中子注量率快速增长的。这种快速增长是在任何功率水平上发生控制棒弹棒事故的征兆。这是专门用于补充功率量程核功率高定值和低定值停堆保护,以确保在出现弹棒事故下能满足安全准则。

b. 负的中子高注量率变化率紧急停堆保护是确保在多种控制棒落棒事件时最小 DNBR 能保持在 1.30 限值以上。

(2) 超温温差 OTΔT(ΔT_{OT})与超功率温差 OPΔT(ΔT_{OP})

a. 超温温差紧急停堆保护堆芯,防止在各种压力、功率、冷却剂温度和轴向功率分布的组合情况下发生偏离泡核沸腾 DNB。这种保护用于慢瞬变,即对于堆芯到温度探测器的管道传输延迟来讲为慢的瞬变,且压力处在稳压器高、低压力紧急停堆之间的范围。

b. 超功率温差紧急停堆保护确保在各种可能的超功率情况下燃料的完整性,即燃料芯块无熔化,进一步限制了超温温差紧急停堆所要求的范围,同时也对高中子注量率紧急停堆提供后备保护。

注意:超温温差的定值随一回路压力变化而变化,例如一回路泄漏,稳压器压力下降从而引起超温温差的定值点下降,这就有可能引起汽轮机自动快速降负荷(Runback),甚至停堆停机。而超功率温差的定值点则是不随一回路压力的变化而变化的。

2.4 运行限制条件

运行限制条件 (LIMITING CONDITIONS FOR OPERATION),简称为 LCO,是核电厂技术规格书中内容最多,所占篇幅也最多的一部分。

这部分首先要对适用范围(APPLICABILITY)有清楚地理解。这部分常称为根源交待

(motherhood statements),所以可见它的重要性。

2.4.1 适用范围

1. 当在各种运行模式或所指定的其他工况下,技术规格书中 LCO 的规定都要求遵从。如果不能满足 LCO 中的规定,则必须满足其相应的动作(ACTION)的要求。

2. 当 LCO 的要求和其相应的 ACTION 要求在指定的时间间隔内都没有满足时,必定不遵从技术规范。如果在指定的时间间隔内,LCO 就恢复了,则就不需要完成 ACTION 的要求,除非在 ACTION 叙述中另有注释。举例说明:运行限制条件(LCO)中—最低临界温度。

规范 反应堆冷却剂系统最低运行环路平均温度必须要大于或等于 288 ℃(对于 Shearon Harris Unit 1)。

如果不满足上述运行限制条件(LCO)要求,则应满足动作(ACTION)要求,即要求在 15 min 之内,将平均温度恢复到其限值之内,否则,在下个 15 min 之内,核电厂应处在热备用运行模式。但如果在 15 min 之内,就能将平均温度恢复到 288 ℃之上,则核电厂就不必处于热备用运行模式了。

3. (1)当运行限制条件(LCO)不满足时[提供在相应的动作(ACTION)要求除外],必须要求在 1 h 之内,采取动作(ACTION)使核电厂处于一个较低水平的运行模式。可采取的 ACTION 有:

① 至少在下个 6 h 之内,使核电厂运行在热备用模式;

② 至少在随后 6 h 之内,使核电厂运行在热停堆模式;

③ 至少再在后续 24 h 之内,使核电厂运行在冷停堆模式。

说明:上述是说允许核电厂停留在热备用模式运行 6 h。如果此 6 h 内还不能满足要求则核电厂需要降至热停堆模式运行,允许时间也是 6 h。如果在这 6 h 之内仍不能满足要求,则电厂需要继续降级运行在冷停堆模式,允许时间为 24 h。

为了更好地阐述,举例说明如下。

例 1 在运行限制条件(LCO)中

规范 两个独立的应急堆芯冷却系统(ECCS)子系统必须都是可运行的,每个子系统包括:

① 一台可运行的上充/安注泵;

② 一台可运行的 RHR 热交换器;

③ 一台可运行的 RHR 泵;

④ ……

如果运行限制条件(LCO)不能满足,按(1)要求满足相应动作(ACTION)要求。在动作(ACTION)中规定:“在有一个应急堆芯冷却系统(ECCS)子系统不可运行的情况下,应在 72 h 之内恢复此不可运行子系统至可运行的状态,否则,……”

但如果问题更严重,两个 ECCS 子系统同时都不可运行,在相应动作(ACTION)中却没有这种情况的补救措施,此时就应该按照 3 中(1) 执行在 1 h 之内使电厂运行在热备用模式,允许停留 6 h,如果 6 h 之内还不能恢复,则再降至热停堆模式运行……

例 2 运行限制条件(LCO)中

规范 两个独立的安全壳喷淋系统必须是可运行的,每个喷淋系统能从换料水箱汲水并且能转换到从安全壳地坑汲水。

在此规范动作(ACTION)中也只给出了一个安全壳喷淋系统是不可运行的情况。同样,现在如果问题出在此两个独立的系统都不能运行,怎么办?同样,按照3中(1)执行,应在1 h之内使核电厂运行在热备用模式,允许6 h……

(2) 如果改正措施完成了,并允许在动作要求的情况下运行,则可以遵照给定的时间限制采取动作,但时间应从未能满足运行限制条件(LCO)的时刻算起。

像在例1中,如果处在热备用模式运行了2 h就恢复了一个ECCS子系统可运行,此时就可以转入执行ACTION中的a. 即应在72 h内恢复另一个不可运行的ECCS子系统至可运行。但根据上述规定应从未能满足LCO时刻算起,即应扣去3 h,即要在69 h内恢复另一个不可运行的子系统。

这条规定不适用于运行模式5、模式6。

4. 除非在不依靠包括在动作要求里的规定而满足运行限制条件(LCO)的条件,否则不能进入一个运行模式或者其他指定的工况。这种规定必须不妨碍经过或到达遵从ACTION中所要求的运行模式。在个别规范条文中所述要求除外。

这条规定提供了进入一个运行模式或其他指定的适用工况必须做到以下两点:

① 整套所要求的系统、设备或部件都是可运行的;

② 不考虑包含在动作叙述中的可允许偏离和离役规定,所有运行限制条件(LCO)中所指定的其他参数都要满足。

这条规定的意图是确保在所要求的设备或系统不可运行或其他指定限值超过的情况下装置不投入运行。

总之,上述的核心思想阐述了技术规范是在保证核电厂安全运行的前提下,提供一定的维修时间,争取尽快能恢复正常运行的要求,尽可能地避免停堆或减少停堆的时间。像运行限制条件(LCO)中具体的允许时间6 h,12 h,…,72 h等都体现了这个精神。

2.4.2 反应性控制系统

这部分含硼化控制、硼化系统及可移动控制组件等都与反应性控制有关的一些规范。下面举几条实际技术规范予以说明。

1. 关于停堆深度的运行限制条件(LCO)

规范 停堆深度必须大于或等于1 770 PCM(对于Shearon Harris Unit 1三环路运行)。

适用范围:模式1、模式2、模式3、模式4。

动作:当停堆深度小于1 770 PCM时,立即用大于或等于7 000 ppm硼酸溶液以大于或等于11.2 t/h的流量硼化,直至恢复到所要求的停堆深度为止。

这是典型的运行限制条件(LCO)规范条文。如果运行限制条件(LCO)不能满足,则应满足动作(ACTION)中的相应要求。

本规范之所以要求有足够的深度,因为具有足够的停堆深度能保证:

(1) 反应堆可以在各种运行模式下达到次临界;

(2) 与假想事故工况有关的反应性瞬变可控制在允许的限制范围内;

(3) 防止在各种停堆模式下意外的超临界。

2. 关于慢化剂温度系数的运行限制条件(LCO)

规范 慢化剂温度系数必须:

(1) 当所有控制棒提出堆外,在燃料循环寿期初(BOL),热态零功率下不得为正;

(2) 当所有控制棒提出堆外,在燃料循环寿期末(EOL),额定热功率下不得比－57 PCM/℃更负(对于 Shearon Harris Unit1)。

讨论:

(1) 寿期初(BOL)出于安全考虑,保证反应堆的固有安全性,所以要求慢化剂温度系数为负值。

(2) 寿期末(EOL)慢化剂温度系数有限值,主要考虑到此时硼稀释的实际困难。

3. 关于最低临界温度的运行限制条件(LCO)

规范 反应堆冷却剂系统环路最低运行温度必须大于或等于 288 ℃(对于 Shearon Harris Unit 1)。

适用范围:运行模式 1、模式 2。

动作:当反应堆冷却剂系统环路运行温度小于 288 ℃时,要求在 15 min 之内恢复至其限值之上,否则在下个 15 min 之内核电厂要处在热备用运行模式。

讨论:之所以要求反应堆达临界时 $T_{avg} \geqslant 288$ ℃在于保证:

(1) 慢化剂温度系数为负值;

(2) 保护系统的仪表处在正常范围;

(3) 稳压器能在有汽腔情况下处于可运行状态;

(4) 反应堆压力容器远离最小脆性转变温度 RT_{NDT}。

4. 关于控制棒插入限值的运行限制条件(LCO)

规范 控制棒组必须限制在物理插入限值之上,见图 2-2。

适用范围:运行模式 1、模式 2。

动作:监测试验除外,当控制棒组插入位置在规范限值之下时,则

(1) 在 2 h 之内恢复控制棒组位置在限值之上;或

(2) 在 2 h 之内将热功率降至小于或等于图 2-2 中棒位所允许的额定功率份额;

(3) 否则,至少在 6 h 之内使核电厂处于热备用运行模式。

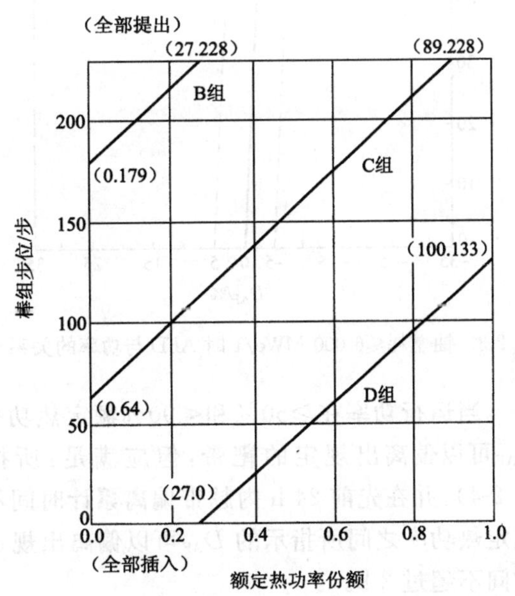

图 2-2 控制棒组插入限值与热功率的关系

举例说明,如果核电厂处在 100％满功率下稳定功率运行,从图 2-2 中可见,D 组控制棒的插入限值为 133 步。这意味着 D 组控制棒位不能低于 133 步。假如,此时实际棒位为 100 步,就不满足插入限值要求了,则根据动作(ACTION)要求,即①在 2 h 之内,通过调硼将控制棒“赶”至 133 步之上,或②在 2 h

之内，将功率降至82.5%以下，即满足控制棒位高于100步之上。如果2 h之内完不成①或②，则电厂应运行在热备用模式，允许时间为6 h。

2.4.3 功率分布限值

这部分含有轴向通量偏差(AFD)D_{AF}，象限功率倾斜比(QPTR)R_{QPT}，热流密度热管因子，核焓升及热管因子偏离泡核沸腾(DNB)参数与功率分布有关的一些规范。

下面仅介绍两条重要的运行限制条件(LCO)规范：轴向中子注量率偏差与象限功率倾斜比。

1. 关于轴向中子注量率偏差(AFD)D_{AF}的运行限制条件(LCO)

规范　所指示的轴向中子注量率偏差D_{AF}必须维持在D_{AF}靶值两侧的靶带内：

(1) 当堆芯平均累积铀燃耗小于或等于6 000 MWd/t时，靶带宽为±5%(见图2-3)；

(2) 当堆芯平均累积铀燃耗大于6 000 MWd/t时，靶带宽不对称，为+3%，-12%(见图2-4)。

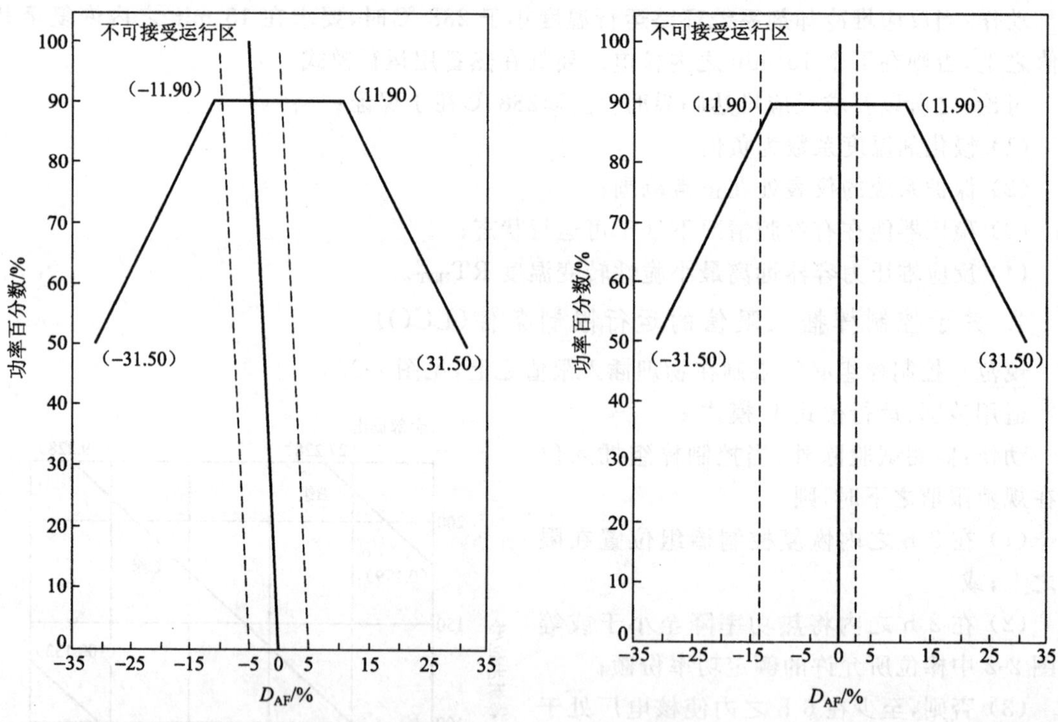

图2-3　轴燃耗≤6 000 MWd/t时AFD与功率的关系　　图2-4　轴燃耗>6 000 MWd/t时AFD与功率的关系

当运行功率在≥50%和<90%额定热功率之间，所指示的轴向中子注量率偏差(AFD)D_{AF}可以偏离出规定的靶带，但应满足：所指示的D_{AF}是在允许运行范围内(见图2-3、图2-4)，并在先前24 h内越带偏离累计时间不超过1 h。又，当运行功率在>15%和<50%额定热功率之间所指示的D_{AF}可以偏离出规定的靶带，但应满足在先前24 h越带偏离累计时间不超过2 h。

适用范围：运行模式1，且在15%额定热功率之上。

动作：

(1)当热功率大于或等于 90%额定热功率，所指示的 D_{AF} 偏离出当时靶带外时，应该在 15 min 之内采取如下动作：

a. 将所指示的 D_{AF} 值恢复到靶带限值之内，否则

b. 将热功率降低到 90%额定功率之下。

(2) 当运行功率在≥50%和<90%额定热功率之间，所指示的 D_{AF} 偏离出靶带，但在先前的 24 h 内越带偏离，累计时间不超过 1 h，或所指示的 D_{AF} 值超出允许范围时，则应

a. 在 30 min 之内将热功率降至<50%额定热功率；

b. 在此后 4 h 内，将功率量程中子注量率高停堆保护定值点降至≤55%额定热功率，见图 2-5。

(3) 当运行功率小于 50%额定热功率，所指示的 D_{AF} 偏离出靶带，但在先前的 24 h 内越带偏离累计时间超过 2 h 时，不能将热功率升至≥50%额定热功率。只有在所指示的 D_{AF} 处在规定靶带内或在先前 24 h 内越带偏离累计时间不超过 2 h 的情况下，才能将热功率升至 50%额定功率以上。

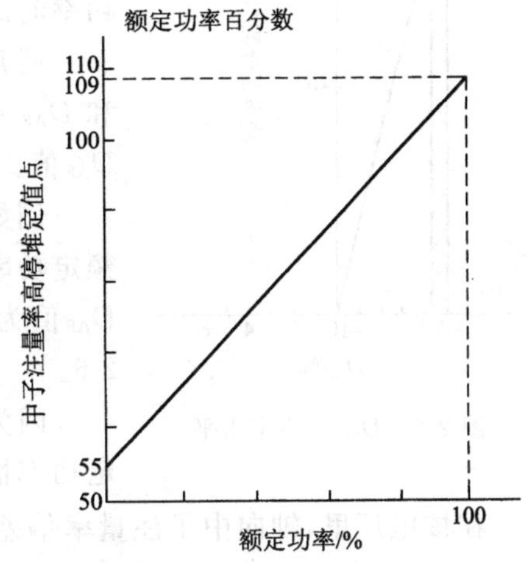

图 2-5　功率量程中子注量率高停堆定值点与功率水平

轴向中子注量率偏差限值确保热流热管因子 $F_Q(z)$ 无论在正常运行时还是跟随功率变化而引起的氙的再分布时，都不超过归一化轴向峰值因子乘以 2.32 构成的包络线上界(对于 Shearon Harris Unit 1)。

遵照技术规范，核电厂运行应保证轴向中子注量率偏差 D_{AF} 在规定的靶带内；但是当核电厂快速降功率时，控制棒移动将引起轴向中子注量率偏差 D_{AF} 偏离出低功率水平的靶带之外。这种偏离不会造成对氙再分布有很大影响，和改变峰值因子的包络线。如果发生上述偏离的时间是有限的，则此峰值因子在功率返回到额定功率时，轴向中子注量率偏差 D_{AF} 仍然会处在额定功率时的靶带之内。

前面分析已经得知轴向中子注量率偏差 D_{AF} 与堆芯寿期的关系，在同样的条件下[满功率，氙平衡，所有控制棒提出堆外(ARO)]堆芯寿期末(EOL)时的功率分布较堆芯寿期初(BOL)时的平坦。虽然 D_{AF} 靶值均为负值，但从堆芯寿期初(BOL)时的绝对值大向堆芯寿期末(EOL)时的绝对值小变化，最后接近于 0。根据这一倾向，就能定性地解释为什么在技术规范中当堆芯燃耗大于 6 000 MWd/t(U) 时，D_{AF} 有着(+3%，−12%)这样一个不对称的靶带。

这里还需要说明一点，控制棒是否插入堆芯，插入的深浅都会直接影响到轴向功率分布，影响着 D_{AF} 的数值的大小。棒插入越深，D_{AF} 值越负(绝对值越大)。当然控制棒位必须在其插入极限之上。正是这个原因，测定 D_{AF} 时应尽量做到使所有控制棒处在堆外(ARO)。运行过程中，通过调节慢化剂中的硼浓度，改变控制棒位，进而调整 D_{AF} 的大小，使之可维持在预期的靶带之内。通常概括有如下两条规律：

a. 通过对硼的稀释来平衡控制棒的插入深度，结果导致 D_{AF}(或 O_A)变得更负；

b. 通过对硼的加浓来平衡控制棒的提出高度，结果导致 D_{AF}（或 O_A）变得更正。

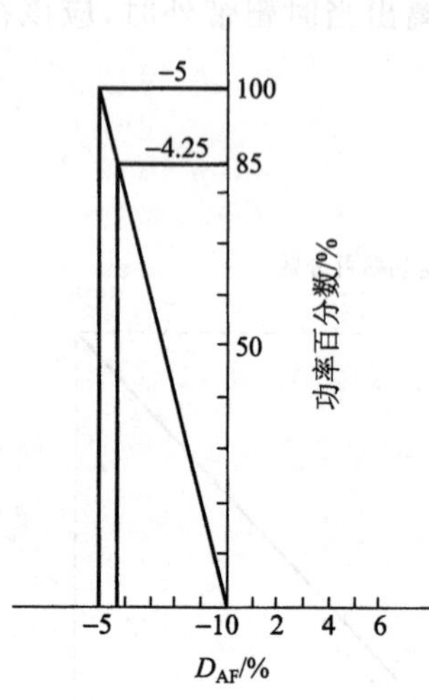

图 2-6　D_{AF}与功率水平

轴向中子注量率偏差 D_{AF}是运行在高功率水平且平衡氙的工况下确定的。此时，控制棒位较高，接近于棒位的上限或全部提出堆外（ARO）。在这样的工况下，所得的 D_{AF}值除以其额定热功率的份额即得出与其相应的堆芯燃耗情况下额定功率时的 D_{AF}靶值。

通常，通过作 D_{AF}与堆功率水平的关系曲线及在靶值 D_{AF}和 $D_{AF}=0$ 之间连接一条直线，即可得到所有功率水平下的 D_{AF}值。

例如，对核电厂处于较高的运行功率情况下，约为 85%额定功率、氙平衡且所有控制棒都提出堆外（ARO）时，测定 D_{AF}值为－4.25%，可以求得不同功率水平下的 D_{AF}值，见图 2-6。

因为 D_{AF}值与功率是线性关系，所以很容易得到 100%额定功率情况的 D_{AF}为－5%。

在核电厂里，轴向中子注量率偏差 D_{AF}，因为是由电离室所测得的电流差值，所以也常用 ΔI 表示。但描写轴向中子注量率分布还有一个运行物理量——轴向偏移 O_A，往往人们会把此两物理量搞混淆。因此应该弄清 D_{AF}（ΔI）与 O_A 的差别（ΔI 与 O_A 以后还专门讨论）。

2. 关于象限功率倾斜比（QPTR）R_{QPT}的运行限制条件（LCO）

规范　象限功率倾斜比 R_{QPT}必须不超过 1.02。

适用范围：运行模式 1，且在 50%额定热功率之上。

动作：

（1）当象限功率倾斜比 R_{QPT}值超过 1.02，但小于 1.09 时：

1）在达到以下两种情况任何之一时，对 R_{QPT}至少每小时计算一次：

① R_{QPT}降至 ≤1.02；

② 热功率降至小于 50%额定热功率。

2）两小时之内，必须做到：

① 将 QPTR 降至 ≤1.02；或者

② 对于所指示的 R_{QPT}，超过 1.0 的每 1% 至少需要降低 3%额定热功率（例如：100%额定热功率时，$R_{QPT}=1.05$，则热功率应该从原来 100%，降低≥5×3%而到达≤85%额定热功率）。

同时，同样地在此后 4 h 之内降低功率量程中子注量率高停堆保护定值点。

3）验证 R_{QPT}在超限后的 24 h 内是否能回到其限值内，否则，在此后 2 h 之内需将热功率降至 ＜50%额热功率，并在此后 4 h 之内，将功率量程中子注量率高停堆保护定值点降至≤55%额定热功率时值。

4）在提升功率之前，需查明超限原因并改正之。假如 R_{QPT}经过 12 h 的至少每小时一次的验证是在其限值之内，则随后可以进行 50%额定热功率以上功率运行，否则，需直到验证了≥95%额定热功率下 R_{QPT} 也可接受时，才能进行 50%额定功率以上的功率运行。

(2) 当由于控制棒失步使所确定的 R_{QPT} 超过 1.09 时：

1) 在达到以下两种情况任何之一时，QPTR 至少每小时计算一次：

① $R_{QPT} \leqslant 1.02$；

② 热功率降至小于 50%额定功率。

2) 在 30 min 之内，对于所指示的 R_{QPT} 值超过 1.0 的每 1%，至少需要降低 3%额定热功率。

3) 验证 R_{QPT} 在超限后的 2 h 内，要能回到其限值内，否则，在此后的 2 h 之内，需将热功率降至小于 50%额定热功率。并在此后的 4 h 之内，将功率量程中子注量率高停堆保护定值点降至≤55%额定热功率时值。

4) 在提升功率之前，需查明超限原因并改正之。假如 R_{QPT} 经过 12 h 的至少每小时一次的验证是在其限值之内，则随后可以进行 50%额定功率以上的功率运行。否则，需直到验证了≥95%额定功率下 R_{QPT} 可接受时，才能进行 50%额定热功率以上的功率运行。

(3) 当由于控制棒失步之外的原因使所确定的 R_{QPT} 超过 1.09 时：

1) 在达到以下两种情况任何之一时，R_{QPT} 至少每小时计算一次：

① $R_{QPT} \leqslant 1.02$；

② 热功率降至小于 50%额定热功率。

2) 在 2 h 之内，将热功率降至小于 50%额定热功率，并在此后 4 h 之内，将功率量程中子注量率高停堆保护定值点降至≤55%额定功率时值。

3) 在提升功率之前，需查明超限原因并改正之。假如 R_{QPT} 经过 12 h 的至少每小时一次的验证是在其限值之内，则随后可以进行 50%额定热功率以上的功率运行，否则，需直到验证了≥95%额定热功率下 R_{QPT} 也可接受时，才能进行 50%额定热功率以上的功率运行。

解释：

R_{QPT} 限值取 1.02，可以保证径向功率分布能够满足发出功率能力分析中所用的设计要求。径向功率分布的测量是在启动试验中进行的，而在功率运行期间也要定期地进行。在 $X-Y$ 平面功率倾斜时，1.02 限值可以提供 DNB 和线功率密度保护。

R_{QPT} 不同于 D_{AF}，它在主控室没有仪表指示记录，但功率量程中，任两通道偏差超过 2%时，则给出报警。

2.4.4 仪表

这部分含反应堆紧急停堆系统仪表，专设安全设施驱动系统仪表、监测仪表及汽轮机超速保护等运行限制条件(LCO)规范。

本节的运行限制条件(LCO)规范明确而清晰且多以列表形式给出，这里不予以讨论。

2.4.5 反应堆冷却剂系统

这部分含反应堆冷却剂环路、安全阀、稳压器、卸压阀、蒸汽发生器、反应堆冷却剂泄漏、水化学、比活度、压力/温度限值、结构完整性和反应堆冷却剂系统通风等运行限制条件规范。

本节主要介绍有关反应堆冷却剂系统泄漏的运行限制条件规范。

规范 反应堆冷却剂系统泄漏必须限制为：

(1) 无压力边界泄漏；

(2) 不可识别泄漏限值为 0.227 m^3/h；

(3) 通过所有蒸汽发生器从反应堆向二回路总泄漏限值为 0.227 m^3/h，通过任一个蒸汽发生器每天总泄漏量限值为 2.0 m^3；

(4) 来自反应堆冷却剂系统的可识别泄漏限值为 2.27 m^3/h；

(5) 在反应堆冷却剂系统压力为 15.4 MPa 的情况下可控泄漏限值为 7.037 m^3/h；

(6) 任何反应堆冷却剂系统压力隔离阀的最大允许泄漏限值为 0.681～1.136 m^3/h(压力为 15.4 MPa)。

适用范围：运行模式 1、模式 2、模式 3、模式 4。

动作：

(1) 在有压力边界泄漏的情况下，核电厂至少应在 6 h 之内处在热备用模式，在随后的 30 h 处于冷停堆模式。

(2) 压力边界泄漏和来自反应堆冷却剂系统压力隔离阀除外，在任何反应堆冷却剂泄漏量大于上述限值任何之一的情况下，应在 4 h 之内将泄漏量减小到限值内，否则电厂在下一个 6 h 处于热备用，并在后续的 30 h 之内处于冷停堆模式。

(3) 在任何一个反应堆冷却剂系统压力隔离阀泄漏量大于限值表的限值情况下，在 4 h 内至少借助于关闭手动阀或使无效的自动阀将受影响系统高压部分与低压部分隔离开来，否则电厂至少在下一个 6 h 之内要处在热备用模式并在后续 30 h 之内处于冷停堆模式。

2.4.6 应急堆芯冷却系统(ECCS)

这部分含安注箱，不同温度下应急堆芯冷却子系统，浓硼酸注入系统及换料水箱(RWST)等运行限制条件(LCO)规范。

在前面已讨论过应急堆芯冷却系统子系统($T_{avg} \geq 180$ ℃)的运行限制条件(LCO)。

规范 两个独立的应急堆芯冷却系统子系统必须是可运行的，每个子系统包括：

(1) 一台可运行的上充/安注泵；

(2) 一台可运行的余热排出(RHR)热交换器；

(3) 一台可运行的余热排出(RHR)泵；

(4) 一条可运行的流道，它能够在安注信号触发后从换料水箱取水，在再循环阶段可转换到从安全壳地坑取水。

适用范围：运行模式 1、模式 2、模式 3。

动作：在一个应急堆芯冷却系统子系统不可运行时，须在 72 h 之内将不可运行的子系统恢复到可运行状态，否则电厂至少在下一个 6 h 之内处于热备用模式，并在后续的 6 h 之内处于热停堆模式。

2.4.7 安全壳系统

这部分含安全壳、降压和冷却系统、除碘系统、安全壳隔离阀、可燃气体控制和真空泄漏系统等运行限制条件(LCO)规范。

举例：关于安全壳完整性运行限制条件(LCO)。

规范　安全壳完整性必须要保持。

适用范围:运行模式 1、模式 2、模式 3、模式 4。

动作:在安全壳完整性有损情况下,应在 1 h 之内恢复安全壳完整性,否则,核电厂至少在下一个 6 h 之内应处于热备用模式,并在后续的 30 h 之内处于冷停堆模式。

2.4.8　电厂系统

这部分含汽轮机热力循环系统、蒸汽发生器压力/温度限值、设备冷却水系统、重要冷却水系统、防淹没、控制室事故空调系统、最终热阱等运行限制条件(LCO)规范。

举例:关于蒸汽管线隔离阀的运行限制条件(LCO)。

规范 每一个主蒸汽管线隔离阀(MSIV)必须是可运行的。

适用范围:运行模式 1、模式 2、模式 3、模式 4。

动作:

对模式 1

在一个主蒸汽隔离阀(MSIV)不可运行时(是在开启的情况下),假定不可运行的阀门在 4 h 之内能被恢复到可运行状态,核电厂即可继续处于功率运行模式。否则,在下一个 6 h 之内核电厂应处于热备用模式,并在后续的 6 h 之内处于热停堆模式。

对模式 2、模式 3

在一个 MSIV 不可运行的情况下,假定此隔离阀保持关闭,则核电厂可以继续运行在模式 2 或模式 3。否则核电厂应在下一个 6 h 之内处于热备用模式,并在随后的 6 h 之内处于热停堆模式。

2.4.9　电力系统

这部分含交流电源、直流电源、厂内配电、电气设备保护装置等运行限制条件(LCO)规范。

举例:关于交流电源的运行限制条件。

规范　在厂外输电网与厂内 1E 级配电系统之间有两条相互独立的线路和两套分隔且独立的柴油发电机组,每套柴油发电机组有:

(1) 分隔的日用燃油箱最低限度贮有燃油;

(2) 分隔的燃油贮存系统最低限度贮有燃油;

(3) 分隔的燃油抽油泵。

适用范围:运行模式 1、模式 2、模式 3、模式 4。

动作:

(1) 当上述交流电源中有一路厂外电不能供电或一套柴油发电机组不可运行时,须在 72 h 内至少恢复二路厂外电和二套柴油发电机组到可运行状态,否则在此后的 6 h 内至少处于中间停堆 A 阶段并且在随后的 30 h 内处于冷停堆模式。

(2) 当上述的交流电源中有一路厂外电和一套柴油发电机组不可运行时,须在 12 h 内至少使不可运行的电源中的一个恢复到可运行状态,否则在此后的 6 h 内至少处于中间停堆 A 阶段状态并且在随后的 30 h 内降到冷停堆模式。从开始失电之时起 72 h 内至少恢复二路厂外电和二套柴油发电机组到可运行状态,否则在此后的 6 h 内至少处于热停堆模式,并在随后的 30 h 内降到冷停堆模式。

(3) 当上述的厂外交流电源有二路不可运行时，须在 24 h 内至少使不可运行的外电源中的一路恢复到可运行状态，否则在此后的 6 h 内至少处于停堆模式。如果仅有一路外电源恢复，须在从开始失电之时起的 72 h 内至少恢复二路厂外电到可运行状态，否则在此后的 6 h 内至少处于热停堆模式，并在随后的 30 h 降到冷停堆模式。

(4) 当上述要求的柴油发电机组中的二套不可运行时，须在 2 h 内至少使不可运行的柴油发电机组中的一套恢复到可运行状态，否则在此后的 6 h 内至少处于热停堆并在随后的 30 h 内降到冷停堆模式。须在从开始失电之时起的 7 d 内至少恢复二套柴油发电机组到可运行状态，否则在此后的 6 h 内至少处于热停堆模式，并在随后的 30 h 内降到冷停堆模式(注：这条规范引自秦山核电厂技术规格书)。

2.4.10 换料运行

这部分含硼浓度、仪表、衰变时间、安全壳厂房贯穿、通讯、换料机械、安全壳通风隔离系统、反应堆压力容器水位等运行限制条件(LCO)规范。

举例：关于换料操作中硼浓度的运行限制条件。

规范 在反应堆冷却剂系统中所有充水部分和换料通道中的硼浓度必须保持均匀并足以确保满足以下反应性条件之一：

(1) $k_{\text{eff}} \leqslant 0.95$，或

(2) 硼浓度 $C_B \geqslant 2\ 000$ ppm。

适用范围：运行模式 6。

动作：在不满足上述规范要求的情况下，立即中止包括堆芯变动或添加正反应性的所有操作，并启动和继续用大于或等于 7 000 ppm 硼酸溶液以大于或等于 6.81 t/h 速度硼化直至 k_{eff} 降至 $\leqslant 0.95$ 或硼浓度 $C_B \geqslant 2\ 000$ ppm。

2.4.11 特殊试验

这部分含在电厂进行特殊试验时一些特定的运行限制条件(LCO)规范，详见技术规格书，这里不予讨论。

2.5 监测要求

监测要求在核电厂技术规格书中是保证核电厂安全运行，满足运行限制条件的重要措施。它是与运行限制条件伴生的，因此，监测要求部分与运行限制条件部分条数相同，即一条运行限制条件规范紧跟一条监测要求的形式。下面举例予以说明。

例 1 关于最低临界温度的运行限制条件(LCO)

规范 反应堆冷却剂系统环路最低运行温度必须大于或等于 288 ℃(前面已讨论过)。

在监测要求中相应的有：

规范 必须按下列要求来确定反应堆冷却剂温度 T_{avg} 大于或等于 288 ℃：

(1) 在反应堆达到临界前 15 min 内；

(2) 当反应堆达到临界后，反应堆冷却剂系统温度低于 294 ℃时，至少每 30 min 测定一次。

例 2　关于控制棒插入限值的运行限制条件(LCO)

规范　控制棒组必须限制在物理插入限值之上，见图 2-2。

在监测要求中相应的有：

规范　除了棒插入限值监视器处于不可运行情况下的一段时间外，必须至少每 12 h 确定一次每个控制棒组要处在插入限值之内，随后至少每 4 h 校验一次单束控制棒的棒位。

例 3　关于象限功率倾斜比 R_{QPT} 的运行限制条件(LCO)

规范　象限功率倾斜比 R_{QPT} 必须不得超过 1.02。

同样，关于 R_{QPT} 也有着相应的监测要求。

• 规范　当运行功率在 50% 额定热功率之上时，必须定期验算 R_{QPT} 是否在其限值内：

(1) 当 R_{QPT} 报警是可运行时，至少每 7 d 计算一次 R_{QPT}；

(2) 当 R_{QPT} 报警是不可运行，但处于稳定运行期间时，至少每 12 h 计算一次 R_{QPT}。

• 规范　当运行功率在 75% 额定热功率以上，且有一个功率量程通道是不可运行的，必须确定 R_{QPT} 是在限值之内。借助于可移动的堆芯内探测器至少每 12 h 一次来确认归一化对称的功率分布与所指示的 R_{QPT} 的一致性。该功率分布是得自 2 套 4 个对称套管位置或全堆芯通量图。

2.6　设计特点

这部分内容含本核电厂设计考虑的一些重要问题，如厂址、安全壳、反应堆堆芯(燃料组件、控制棒组件等)、反应堆冷却剂系统(设计压力与温度、总容积等)、气象塔位置、燃料贮存以及设备循环或瞬变的限值等(广东大亚湾核电厂、秦山第二核电厂等技术规格书中不含这部分)。

2.7　行政管理

一般核电厂行政管理都包括职责、组织机构、核电厂人员资格、培训、审查和监查、可报告的事件、违反安全限值、规程和计划、报告要求、记录保存、辐射防护政策等内容。当然每个核电厂根据该厂的具体情况，均有所差别，不过大同小异。

从以上所述内容可见，核电厂技术规格书确实是核电厂运行中最重要的文件。它是制定核电厂运行规程的主要依据，也是操纵员和高级操纵员要保证核电厂安全运行必须深刻理解和认真执行的文件。每个操纵人员都应该养成严格遵从并执行规范的良好运行习惯。在美国核电厂，如果操纵员在运行中几次违反了技术规范而被美国核管会(NRC)驻厂监督员发现并报告上级时，就能吊销该操纵员执照。

尽管各个核电厂的技术规格书都有所差异，但它的最终目的是相同的，即严格遵从技术规格书中的技术规范是确保核电厂安全运行的必要条件。

2.8 广东大亚湾核电厂技术规格书简介

由于美国核电厂发展得早，数量也多，所以早期就具有比较完整的运行文件，如技术规格书等。后来，其他各国在发电方面，除了结合本国国情，也引进了美国的技术与经验，法国就是这样。在消化的基础上，进行了改进与完善，我国的广东大亚湾核电厂就是一例。2003年后大亚湾核电厂借鉴法国实践，采用了新版运行技术规格书。

下面我们将先仍以旧版为例介绍大亚湾核电厂的技术规格书，最后给出新旧版本的差异对比(表 2-2)。首先该技术规格书的主要内容包括定义，安全限值，保护阈值，运行中的限制条件，监测要求与行政管理六部分(缺设计特点部分)。各部分内容也做了些调整与组织，使之更有特点，更突出了规范设定主要目的是为了确保核电厂反应堆三道屏障的完整性。

下面是对技术规格书内容的简介。

1. 定义

这一节给出了在技术规范中遇到的一些专用名词的确切含义，共 30 条，如 O_A、ΔI、热管因子等。

2. 安全限值

这一节规定了每道安全屏障的有关限值。

• 第一道屏障(燃料包壳)的限值有：$R_{DNB} > 1.22$，燃料棒的最大线功率密度小于 590 W/cm 等。

• 第二道屏障(反应堆冷却剂压力边界)的限值有：一回路压力不超过 17.23 MPa 绝对压力，反应堆冷却剂的温度不能超过 343 ℃等。

• 第三道屏障(安全壳)的限值有：安全壳相对压力不超过 0.42 MPa，最高平均温度不超过 145 ℃等。

3. 保护阈值

这一节给出了主要的保护和安全系统自动动作的定值，以免达到安全极限。主要包括下列内容：

(1) 反应堆紧急停堆的逻辑关系和阈值，由技术规范中表 T－3－1 归纳出；

(2) P6、P7、P8、P10 和 P16 的定值及有关的动作等，由技术规范中表 T－3－2 归纳列出；

(3) 产生安注信号的逻辑关系和阈值，由技术规范中表 T－3－3 归纳出；

(4) 产生主蒸汽管道隔离的逻辑关系和阈值，由技术规范中表 T－3－3 归纳列出；

(5) 启动安全壳喷淋系统、安全壳隔离、隔离给水流量调节系统、启动辅助给水系统、安注再循环和喷淋再循环等的定值，由技术规范中表 T－3－3 归纳列出；

(6) P11 和 P12 信号的定值及有关动作等，由技术规范中表 T－3－4 归纳列出；

(7) 稳压器的安全阀、余热排出系统的安全阀和蒸汽发生器安全阀的功能及定值，由技术规范中表 T－3－5 归纳列出。

4. 运行中的限制条件

(1) 运行模式

技术规范中 4.1 节定义了机组运行的九种运行模式及压力和温度范围，还对一回路加热、稳压器辅助喷淋、蒸汽发生器压力和一回路硼浓度控制作了明确的规定。

(2) 对冷停堆模式的要求

技术规范中的 4.2 节至 4.3.2 节描述了换料冷停堆，维修冷停堆和正常冷停堆模式的要求。

(3) 机组启动过程中的要求

技术规范中的 4.3.3 节至 4.5 节描述了机组启动过程中的要求，主要包括：

① 离开正常冷停堆模式的条件(4.3.3 节)；

② 离开余热排出系统运行的两相中间停堆模式的条件(4.3.4 节)；

③ 反应堆达临界的条件(4.4.1 节)；

④ 离开热备用模式的条件(4.4.3 节)；

⑤ 安全壳空气监测系统、安全壳换气通风系统、核辅助厂房通风系统和第一台反应堆冷却剂泵启动的条件(4.5.1 至 4.5.4 节)；

⑥ 燃料厂房燃料吊装和贮存的条件(4.5.5 节)。

(4) 反应堆控制的规则

技术规范中的 4.6 节描述了反应堆控制过程中的要求，主要包括：

① 控制棒位置的要求(4.6.1 节)；

② 轴向功率偏差的要求(4.6.2 节)；

③ LOCA 监测系统的要求(4.6.3 节)；

④ 功率范围和功率变化的要求(4.6.4 节)；

⑤ 反应堆功率径向倾斜率的要求(4.6.5 节)。

(5) 设备不可用时的运行规范

技术规范中的 4.7 节描述了核电厂系统的设备不可用时应该遵守的运行规范，其中包括：

① 单个系统中的设备发生随机故障而不可用时应该遵守的规定(4.7.1 节)；

② 几个系统的设备同时发生随机故障时应该遵守的规定(4.7.2 节)；

③ 计划中的设备不可用(如维修或试验)时应该遵守的规定(4.7.3 节)。

(6) 保证安全壳完整性的要求

技术规范中的 4.9 节描述了保证安全壳完整性的要求，其中包括：

① 换料或维修冷停堆模式时的要求(4.9.1 节)；

② 其他运行模式时的要求(4.9.2 节)。

(7) 关于核电厂化学和放射性化学的要求

技术规范中的 4.10 节描述了核电厂系统中的化学成分要求和放射性水平的要求，其中包括：

① 对反应堆冷却剂系统的要求(4.10.1 节)；

② 对二回路系统的要求(4.10.2 节)；

③ 对核岛辅助系统和要求(4.10.3 节)。

(8) 换料之后进行物理试验的要求

技术规范中的 4.11 节给出了换料之后进行物理试验的规定。

5. 监测要求

前面规定了在安全相关设备不能运行或安全相关参数异常发展事件中必须满足的安全限值,保护阈值以及要遵守的运行规程和依据。严格运用这些规定,是能够保证核电厂在整个寿期内安全的最低技术要求的。

对上述技术规范提供必要的监督手段和最低限度的监督频度,能够保证对安全相关参数设备的可运行性及其性能合格,并保证满足对三道屏障提出的安全限值的要求。

6. 行政管理

这部分与其他核电厂大同小异,只不过考虑到大亚湾核电厂的具体情况而已。

其他核电厂也类似,如秦山核电厂行政管理也是在消化美国核电厂技术规范基础上修定而成的,秦山第二核电厂与大亚湾核电厂类同。

7. 大亚湾核电厂新、旧版技术规范的主要差别

为了提升核电厂安全业绩,改进核电厂安全管理,自 2003 年起大亚湾核电厂借鉴法国实践,采用了新版运行技术规格书。新旧版本的主要变化包括变更了技术规范的编排结构、消除原有歧义条款,更加方便使用和查询,并采用了新的故障和事故研究成果,修改了一些安全相关设备不可用的后撤时间和后撤模式等。

新旧运行技术规范主要差别可概括为:

(1) 将技术规范的体系进行拆分,使运行技术规范、化学技术规范、放射化学技术规范独立成册。变更后的总体组成如图 2-7 所示。

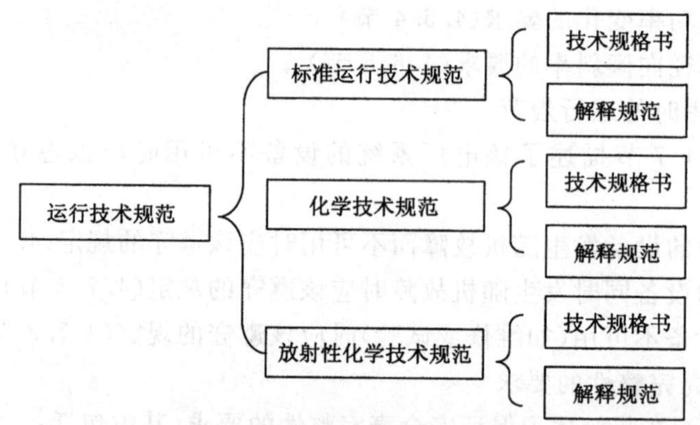

图 2-7 新运行技术规范的总体组成

(2) 对运行技术规范的编排结构进行调整,并引入反应堆模式的概念。

新技术规范使用"模式"对反应堆状态进行划分。运行模式和标准工况的对比如表 2-2 所示。

新技术规范由"总则"、"反应堆功率运行模式(RP)"、"蒸发器冷却正常停堆模式(NS/SG)"、"RRA 冷却正常停堆模式(NS/RRA)"、"维修停堆模式(MCS)"、"换料停堆模式(RCS)"、"反应堆完全卸料模式(RCD)"及"定义"等 8 个部分组成。

"总则"部分对运行技术规范的作用、使用范围、对技术规范的遵守规定、运行模式的定义、偏离技术规范所应采取的措施、设备不可用的分类、累计规则和应对措施、反应堆状态转

换的条件等进行了详细的阐述，它适应于所有反应堆模式。

“定义”部分对技术规范使用中涉及的缩略语、术语、保护定值等进行解释，以方便、准确地理解和使用技术规范。

每个运行模式部分的技术规格书结构相同，按照安全功能块进行编排，分别是反应性控制、堆芯余热导出、放射性物质屏蔽、辅助支持功能及出现随机事件时所采取的措施 5 个部分构成。

使用时只需要按照当前机组的模式，查找对应的部分即可。

(3) 对事件(即“不可用”)的管理重新进行了规定。

在“总则”里，对事件(即不可用)进行了细致的分类、分级，制定了应对措施规则，也对累计规则等进行了修改。

后撤时间的定义与以往不同，以往后撤时间只是诊断和确认的最大时限，不包括向后备状态过渡所需要的时间。新规范里，后撤时间包括了后撤过程的操作时间。

引入了“其他事件”的概念，它们是既不属于随机性也不属于计划性的事件，主要包括由某一改造项目或并非因预防性维修大纲或安全系统定期试验监督大纲要求进行的某一特定检查所引起的事件，也包括事故工况下要求可用的设备出现异常的事件。

对第一组事件和第二组事件的划分直接进行定义，而不是按照“后撤时间是否大于 14 天”来判断。

事件的组合与累计方式也进行了改变，由第一组事件与第二组事件一起累计变为第一组、第二组事件分别累计。

采纳了概率安全分析 PSA 的研究成果，对后撤时间进行了调整。

将过去的“通用特许申请”变成“运行限制条件”写进了技术规范中，减少了特许申请的数量。

表 2-2　大亚湾核电厂新旧版运行技术规范运行模式和标准工况的对比

运行模式	运行标准工况	一回路冷却剂装载量	一回路压力(绝对压力)	一回路平均温度/℃	一回路硼浓度/ppm	核功率
反应堆完全卸料模式(RCD)	所有核燃料在KX厂房		1)	1)		
换料停堆模式(RCS)	换料停堆工况	水闸门未就位：≥15 m；水闸门就位：≥19.3 m；	大气压力	10≤T≤60	2 300～2 500	0
维修停堆模式(MCS)	一回路充分开口维修冷停堆工况	≥ LOI － RRA 运行水位	大气压力	10≤T≤60	2 300～2 500	0
	一回路小开口维修冷停堆工况	≥ LOI － RRA 运行水位	大气压力	10≤T≤60	2 300～2 500	0
	一回路卸压但封闭维修冷停堆工况	≥ LOI － RRA 运行水位	p≤5 bar	10≤T≤60	2 300～2 500	0

续表

运行模式	运行标准工况	一回路冷却剂装载量	一回路压力（绝对压力）	一回路平均温度/℃	一回路硼浓度/ppm	核功率
RRA冷却正常停堆模式（NS/RRA）	正常冷停堆工况	一回路满水	5 bar $<p\leqslant$ 30 bar	$10\leqslant T\leqslant 90$	$CB_{冷}\approx 2\ 500$	0
	单相中间停堆工况	一回路满水	24 bar $\leqslant p\leqslant$ 30 bar	$90\leqslant T\leqslant 180$	$CB_{冷}\approx 2\ 500$	0
	双相中间停堆工况RRA运行条件（RRA投运）	一回路满水，稳压器双相状态	24 bar $\leqslant p\leqslant$ 30 bar	$120\leqslant T\leqslant 180$	$CB_{冷}\approx 2\ 500$	0
蒸汽发生器冷却正常停堆模式（NS/SG）	双相中间停堆工况RRA运行条件（RRA未投运）	一回路满水，稳压器双相状态	24 bar $\leqslant p\leqslant$ 30 bar	$160\leqslant T\leqslant 180$	$CB_{冷}\approx 2\ 500$	0
	双相中间停堆工况蒸汽发生器冷却工况	一回路满水，稳压器双相状态	24 bar$\leqslant p\leqslant$P11 或 $160\leqslant T\leqslant$P12		$CB_{冷}\approx 2\ 500$	0
	热停堆工况	一回路满水，稳压器双相状态	P11$\leqslant p\leqslant$155 bar 和 P12$\leqslant T\leqslant$294.4		$CB_{热}\approx 2\ 500$	0
反应堆功率运行模式（RP）	反应堆临界阶段	一回路满水，稳压器双相状态	(155±1) bar	291.4(+3,−2)	逼近临界硼浓度	~0
	热备用	一回路满水，稳压器双相状态	(155±1) bar	291.4(+3,−2)	临界硼浓度	$\leqslant 2\%Pn$
	功率运行工况	一回路满水，稳压器双相状态	(155±1) bar	$291.4\leqslant T\leqslant 310$	临界硼浓度	$2\%Pn<P\leqslant 100\%Pn$

注：1 bar＝0.1 MPa，大亚湾核电厂的现用压力单位为 bar。

1) 一回路水压试验除外。

复习题

1. 技术规格书一般包括哪几大部分？
2. 在美国西屋公司压水堆核电厂技术规格书“定义”中，什么是动作（ACTION）？什么是停堆深度？
3. 美国西屋公司压水堆核电厂分哪几种运行模式？
4. 试用图来说明反应堆堆芯的安全限值（图 2-1）。

5. 设置超温温差(OTΔT)与超功率温差(OPΔT)保护的目的是什么？

6. 为什么要保证有足够的停堆深度？

7. 为什么要设最低平均温度(T_{avg})限值？

8. 为什么控制棒有插入极限的要求？

第3章 核电厂正常运行

3.1 概 述

本章将介绍核电厂正常运行的全过程，即从冷停堆模式开始，经加热升温，达到热停堆模式，开堆趋近临界，汽轮机暖机升速并网带负荷，直至满功率稳定功率运行模式。然后再逆过程返回直至核电厂再处于冷停堆模式。

本章内容的依据是核电厂正常运行的总体规程，即GP(General Procedures)。还将介绍在反应堆启动前的临界条件估算(Estimated Critical Condition，ECC)，以及功率运行中两个重要的估算，即稀释率及热平衡计算。

在核电厂功率运行中，了解负荷变化是非常重要的，因此讨论负荷变化过程电厂主要运行参数的瞬变是十分必要的。通过对瞬变的讨论，还可以加深对一些重要系统的进一步认识。

3.2 核电厂加热升温

3.2.1 初始条件

1. 反应堆冷却剂系统(RCS)

• 反应堆冷却剂系统(含稳压器)已完成充水排气，处于水实体状态；

• 反应堆冷却剂内的硼浓度为冷停堆模式的硼浓度；

• 反应堆冷却剂系统的温度维持在60 ℃以下；

• 反应堆冷却剂系统的压力维持在0.345～0.689 MPa(表压)；

• 反应堆冷却剂泵处于可运行状态。

2. 化学与容积控制系统(CVCS)

• 化容系统上充、下泄处于正常运行，以维持反应堆冷却剂系统压力和反应堆冷却剂泵轴封供水；

• 化学系统内所有净化床处于硼饱和状态；

• 容控箱(VCT)内用氮气覆盖，压力维持在0.10～0.16 MPa。

3. 余热排出系统(RHRS)

余热排出系统与反应堆冷却剂系统构成环路，余热排出泵在运行，反应堆的衰变热由余热排出系统排出，并维持反应堆冷却剂系统的温度在60 ℃左右。

4. 安注系统(SIS)和喷淋系统

• 安注信号已闭锁；

• 安注系统处于安注备用；

• 安注箱出口隔离阀门已关闭；

- 安全壳再循环地坑出口阀门已关闭；
- 安全壳喷淋系统处于备用；
- 换料水箱水位、硼浓度满足技术规范要求。

5. 反应堆补给水系统

反应堆补给水箱的水位，浓硼箱的水位，硼浓度均满足技术规范要求。

6. 主蒸汽系统的主蒸汽隔离阀门及其旁通阀门关闭，蒸汽发生器的宽量程水位计指示正常。

7. 蒸汽发生器可由辅助给水系统供水。

8. 供电系统由两个以上独立外电源供电，厂用电正常，应急柴油发电机组处于备用状态。

9. 部件冷却水和重要冷却水(核岛冷却水)运行正常。

3.2.2 注意事项

1. 必须至少有一台反应堆冷却剂泵或余热排出系统处于运行状态，才能开始稀释反应堆冷却剂的硼浓度。

2. 反应堆冷却剂系统的升温速率一定不能超过技术规格书中规定的最大允许值的二分之一。

3. 如果反应堆压力容器的温度在 20 ℃以下，蒸汽发生器的二次侧的压力不应超过 3 MPa。

4. 稳压器的升温速率不应超过技术规格书中规定的限值。

5. 如果稳压器和喷淋液之间的温度差超过 160 ℃，则不允许使用喷淋。

6. 当反应堆冷却剂温度处于正慢化剂温度系数范围内时，通过等于或大于泄漏泄压而引入的潜在反应性，会使反应堆处于次临界。

7. 在稳压器建立正常水位之前，反应堆应维持在次临界状态。

8. 反应堆冷却剂平均温度大于 260 ℃时，其总的比反应性不应超过技术规格书中的限值。

9. 除非反应堆处于冷停堆模式，否则，安全壳的完整性绝不允许破坏。

10. 安全壳的完整性有缺陷时，除非停堆深度保持在 $4\% \Delta k/k$ 以上，否则，不允许用稀释硼的方法向反应堆内引入正的反应性。

11. 任何时候(包括反应堆停闭或控制棒插入堆芯)，进行稀释硼操作时临界度必须是可预计的。

12. 在涉及硼浓度变化的任一步骤时，如果任一个源量程通道的中子计数率增长一倍或更多时，必须立即停止操作，直至对该情况作出满意的评估为止。

13. 停堆棒组在反应堆停闭后必须全部提出堆外，以克服无论是由于硼或氙的变化，还是由于反应堆冷却剂温度变化所引入的反应性变化，但这一原则对下面情况可以例外：

(1) 反应堆冷却剂系统至少已经硼化到热氙的任意硼浓度，且维持在热停堆模式。核电厂厂长或他指定的人批准可用插入控制棒的方法替代。

(2) 反应堆冷却剂系统已经硼化到冷停堆模式的硼浓度 $4\% \Delta k/k$，且正在进行加热。核电厂厂长或他指定的人批准用加热的方法替代。

注意：在反应堆冷却剂系统加热和冷却之前，为了提供及时的停堆源，停堆棒必须提出反应堆之外。

14. 若停堆棒组不能提出反应堆时，反应堆冷却剂系统则必须按照所需要的条件进行硼化，且硼浓度必须用取样的方法加以确认。在加热升温之前，停堆棒组必须全部提出反应堆之外，控制棒组 A、B、C 和 D 四组则应提离底部 5 步。

15. 反应堆冷却剂的硼浓度在明显变化之前，需启动稳压器电加热器，允许稳压器喷淋阀调节稳压器至反应堆冷却剂系统之间的硼浓度。

注意：上述适用于稳压器水位已经建立之后的情况。

16. 用于控制平均温度 T_{avg} 或温差 ΔT 的通道在退出工作之前，通过消除适当的开关或按钮，将该通道退出反应堆控制系统。稳压器水位、给水流量或蒸汽流量在退出工作之前，在类似的控制台、盘上应选择替代的通道来控制动作。核电厂二次侧暖管、缓慢的蒸汽排放和调节给水过程中，必须小心谨慎，防止反应堆冷却剂系统突然冷却。

注意：反应堆接近临界或低功率时，这一要求特别重要。

17. 余热排出系统运行时，反应堆冷却剂系统的压力不允许超过 3.16 MPa（见图 3-1）。

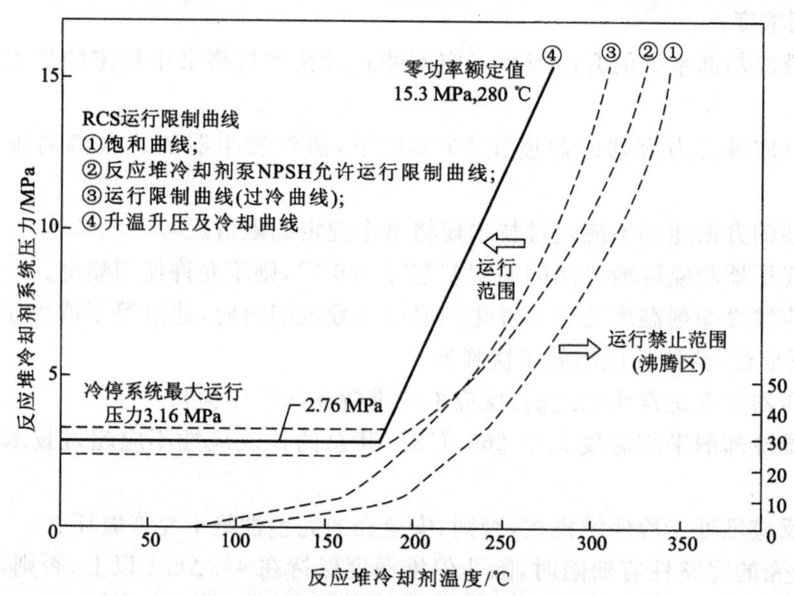

图 3-1　反应堆冷却剂系统加热、冷却限制曲线

18. 反应堆冷却剂系统的压力必须维持在与反应堆压力容器加热、冷却限制曲线和压力—温度曲线相一致（见图 3-1 和图 3-2）。随着加热升温的进展，绝不允许系统的压力在曲线之外。

19. 如果为了维修停闭核电厂，且其间反应堆冷却剂系统又曾经被打开过，为了保证系统严密所作的不少于 16.1 MPa 泄漏试验，对温度的要求应满足脆性转变温度（T_{ND}）的要求（见图 3-2）。

20. 反应堆冷却剂系统温度低于 176 ℃，且无向安全壳内泄漏时，两个卸压阀（PORV）都应该是可运行的。

21. 主蒸汽隔离阀（MSIV）处于关闭时，应开启所有主蒸汽管道上和主蒸汽隔离阀的连

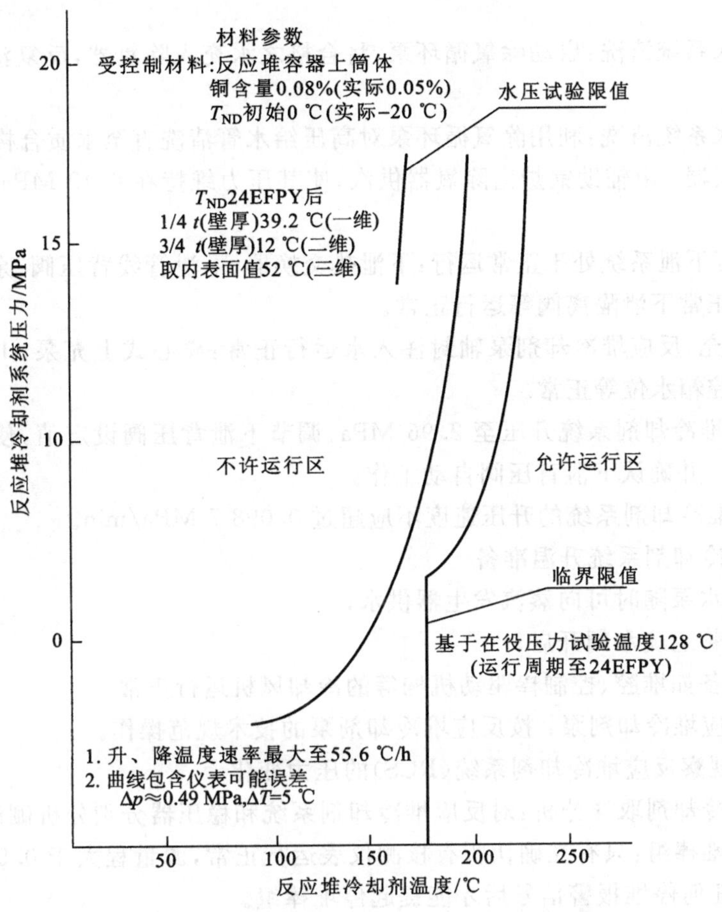

图 3-2 反应堆冷却剂系统升、降温限制曲线

续疏水阀门,以防止因通过安全阀或大气释放阀的开启引起水的冲击。由增加排放管线的蒸汽排放量或增加排放管线上的温度进行核实。

3.2.3 运行操作

压水堆由于慢化剂中有可溶性中子吸收剂(硼),慢化剂在低温时可能出现正慢化剂温度系数。所以,在启动反应堆达临界之前,核电厂必须用反应堆冷却剂泵和稳压器电加热器将反应堆冷却剂系统加热升温到接近正常运行温度,以消除慢化剂正温度系数对核电厂安全运行的不利影响。核电厂反应堆冷却剂系统加热升温的主要操作步骤如下。

1. 确认辅助给水、主蒸汽、凝水和给水、汽轮机及其附属、蒸汽发生器排污等系统的可运行性。

2. 汽轮机转子盘车:应按盘车要求启动相应的辅助系统及设备,如润滑油泵、顶轴油泵等。

3. 凝水系统清洗:如启动凝水泵循环,分析水质合格后,停止排水投入除盐装置等。

4. 确认核测仪表的可运行性:如源量程、中间量程、功率量程的可运行性。

5. 启动一台循环水泵:按启动循环水泵的要求启动相应的辅助系统。投运汽轮机厂房的工业水系统等。

6. 低压给水系统清洗：启动除氧循环泵，将合格之水充入除氧器，反复清洗直至除氧器水质合格。

7. 高压给水系统清洗：利用除氧循环泵对高压给水管清洗直至水质合格。

8. 启动除氧器：由辅助锅炉向除氧器供汽，使其压力维持在 0.49 MPa，温度逐渐升至 110 ℃。

9. 确认低压下泄系统处于正常运行：下泄热交换器、下泄管线背压阀、余热排出系统低压下泄截止阀、正常下泄隔离阀等运行正常。

10. 确认上充、反应堆冷却剂泵轴封注入水运行正常：离心式上充泵、上充流量及轴封注入水流量、容控箱水位等正常。

11. 将反应堆冷却剂系统升压至 2.96 MPa：调节下泄背压阀设定值，使系统压力缓慢升至 2.96 MPa。并确认下泄背压阀自动工作。

注意：反应堆冷却剂系统的升压速度不应超过 0.098 7 MPa/min。

12. 反应堆冷却剂系统升温准备

(1) 辅助给水泵随时可向蒸汽发生器供水；

(2) 主蒸汽管道疏水阀开启；

(3) 相关设备如堆腔、控制棒驱动机构等的冷却风机运行正常。

13. 启动反应堆冷却剂泵：按反应堆冷却剂泵的技术规范操作。

注意：密切观察反应堆冷却剂系统(RCS)的压力变化。

14. 反应堆冷却剂取样分析：对反应堆冷却剂系统和稳压器分别分析硼浓度和水质。

15. 提起停堆棒组：只有在确认所有核测仪表运行正常，源量程大于 0.5 计数/秒、音响计数率装置、无任何停堆报警信号后才能提起停堆棒组。

16. 调整硼浓度：当核电厂由换料模式开始，则可先将反应堆冷却剂的硼浓度稀释到冷停堆无氙的硼浓度。

17. 加联氨除去反应堆冷却剂中的氧：反应堆冷却剂温度在 50～60 ℃。向系统加入联氨，并维持温度在 82 ℃附近。在水质合格前，系统温度绝不允许超过 121 ℃。

注意：(1) 加入联氨的量由水质分析确定；

(2) 对与反应堆冷却剂系统相连的不流动管道系统的积水要用合格水置换，并注意反应堆冷却剂系统压力变化；

(3) 水质合格后，将净化床投入运行。

18. 停止余热排出系统(RHRS)对反应堆冷却剂系统的冷却。

19. 反应堆冷却剂系统开始升温：投入稳压器电加热器，使稳压器和反应堆冷却剂系统分别升温。二回路必须确认凝水、给水水质；热阱水位、除氧器水位投入自动；蒸汽发生器水质合格等。

注意：稳压器升温速率、反应堆冷却剂系统升温速率应遵守技术规范。

20. 建立稳压器汽腔

当稳压器温度达到 230～235 ℃，反应堆冷却剂系统温度为 180 ℃时，减小上充流并增大下泄流量，稳压器汽腔逐步建立。当稳压器水位接近零功率水位时，调整上充、下泄流量，并投入水位自动。

注意:用余热排出系统维持反应堆冷却剂系统温度不超过 180 ℃。

21. 停止余热排出系统,并与反应堆冷却剂系统隔离。

停止余热排出系统泵,关闭余热排出系统泵入口阀门,开启相应阀门使余热排出系统泄压。

注意:余热排出系统隔离后,随着反应堆冷却剂压力升高,应观察反应堆冷却剂系统的压力变化。

22. 将专设安全设施置于安注备用。

23. 反应堆冷却剂系统继续升温、升压。将稳压器低压保护放在"切除"位置。

注意:密切监视蒸汽发生器二次侧压力、温度。

24. 蒸汽发生器开始排污(进行水质调整):当蒸汽发生器二次侧压力达 0.987 MPa 时,根据化学分析,决定是否排污。

注意:排污会影响反应堆冷却剂系统的升温速率。

25. 主蒸汽管道暖管:当蒸汽压力等于 1.5 MPa 时,对主蒸汽管道(开启主蒸汽隔离阀或其旁通阀门)、汽轮机入口管道、汽水分离再热器(MSR)管道、汽轮机旁排管道等进行暖管。

注意:(1) 避免 T_{avg} 发生大的下降;

(2) 防止产生水锤。

26. 将安注箱置于安注备用:当反应堆冷却剂系统压力升到 6.91 MPa 时,将安注箱出口隔离阀门接通电源,并确认其自动开启。

注意:隔离阀开启后观察水位和压力。

27. 切除上充孔板:当反应堆冷却剂系统压力升到 9.87 MPa 时,将上充孔板切除。

28. 允许信号 P—11 自动复归稳压器压力低,T_{avg} 低一低,蒸汽压力低保护闭锁;当稳压器压力升到 13.2 MPa 时,确认安注闭锁信号自动复位;"稳压器压力低安注闭锁"灯熄灭;"T_{avg} 低一低,蒸汽压力低安注、隔离阀闭锁"灯灭。

29. 稳压器压力控制投入自动:当稳压器压力升至 15.2 MPa 时,将稳压器备用加热器、比例加热器和喷淋阀门投入自动。

30. 热停堆模式确认:

(1) 反应堆冷却剂系统压力在 15.2 MPa;

(2) 稳压器压力处于自动控制;

(3) 稳压器水位处于自动控制;

(4) 反应堆冷却剂系统的 T_{avg} 由大气释放阀控制在 280 ℃;

(5) 蒸汽发生器水位由辅助给水泵维持在零功率水位。

31. 安全壳完整性最后检查。

3.3 反应堆启动至最小功率

反应堆启动在核电厂运行中是非常重要的一部分,也是与安全密切相关的一部分,特别对于操纵员尤为重要。在核电厂运行中一旦启动并网带负荷后就转入功率运行了,应该讲核电厂反应堆启动的机会并不多,基本上都处在稳定功率运行中。正因为如此,所以在本节里就反应堆启动趋近临界的几个问题也给予了讨论。实际上,反应堆启动在核电厂全范围模拟机训练中也是正常运行的重要部分,也是操纵员取照操作考试的重要内容之一。

3.3.1 反应堆启动过程中的几个问题

1. 趋近临界的基本原理

(1) 次临界公式

趋近临界操作的基本原理与研究性反应堆基本相同,都是以次临界公式作为依据的。

假定外中子源和中子注量率都是均匀分布的,设每代放出 S_0 个源中子,那么在反应堆中经过增殖后的中子数为:

第一代末的中子数 $N_1=S_0+S_0k_{\text{eff}}=S_0(1+k_{\text{eff}})$

第二代末的中子数 $N_2=S_0+[S_0(1+k_{\text{eff}})]k_{\text{eff}}=S_0(1+k_{\text{eff}}+k_{\text{eff}}^2)$

第三代末的中子数 $N_3=S_0+[S_0(1+k_{\text{eff}}=k_{\text{eff}}^2)]k_{\text{eff}}=S_0(1+k_{\text{eff}}+k_{\text{eff}}^2+k_{\text{eff}}^3)$

第 m 代末系统内的中子总数应为

$$N=S_0(1+k_{\text{eff}}+k_{\text{eff}}^2+k_{\text{eff}}^3+\cdots+k_{\text{eff}}^m) \tag{3-1}$$

因为,现在反应堆是处在次临界状态,$k_{\text{eff}}<1$,又因为每个中子代时间约为 10^{-4} s,也即经过 1/s 完成成千上万代的中子循环,所以 m 非常大(可认为 $m\to\infty$)。因此,式(3-1)近似为一无限等比级数求和,可表示成

$$N=\frac{S_0}{1-k_{\text{eff}}} \tag{3-2}$$

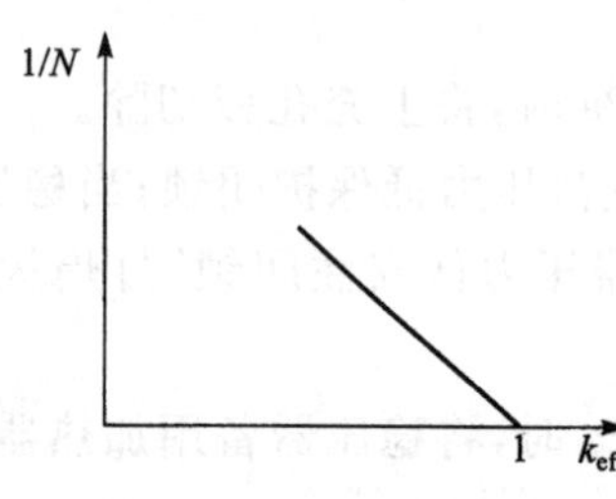

图 3-3 $1/N$ 与 k_{eff} 关系

这个公式称作次临界公式。它表示了一个次临界堆,在外中子源存在的情况下,系统内的中子数趋近于一个稳定值。实际上,反应堆起着放大中子源的作用。外中子源 S_0 越强,相应堆内的中子数目就越多,探测到的中子注量率水平就越高;反之亦然。堆内中子数目与 k_{eff} 有关。系统越接近于临界,即越接近 1,N 就越大。当系统到达临界,k_{eff} 等于 1 时,中子数无限地增大,也就是中子数的倒数趋于零。图 3-3 给出了中子数倒数 $1/N$ 与 k_{eff} 的关系。

(2) $1/M$ 外推法

堆内初始的中子数

$$N_0=\frac{S_0}{1-k_{\text{eff0}}} \tag{3-3}$$

任一时刻的中子数

$$N=\frac{S_0}{1-k_{\text{eff}}} \tag{3-4}$$

如果归一,则

$$M=\frac{N}{N_0} \tag{3-5}$$

改变堆内 k_{eff} 的途径可以通过提起控制棒,或改变硼的浓度(稀释)来实现。现在核电厂启动多采用作 $1/M$ 曲线来外推临界。具体办法为:根据运行规程,提棒至 h_1 时,得 $1/N_1$,

再提棒至 h_2 时，得相应的 $1/N_2$。两点连成直线，外推与横坐标轴相交，交点 h_c 即为外推临界棒位，见图 3-4。用 M_1 去替换 N_1，M_2 替换 N_2 后去外推临界点的方法为 $1/M$ 外推法。

当然，理想的 $1/M$ 曲线是直线，但实际上 $1/M$ 曲线有可能是凹形，也可能是凸形，如图 3-5 所示。尽管两种情况，最后外推临界结果都归于 h_c。但对外推过程来讲，凹形走向较为安全。影响 $1/M$ 曲线的因素有中子源在堆芯内的位置与中子探测器（包括堆内、外）的位置。为了安全，在启动过程中，技术规范要求有至少两套独立的源量程中子计数系统是可运行的；否则，不能启动。实际上，对首次启动，往往还临时增添一套，以增加外推结果的可靠性。

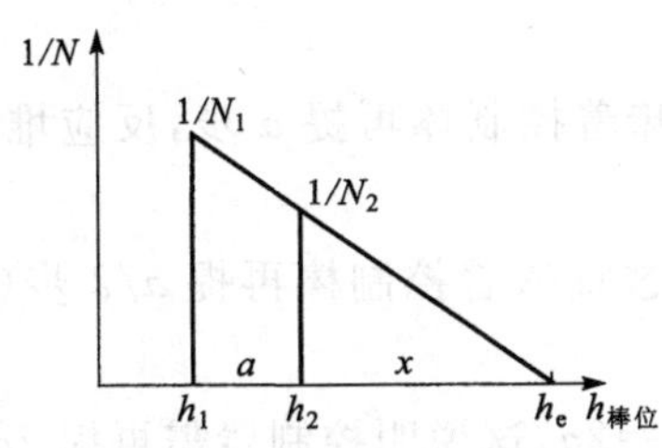

图 3-4　$1/M$ 与控制棒拉

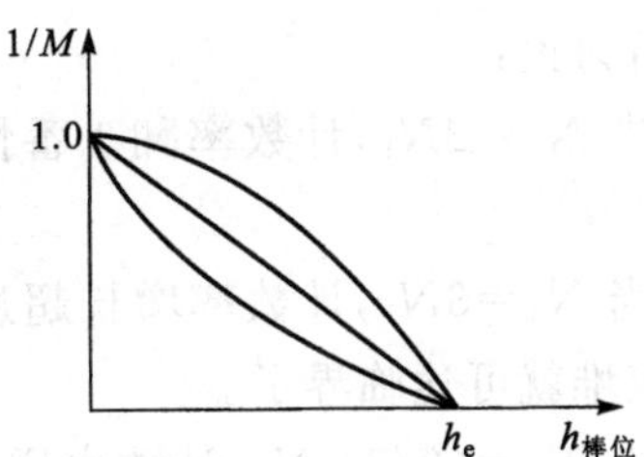

图 3-5　$1/M$ 外推曲线

根据式(3-5)、式(3-4)和式(3-3)可得

$$M=\frac{1-k_{\mathrm{eff0}}}{1-k_{\mathrm{eff}}} \tag{3-6}$$

所以

$$k_{\mathrm{eff}}=1-\frac{1-k_{\mathrm{eff0}}}{M}=1-\frac{\Delta k_{\mathrm{eff0}}}{M} \tag{3-7}$$

表 3-1 中列出了初始 $k_{\mathrm{eff0}}=0.948\,1$ 情况下堆内中子水平不同翻番后的 k_{eff} 值。

表 3-1　反应堆启动过程中不同 M 下的 k_{eff} 值

中子计数率翻番数	M	k_{eff}
0	1	0.948 1
1	2	0.974 1
2	4	0.987 0
3	8	0.993 5
4	16	0.996 7
5	32	0.998 4
6	64	0.999 2

显然可见，如果中子计数率翻了 6 番，即 $M=64$，k_{eff} 值已达到 0.999 2 了，这种情况下反应堆是能够达到临界的。在完全重复趋近临界时，往往不需要作 $1/M$ 外推，此时，可以仔细观察源量程中子计数率翻番来判断反应堆能否到达临界。压水堆电厂启动过程中，判断反应堆能否到达临界的运行经验是源量程计数率能否翻 5～7 番。

(3) 相似三角形法

在图 3-4 中，当控制棒位为 h_1 时，计数率为 N_1，当棒位为 h_2 时计数率为 N_2。在两个相似三角形中有以下比例关系：

$$\frac{x}{a+x}=\frac{1/N_2}{1/N_1} \tag{3-8}$$

所以

$$x=a\cdot\frac{N_1}{N_2-N_1} \tag{3-9}$$

这样欲求的临界棒位为

$$h_c=h_2+a\cdot\frac{N_1}{N_2-N_1} \tag{3-10}$$

分析讨论：

① 当 $N_2=2N_1$，计数率翻1番情况时，$x=a$，这意味着控制棒再提 a 步，反应堆即可达临界了。

② 当 $N_2=3N_1$，计数率增长超过1倍时，$x=a/2$，这意味着控制棒再提 $a/2$ 步(小于 a 步)，反应堆就可达临界了。

③ 当 $N_2=(3/2)N_1$，计数率增长没超过1倍时，$x=2a$，这说明控制棒需再提 $2a$ 步(大于 a 步)，反应堆方能达到临界。

控制室操纵员，特别是值班长，可以根据每次提棒完毕后中子计数变化的情况，而预料到控制棒再提若干步反应堆可达临界，做到心中有数，这在启动过程中是很有实际意义的。

$1/M$ 外推法的优点是可以得到一条完整的计数特性曲线，但外推过程中容易出现误差，直接影响到外推结果。而相似三角形法，则不需要作图外推，计算简单，结果准确，但得不到完整的计数特性曲线。

2. 临界条件的估算

反应堆启动前，按运行规程要求，首先得进行临界条件估算(Estimated Critical Condition, ECC)，其结果作为启动趋近临界的依据。通常有两种情况：

(1) 已知堆的临界硼浓度，需要确定临界棒位(Estimated Critical Position, ECP)。

(2) 已知欲达临界的棒位，确定临界硼浓度。

实际上，ECC是进行反应性的平衡计算，是对停堆前的运行工况与现在要启动的工况的反应性进行比较。考虑的因素应包括控制棒位、功率亏损、毒性及硼浓度等。

为了更清楚地说明，现举例说明如下。

已知停堆前反应堆稳定功率运行在76%功率水平(平衡Xe毒)，临界控制棒位为193步(D组)，硼浓度 C_B 为444 ppm(堆芯寿期：MOL)。现在，停堆后1 h启动，此时硼浓度 C_B 为425 ppm。试进行临界估算(ECC)，确定临界棒位。

A. 启动后预期的临界棒位，控制棒D组 x 步，反应性当量为 $(-)\rho_x$ PCM

B. 停堆前临界棒位，控制棒D组193步反应性当量为(－)190 PCM

C. 由棒位不同向反应堆引入的反应性量＝(A－B)，为 $-\rho_x+190$ PCM

D. 功率亏损 (＋)1 220 PCM

从高功率到低功率向堆芯引入正反应性，功率亏损为正值。

E. 现在硼浓度425 ppm

F. 停堆前的硼浓度444 ppm

G. 硼的微分价值(—)11 PCM/ppm

H. 由硼浓度变化引入的反应性=(E—F)·G,为(+)209 PCM

硼浓度由大到小,稀释引入正反应性。

I. 启动时 Xe 毒性 (—)3 200 PCM

J. 停堆前平衡 Xe 毒性 (—)2 600 PCM

K. 由 Xe 毒性变化引入的反应性=(I—J),为(—)600 PCM

中毒阶段,^{135}Xe 浓度随时间变大,向堆芯引入负反应性。

L. 启动时 Sm 毒性 (—)690 PCM

M. 停堆前 Sm 毒性(—)685 PCM

N. 由 Sm 毒性变化引入的反应性=(L—M),为(—)5 PCM

O. 总的反应性变化=C+D+H+K+N=$-\rho_x$+190 PCM+1 220 PCM+209 PCM—600 PCM—5 PCM

注:这是达预期临界棒位时所需的反应性变化量。如果第 O 行是正值,需要硼化;如果第 O 行是负值,则需要稀释;如果刚好等于 0,则此时的硼浓度 C_e 即为临界硼浓度。

P. 硼浓度变化量=O/G(稀释/硼化)

上面讨论中,实际认为现在硼浓度 425 ppm 为临界硼浓度,所以总的反应性变化量应该为 0。

因此,$-\rho_x$+1 014 PCM=0

ρ_x=1 014 PCM

Q. 估算的临界棒位 控制棒 D 组 90 步

(这是根据 1 014 PCM,从图 3-6 查得的结果)

- 最高棒位

ECP+500 PCM=—1 014 PCM+500 PCM=—514 PCM

控制棒 D 组 152 步

- 最低棒位

(ⅰ) 零功率时棒的插入极限(查技术规范) 控制棒 C 组 64 步

(ⅱ) ECP—500 PCM=—1 014 PCM—500 PCM=—1 514 PCM 控制棒 D 组 52 步

注:最低棒位取(ⅰ)(ⅱ)中棒位高者。

现在启动到临界时,实际临界棒位为 108 步(控制棒 D 组),介于上限 152 步(D 组)与下限 52 步(D 组)之间,所以满足规定的要求,运行结果是认可的。

当然,如果对临界棒位事先已有规定,如上例中,定为控制棒 D 组 70 步,则问题就变成确定临界硼浓度了,计算方法相同,请自己试做练习。

两点说明:

(ⅰ) 计算过程中需查图 3-6~图 3-10 中的五条运行曲线;

(ⅱ) 忽略了温度对反应性的影响。

3. 最低临界温度

压水堆核电厂启动开堆是从热态开始的,即堆芯平均温度在 280~290 ℃范围。而在电厂的重要文件技术规格书(Tech. Specs.)中对反应堆达到临界的平均温度有明确限制,例如,秦山核电厂规定最低临界温度不得低于 280 ℃(此限值因不同电厂而稍有区别)。

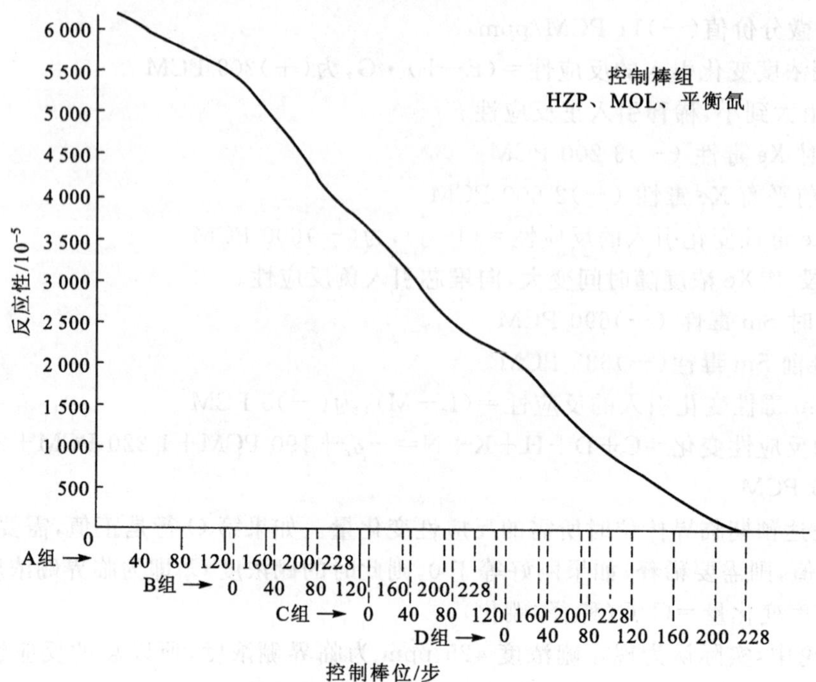

图 3 6 控制棒位反应性当量

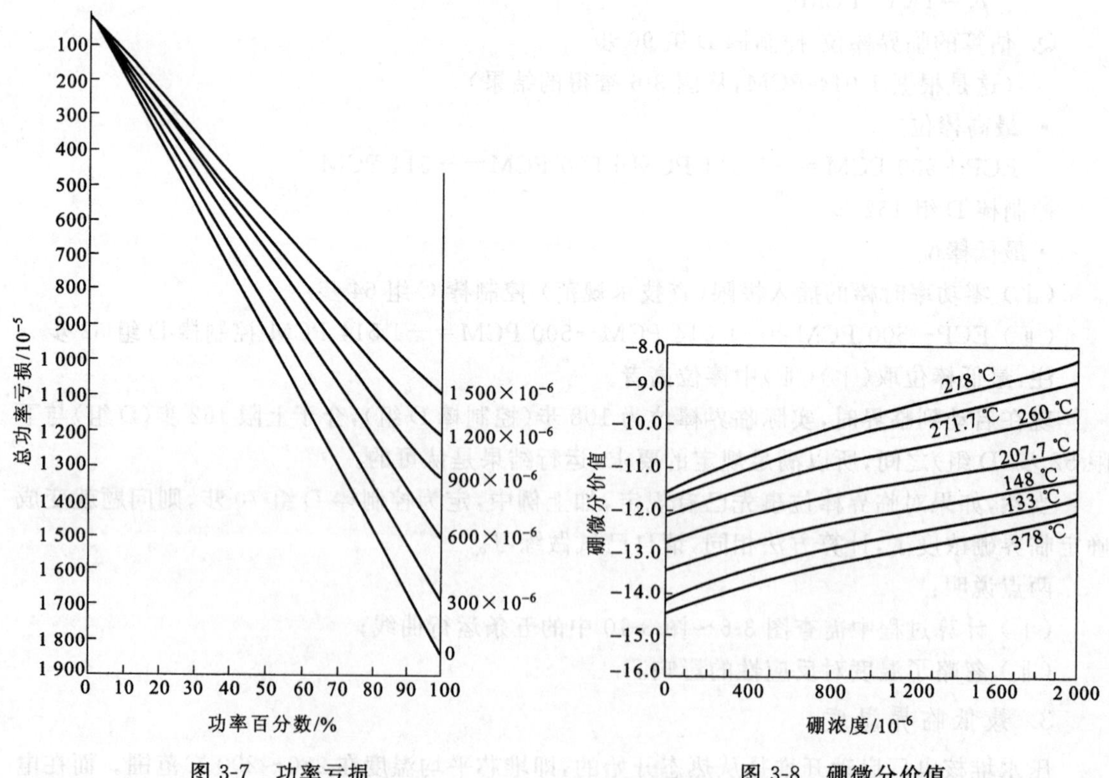

图 3-7 功率亏损

图 3-8 硼微分价值

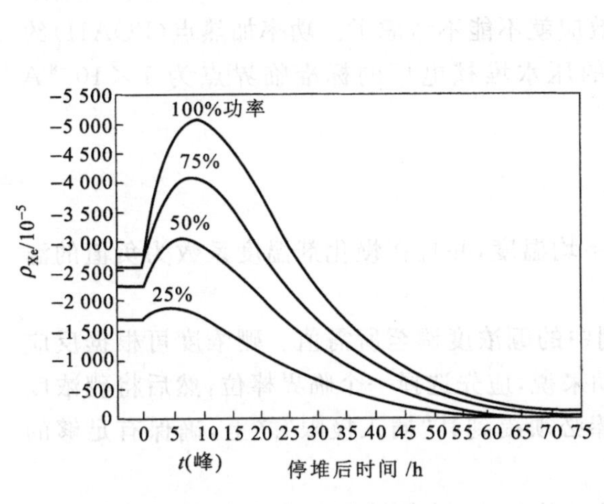

图 3-9　停堆后[135] Xe 毒变化

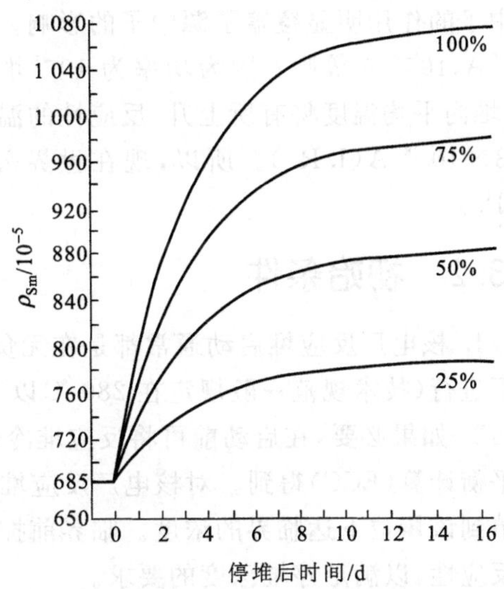

图 3-10　停堆后[149] Sm 毒变化

为什么技术规格书有此限制条件呢？

主要考虑如下几点：

(1) 保证电厂安全运行在负温度系数($\alpha_T<0$)的条件下。已经讨论过，在一定的硼浓度(特别是硼浓度较高的情况)下，低温情况有可能出现正温度系数($\alpha_T>0$)；

(2) 停堆仪表都处于其正常的工作范围内；

(3) 要求稳压器一定运行在具有汽腔的条件下；

(4) 反应堆压力容器一定要处在其最小的脆性转变温度之上。这是在压力容器设计中对材料性能的重要要求。

因此，电厂运行对最低临界温度限值的规定是有依据的。低于最低临界温度到达临界是违反技术规范的，是不允许的。

4. 临界点的选取

这是压水堆核电厂实际运行中的具体问题。从堆物理的角度，不存在临界点的选取问题。判断反应堆是否临界，最简单的科学办法是把中子源取出，然后观察堆内中子水平是否能稳定在某一数值上。如果稳定不变，则反应堆刚好临界，这说明堆内中子的产生与损失达到了动态平衡，可以实现自持链式反应了。如果功率表指示上升，则说明堆处在超临界状态，指示上升快，则表示超临界的反应堆周期短，指示上升慢则表示周期长，但它毕竟还是超临界。同样，指示下降，则表示堆处在次临界状态。

但现在中子源组件在初始装料时就安装在压水堆堆芯里，一旦启动就取不出来了。因此，不能再用取走外中子源的办法来判断临界了。具体地讲，当核仪表中间量程的功率表读数在 10^{-10} A(I. R.)左右时，如果此时超临界有周期，也是内含外中子源的周期。中子源的影响必须要考虑。所以，人为规定在中间量程功率表指示在 1×10^{-8} A(I. R.)并稳定不动时为临界点。正常运行规程中，明确此时启动达到了临界点，同时记下此时堆内的平均温度、硼浓度以及控制棒位。

规定指标 1×10^{-8} A(I. R.)的原因之一，在于此时堆内中子水平已经高上 2 个量级了，堆中子的作用明显覆盖了源中子的影响。那么问题又提出了，为什么不再选得更大些，例如 10^{-7} A，10^{-6} A 等呢？因为功率为 10^{-8} 堆内平均温度没变化，仍是常数，如果功率继续上升，堆内平均温度将有所上升，反应性的温度效应就不能不考虑了。功率加热点(POAH)约为 3×10^{-8} A(I.R.)。所以，现在世界公认的压水堆核电厂的标准临界点为 1×10^{-8} A (I.R.)。

3.3.2 初始条件

1. 核电厂反应堆启动通常都是在无负荷平均温度，并且在慢化剂温度系数为负值的温度下进行(技术规范一般规定在 280 ℃以上)。

2. 如果必要，在启动前可将反应堆冷却剂中的硼浓度调至所需值。硼浓度可根据反应性平衡计算(ECC)得到。对核电厂反应堆启动来说，应先选择一个临界棒位，然后将硼浓度调节到该棒位下达临界的浓度。临界前控制棒必须提到其"插入极限"之上，确保有足够的负反应性，以满足停堆深度的要求。

3. 反应堆启动前，要进行控制保护系统的功能检查，确保源量程和中间量程核仪表通量运行正常。应记录源量程和中间量程通道的指示，闭锁停堆源量程高通量报警信号。

4. 如果停堆棒组尚未提起(一般核电厂总是希望或要求在核反应堆停堆后，将停堆棒组提出堆外)，先提起停堆棒组，然后提升控制棒组使反应堆达临界。反应堆临界后有一个正的启动率，因此，反应堆功率水平仍在增长。当出现"源量程允许"值(P－6)时，应手动闭锁"源量程紧急停堆"，同时切除源量程高压电源。

5. 当反应堆功率升到中间量程 10^{-8} A 时，维持中子注量率稳定，记录临界数据(棒位、平均温度及硼浓度)。

6. 反应堆功率升至功率量程有指示或中间量程 5×10^{-8} A 左右时，反应堆产生显热。维持其功率水平，以便给汽动主给水泵暖管并将其投入运行。蒸汽发生器的给水由辅助给水系统切换到主给水泵。

7. 将反应堆功率提升到 2%～5%额定功率，准备汽轮机冲转。提升功率会引起主蒸汽管道上的大气释放阀或汽轮机旁排阀开启，并由其耗散热量，以维持反应堆冷却剂系统平均温度和蒸汽发生器水位。

3.3.3 注意事项

1. 至少应有一台反应堆冷却剂泵在运行，反应堆才能进行趋近临界操作。

2. 慢化剂温度系数大于技术规格书允许值时(即在最低临界温度以下)，不允许使反应堆达临界(除低功率物理试验期间外)。

3. 除反应堆处于冷停堆模式外，安全壳的完整性不应被破坏。

4. 在进行控制棒提升或硼稀释操作时，临界点必须是可预计的。

5. 反应堆启动率每分钟不允许超过 1 个量级。

6. 假若是为培训或没有把握确定氙毒时，必须采用计数率倒数曲线图的方法(即 $1/M$ 外推法)来作指导反应堆趋近临界。

7. 反应堆在次临界时，不允许同时有两种不同的方式向反应堆内添加正反应性(除在氙毒衰变期间，由于氙衰变引入低的控制棒插入速率，此时可由操纵员进行正的反应性添加外）。

8. 反应堆冷却剂中的氢浓度在达到限值之前，不允许提升反应堆功率。

9. 反应堆临界后，控制棒组必须维持在其规定的“插入极限”（低-低报警）之上（见图 3-11），以保证在反应堆紧急停堆时，有足够的停堆深度，保证维持有最大的弹棒反应性限制，并保证有可接受的堆芯功率分布。在功率运行时，如果出现控制棒组“插入极限”（低-低报警）信号，则应根据应急加硼异常操作规程立即启动硼化。

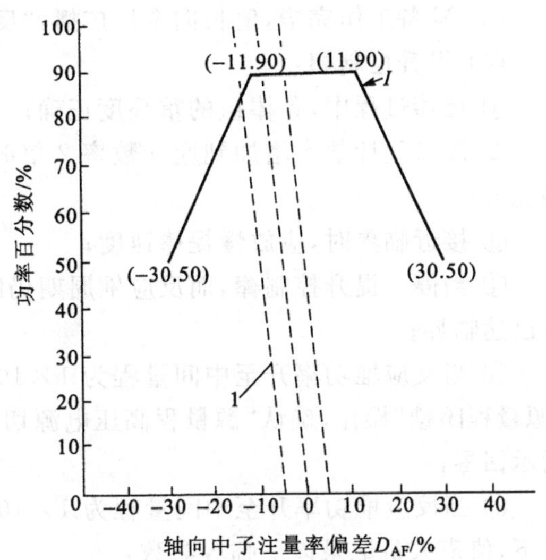

图 3-11 轴向中子注量率偏差

10. 临界棒位不应低于棒的“插入极限”，但也不应偏离计算值太多，以致超出比现行管理指令或命令规定更多的反应性。

11. 任何时候，如果失去强迫循环，应参考“利用自然循环控制核电厂的温度和压力”规程。

3.3.4 运行操作

反应堆在启动达临界之前，安全壳内不允许有人。必须检查反应堆冷却剂系统运行正常，核测仪表运行正常，核蒸汽转换系统的凝水、除氧器、辅助给水等系统运行正常。完成估计临界棒位、临界硼浓度计算（ECC）之后，在得到运行值长“趋近反应堆临界”许可之后，方可进行反应堆临界启动操作，核电厂反应堆启动达临界的主要操作步骤如下。

1. 反应堆临界前的准备

(1) 确认反应堆冷却剂系统运行正常；

(2) 确认核测仪表工作正常；

(3) 完成临界硼浓度估算；

(4) 二回路的凝水系统、除氧器、辅助给水系统、蒸汽发生器、主给水系统、汽轮机盘车装置等处于运行或可运行状态。

2. 调整硼浓度

(1) 投入稳压器备用电加热器，确认喷淋阀自动开启，用以均匀反应堆冷却剂系统与稳压器间的硼浓度及水质；

(2) 计算稀释水量和速率，将反应堆冷却剂系统之硼稀释至临界硼浓度。

注意：

① 稀释操作中严密监视源量程中子计数率；

② 反应堆冷却剂系统与稳压器之间的硼浓度差应小于 50 ppm；

③ 稀释速率应遵守技术规范要求。

3. 临界操作

(1) 确认慢化剂温度系数为负值；

(2) 确认停堆棒组已提到堆外,其他控制棒已全部插入;

(3) 准备工作完毕,值长向全厂广播:“反应堆启动”;

(4) 提升控制棒:

① 提棒过程中,各棒组的重叠度正确;

② 源量程计数率增加到原计数率 2 倍时,初步确定实际临界棒位,并与预计临界棒位相比较;

③ 接近临界时,应放慢提棒速度;

④ 当停止提升控制棒,而反应堆周期仍能稳定,且中子计数率稳定上升时,即认为反应堆已达临界;

⑤ 当反应堆功率升至中间量程为 1×10^{-10} A 时,确认允许信号 P－6 灯亮,立即进行“源量程闭锁”操作,确认“源量程高压电源切除”并发出信号,且同时音响装置切除,源量程指示回零;

⑥ 当反应堆功率升至中间量程为 1×10^{-8} A 时,下插控制棒,维持反应堆功率在该水平下,值班人员记录以下临界参数:

- 临界时间;
- 反应堆冷却剂系统硼浓度;
- 控制棒棒位;
- 反应堆冷却剂系统的 T_{avg};
- 反应堆功率。

注意:

(1) 反应堆临界操作时,二回路不得进行有可能影响反应堆冷却剂系统温度变化的操作;

(2) 开始提升控制棒时,应注意源量程中子计数率及周期(启动率)的变化;

(3) 若临界棒位低于插入极限,应紧急硼化 100 ppm,并将所有控制棒插入,重新计算临界硼浓度;

(4) 若控制棒全部提出堆外,反应堆仍不能临界,应插入所有控制棒并重新计算临界硼浓度;

(5) 若实际临界棒位与预计临界棒位差在 500 PCM 以上时,应插入所有控制棒,必须查明原因。

4. 继续提升反应堆功率至 2%～5%额定功率

3.4 功率运行

3.4.1 初始条件

1. 反应堆功率达到 2%～5%额定功率。
2. 检查紧急停堆断路器。
3. 所有反应堆冷却剂泵已投入运行。
4. 辅助蒸汽由辅助锅炉供汽切换至主蒸汽供汽。

5. 主给水泵已启动并将蒸汽发生器的给水由辅助给水切换至主给水。

6. 凝汽器已抽真空至规定值。

7. 蒸汽旁排系统处于压力控制模式。

8. 汽水分离再热器处于自动控制状态。

9. 汽轮机电液控制油系统运行正常。

10. 发电机启动前的准备及检查工作已完成。

11. 汽轮机冲转前的准备及检查工作已完成。

3.4.2 注意事项

1. 在汽轮机启动和升负荷过程中，蒸汽发生器水位是非常不稳定的，并且有水位隆起之趋势。为便于控制起见，应维持蒸汽发生器水位在窄量程指示逼近一个报警或停机点，维持汽轮机负荷不变直至水位恢复到正常范围。要避免给水调节阀门的大开或大关，因为这样会引起蒸汽发生器水位突变。

2. 要避免汽轮机运行在5%额定功率以下。

3. 为了防止轴向氙振荡，维持功率峰因子在允许范围内，必须确保轴向通量偏差在图3-11所示的限制带内。超出限制带运行会受到技术规格书中所定义的“惩罚分钟数”累积的限制。如果在24 h内累计的惩罚分钟数等于或大于60 min，则禁止在50%额定功率以上运行。

惩罚分钟数的累积计算如下：在50%额定功率水平以上运行，在限制带外运行1 min计作1个惩罚分，50%额定功率水平以下运行，在限制带运行1 min则计作0.5个惩罚分。

这些严格的限制导致了如下的核电厂运行变化。

(1) 要维持功率分布处在图3-11所示的限值之内，在功率运行的各个阶段(除短期的瞬态外)控制棒都必须基本保持在全部提出的状态。升功率的过程中既然控制棒已完全提出，那么与功率增加有关的功率亏损，必然由稀释硼而非用提棒方法来克服。

(2) 由于稀释硼是一个缓慢的过程，要想维持轴向中子注量率偏差在限制带内，就不可能维持每分钟大于2%的功率变化。

4. 反应堆一旦临界，控制棒组的棒位必须维持在各自的“插入极限”之上。

5. 停堆棒组和控制棒组A、B必须完全提出堆外，控制棒组C、D至少要提到如图2-2规定的限值之上。保持提起的控制棒棒位，以确保有足够的有效的负反应性，以满足万一发生紧急停堆时所要求的停堆深度。

6. 反应堆换料后，从20%额定功率至100%额定功率范围的首次功率提升限值应遵守技术规范(一般是3%/h)。其后，该限值要视达到的最大功率水平和在此功率水平上的时间而定。若需要，功率提升速率可为5%/h。

3.4.3 运行操作

反应堆功率升到2%～5%后，准备汽轮机冲转。提升反应堆功率会引起汽轮机主蒸汽旁排阀门或卸压阀门进一步打开，以消耗多余的热量。透过汽轮机旁排阀门或卸压阀门，手动或自动控制蒸汽发生器水位，维持蒸汽发生器的程序水位。汽轮机冲转时，反应堆形成一个不变的蒸汽负荷(当汽轮机需要更多的蒸汽量时,旁排阀门会自动关小)。这有助于反应堆和蒸汽发生器的控制。此时可以有一台给水加热器疏水泵投入。

根据汽轮机运行操作规程,将汽轮机加速到额定转速。此时,反应堆功率约为2%～8%额定功率,大于汽轮机负荷。

发电机与电网频率同步后,合上发电机断路器与电网并网。电液控制系统自动设定在5%额定功率。检查有关仪表,并按照汽轮机要求,在此功率水平上保持一段时间。之后,选择汽轮机负荷上升率,将其负荷增加至15%。当汽轮机升负荷时,反应堆操纵员必须提升控制棒,以维持平均温度和参考温度相近。在升负荷过程中,汽轮机旁排阀门会自动关小,直至完全关闭。此后,可将旁排阀门从压力控制模式转换至平均温度控制模式,以备核电厂甩负荷或汽轮机停机。蒸汽发生器水位仍由主给水调节旁通阀门手动调节。

当功率水平达15%或在其上时,控制棒和蒸汽发生器水位由手动控制模式转为自动控制模式。

通过选取负荷设定目标和汽轮机电液控制系统的负荷上升率,以及允许反应堆功率跟踪汽轮机负荷的变化,可以提高机组的功率水平。当汽轮机负荷增加时,反应堆冷却剂系统平均温度(T_{avg})则要降低。此时,自动棒控系统就会作出响应,提升控制棒增加反应堆的功率。

当负荷升到30%～40%额定功率时,启动第二台凝水泵和循环水泵。汽水分离再热器约在35%额定功率时投入运行。

当负荷达50%额定功率时,进行功率量程核仪表热平衡计算,在90%和100%额定功率,还需要进一步再做热平衡校算,以确保核仪表的正确标定。主要操作步骤如下。

1. 辅助蒸汽系统由辅助锅炉供汽切换至主蒸汽供汽。

2. 启动主给水泵。

3. 蒸汽发生器由辅助给水泵切换至主给水泵。

4. 将辅助给水系统置于应急备用。

5. 冷凝器抽真空前的准备:

(1) 辅助蒸汽系统由主蒸汽供汽;

(2) 冷凝器冷却水已投入;

(3) 冷凝器排气管的放射性监测已投入;

(4) 汽轮机盘车装置运行正常。

6. 冷凝器抽真空:

(1) 向汽轮机轴封供蒸汽;

(2) 启动抽气器;

(3) 当冷凝器真空达到要求时维持之。

7. 投入蒸汽旁排系统(压力控制模式):

(1) 当冷凝器真空大于700 mmHg,循环水的压力达一定值时,将旁排系统压力整定值按规定设置整定;

(2) 按下"压力控制"按钮,"压力控制"灯亮;

(3) 按下"手动切换至自动"按钮,"自动"灯亮;

(4) 调整大气释放阀定值；

(5) 确认大气释放阀自动关闭，而旁排阀自动工作，并维持蒸汽压力在规定范围。

8. 确认汽水分离再热器在自动。

9. 启动电液控制油系统。

10. 发电机启动前准备：

(1) 确认发电机、主变压器继电器保护已全部投入；

(2) 确认发电机灭磁开关、励磁机灭磁开关均在断开位置；

(3) 对发电机自动电压调节器作动作试验；

(4) 作发电机、主变压器、励磁机绝缘测试；

(5) 投入发电机冷却系统。

11. 汽轮机冲转前检查：按照汽轮机运行规范作全面检查。

12. 提升反应堆功率到 5%～10%额定功率。

13. 确定升速速率并作以下试验：

(1) 电液油压低；

(2) 润滑油油压低；

(3) 推力轴承磨损；

(4) 低真空。

14. 汽轮机冲转：

(1) 确认 T_{avg} 在 280 ℃；

(2) 蒸汽旁排正常，随着汽轮机转速上升，用汽量增加，旁排阀门应自动关小。

15. 汽轮机转速至 3 000 r/min，全面检查汽轮机的运行参数及就地检查。

16. 汽轮机保护装置试验：

(1) 作超速保护控制(OPC)试验时，确认汽轮机旁通阀动作正常；

(2) 汽轮机机械超速注油试验。

17. 发电机并网前检查：

(1) 将反应堆功率提至 8%～10%额定功率；

(2) 按发电机技术规范要求检查。

18. 发电机并网：

(1) 确认旁排阀自动关小；

(2) 确认蒸汽发生器水位、压力正常；

(3) 维持反应堆 T_{avg}(手动)；

(4) 当反应堆功率在 10%额定功率时：

① "功率量程低定值停堆闭锁，P—10"灯亮；

② "反应堆停堆闭锁，P—7"灯亮；

③ 进行"中间量程中子注量率高"和"功率量程中子注量率高(低定值)"闭锁。

④ 确认"I. R. 停堆闭锁"和"P. R. 停堆闭锁"灯亮。

19. 维持发电机出力在 5%额定功率下运行：

(1) 确认二回路水质；

(2) 投入 1 号低压加热器；

(3) 对汽轮机发电机作全面检查。

20. 提升发电机出力(从5%～15%额定功率):

(1) 设定目标值;

(2) 出力上升率设定;

(3) 按"进入"按钮,汽轮机开始升负荷;

(4) 随着发电机出力上升增加,维持发电机功率因素。

21. 手动提升反应堆功率:

(1) 随着发电机出力增加,逐渐关小汽轮机旁排阀,直至全部关闭;

(2) 当控制棒接近上限位置时,调节反应堆冷却剂系统硼浓度。

22. 发电机出力达10%额定功率时,应确认汽水分离再热器开始暖机。

23. 当发电机出力达15%额定功率时,"C－5"和"禁止控制棒投入自动"灯灭。将棒投入自动。

24. 汽轮机旁排阀切换至"T_{avg}控制":

(1) 确认旁排阀全关;

(2) 将旁排控制选择开关置T_{avg}控制位置。

25. 给水控制切换:

(1) 将主给水调节阀投入自动,其旁通阀慢慢关闭,主给水阀慢慢开启,蒸汽发生器给水流量维持不变;

(2) 主给水旁通阀全关后,将其置"手动"。

26. 提高发电机出力(从15%～50%额定功率):

(1) 设定目标值;

(2) 设定汽轮机负荷率;

(3) 按"进入"按钮。

27. 反应堆功率上升。

随着发电机出力增加,控制棒自动上提,直至规定的上限。调整硼浓度,使控制棒回到规定的范围内。

注意:随着发电机出力增加重点观察监视:

(1) $T_{avg}-T_{ref}$之差值;

(2) 稳压器压力、水位变化;

(3) 蒸汽发生器水位;

(4) 超温ΔT、超功率ΔT的设定值与温度差指标。

28. 发电机出力超过35%额定功率时。

确认湿度分离再热器MSR的RTC控制盘上"35%负荷"灯亮,汽水分离再热器进入基本负荷运行。

29. 发电机出力达40%额定功率时,按"保持"按钮,保持发电机出力在该水平上,并作以下操作:

(1) 启动第二台凝水泵;

(2) 启动第二台凝升泵;

(3) 启动第二台主给水泵;

(4) 启动主循环泵；

(5) 随后按“进行”按钮继续提高出力。

30. 发电机出力达 50%额定功率时：

(1) 将辅助蒸汽由主汽源改为汽轮机高压缸抽汽；

(2) 确认反应堆轴向中子注量率偏差在目标范围以内；

(3) 确认控制棒在规定范围内。

注意：过去 24 h 内，轴向中子注量率偏差超出目标的累计时间不得超过 1 h。并注意氙(^{135}Xe)的变化趋势。

31. 继续提高发电机出力(从 50%～100%额定功率)：

(1) 设定目标值；

(2) 设定汽轮机升负荷率；

(3) 按“进行”按钮，确认发电机开始升负荷。

32. 发电机出力达 65%额定功率：

(1) 用汽轮机抽汽加热除氧器，除氧器进入滑压运行；

(2) 3 号高压加热器疏水由扩容切换至除氧器。

33. 发电机出力达 75%额定功率时。

根据需要再启动循环水泵。

34. 发电机出力达 90%额定功率时。

作热平衡计算并校核核功率量程中子注量率仪表。

35. 发电机出力达 100%额定功率时：

(1) 全面检查(系统、设备)运行情况；

(2) 作热平衡计算；

(3) 校核核功率表并核实反应堆热功率。

3.4.4 常轴向(功率)偏移的运行

压水堆核电厂运行中径向功率分布与轴向功率分布是保证核电厂安全运行的重要因素。由于径向功率分布通过堆芯不同富集度燃料分区布置，可燃毒物棒和控制棒的径向对称布置等措施已得展平，因此运行中更多考虑的是改变与控制轴向功率分布。常轴向(功率)偏移下的运行就是研究如何控制反应性，以保持轴向(功率)偏差在其允许范围内，保证反应堆安全运行。

1. 监督堆芯功率分布必须遵循的准则

(1) 在所有运行条件下，整个堆芯寿期内，燃料芯块的最高温度应该低于二氧化铀的熔化温度(2 800 ℃)。它对应的线功率密度约为 755 W/cm。实际上，燃料线功率密度应该低于设计的线功率密度 590 W/cm。燃料中心温度随功率线密度的变化见图 3-12。

(2) 在所有的运行条件下，堆芯任何位置上的燃料元件表面，都不允许发生偏离泡核沸腾(DNB)现象，即实际的热流密度都不能达到临界热流密度(偏离泡核沸腾热流密度和干涸热流密度的统称)。q_{DNB}和 R_{DNB}沿通道的分布见图 3-13。

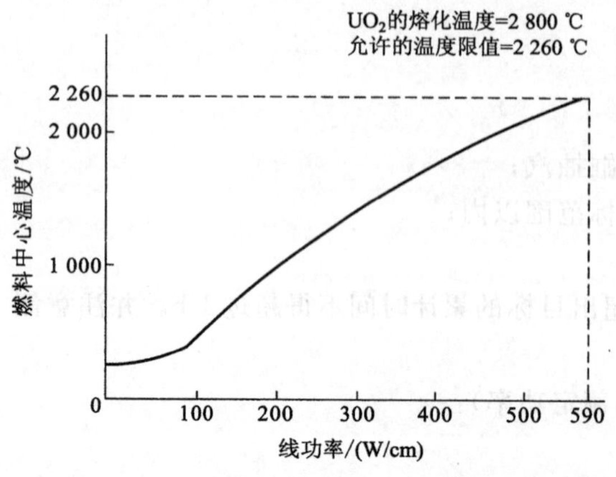

图 3-12 17×17 燃料中心温度随功率线密度的变化

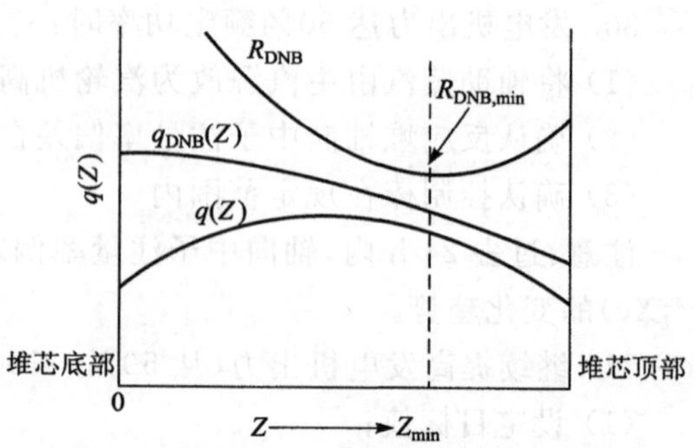

图 3-13 q_{DNB}和R_{DNB}沿通道的分布

总峰值因子(total peaking factor)F_Q^T描述了堆芯功率分布的均匀程度

$$F_Q^T = P_{max} / P_{avg} \tag{3-11}$$

式中：

P_{max}——堆芯的峰值线功率密度；

P_{avg}——堆芯的平均线功率密度。

F_Q^T 是一个不可测的量，为了适应堆功率轴向分布监控的需要，避免出现热点，对于 F_Q^T 可以通过一个可以有效测量的中间量，即轴向偏移 O_A 来监测。

$$O_A = [(P_T - P_B)/(P_T + P_B)] \times 100\% \tag{3-12}$$

式中：

P_T——堆芯上半部功率；

P_B——堆芯下半部功率。

轴向偏移 O_A 是轴向中子注量率或轴向功率分布的形状因子，它还不能精确地反映燃料热应力情况；对不同功率水平，尽管 O_A 相同，但由于堆芯上、下部功率差异而产生的热应力和机械应力将不相同。

例如：设 $P_T = 45\% P_R$（P_R 为额定功率），$P_B = 55\% P_R$

则　　$O_A = [(P_T - P_B)/(P_T + P_B)] \times 100\% = -10\%$

如　$P_T = 22.5\% P_R$，$P_B = 27.5\% P_R$

则　　$O_A = -10\%$

可见两种不同功率水平 O_A 值是相同的，但堆功率为 $100\% P_R$ 时，上、下功率差异较堆功率为 $50\% P_R$ 时是偏大的。所以，还必须引进一个量，用以反映在给定功率水平下中子注量率不对称情况，这就是轴向（功率）偏差 ΔI。

$$\Delta I = P_T - P_B = O_A \times (P_T + P_B) = O_A \times P \tag{3-13}$$

其中，P 为相对功率（$0 \sim 100\% P_R$），$P_T + P_B = P$。

显而易见：① O_A 是常数；

② ΔI 是随功率不同而不同的；

③ $\Delta I = O_A \times P$。

在上面例子中，$O_A = -10\% =$ 常数（不随功率变化），但 ΔI 则不同，

当 $P=100\%P_R$ 时，$\Delta I=O_A=-10\%$；

当 $P=50\%P_R$ 时，$\Delta I=-5\%$。

④ 零功率时，轴向偏移 O_A 无定义。

2. F_Q^T 与 O_A 关系图

对于给定的功率水平，由 O_A 表征的轴向功率分布对堆芯达到峰值线功率密度 P_{max} 有直接影响，随着 O_A 变化，可以监视特征量热点因子 F_Q^T。

确立 O_A 和 F_Q^T 之间的相应关系必须遵从堆芯熔化准则。图 3-14 是对 40 000 个状态（正常运行、瞬态、氙振荡）进行大量的模拟实验研究和计算，得到的"斑点"实例，确定这些状态点的位置是为了能确定出包络线，即对于一定给定的 O_A，不论反应堆处于Ⅰ类或Ⅱ类工况，包络线定出的是热点因子极限值，超出这条包络线，堆芯性能就要恶化，这个梯形包络线由下式决定。

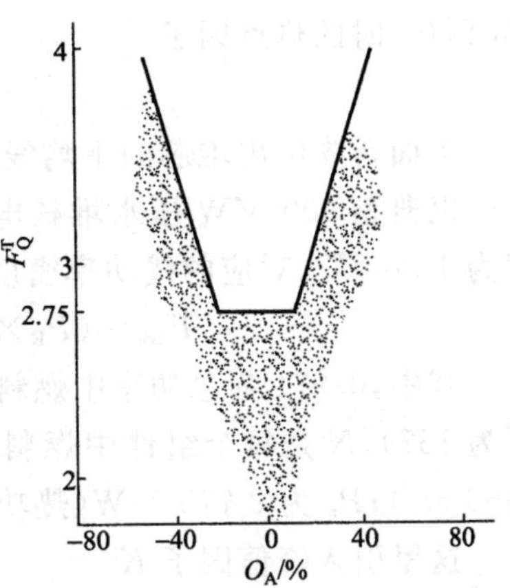

图 3-14 F_Q^T 与 O_A 关系斑点图

$$F_Q^T=2.75 \qquad -18\%<O_A<+14\% \tag{3-14}$$

$$F_Q^T=-0.037\,61O_A+2.08 \qquad O_A<-18\% \tag{3-15}$$

$$F_Q^T=0.027\,6O_A+2.23 \qquad O_A>+14\% \tag{3-16}$$

压水堆目前广泛采用的堆轴向功率分布控制法（CAOC），即用轴向偏移 O_A 为恒定值 $O_{A,ref}$ 来控制反应堆。

$O_{A,ref}$ 又称目标值或参考值，其物理含义是：在额定功率下，平衡氙及控制棒全部抽出（或处于最小插入位置）情况下，堆芯自然存在的相对功率差额，即：

$$O_{A,ref}=[(P_T-P_B)/P_R]\times 100\% \tag{3-17}$$

$O_{A,ref}$ 随燃耗而变化，在第一循环期从 $-7\%\sim+2\%$，寿期初，$O_{A,ref}$ 一般在 $-7\%\sim-5\%$。当 $O_{A,ref}$ 恒定时，由运行功率 P 所决定的 ΔI 目标值 ΔI_{ref} 为：

$$\Delta I_{ref}=O_{A,ref}\times P \tag{3-18}$$

$O_{A,ref}$ 或 ΔI_{ref} 值随燃耗的变化需要根据技术规范，通过实验方法定期修正，$P-\Delta I$，$P-O_A$ 关系如图 3-15 所示。

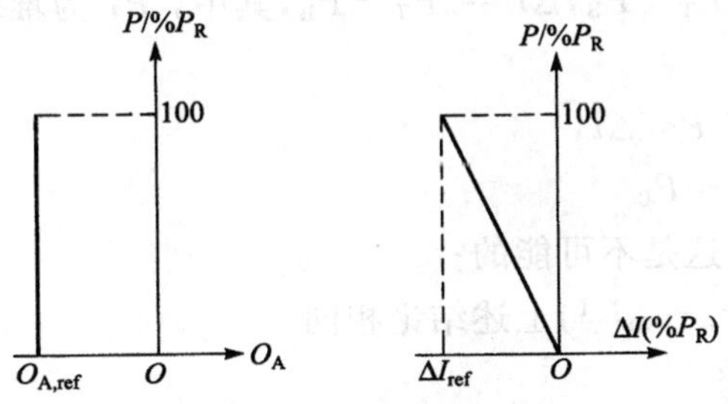

图 3-15 P 与 O_A、P 与 ΔI 关系图

在实际运行中，保持 $O_A=O_{A,ref}=$ 常数，要求它在目标值附近变动，通常保持在 $\Delta I_{ref}\pm5\%$ 的范围内，以提高核电厂运行的安全性和经济性。

3. $P-\Delta I$ 保护梯形

为了运行控制的需要，将 F_Q^T 与 O_A 关系转换成 P 与 ΔI 关系，对于堆功率 $P=0$ 至 $100\%P_R$ 时的热点因子

$$F_Q^T=P_{max}/(P_{avg}\cdot P_R) \tag{3-19}$$

下面首先给出堆芯的平均线功率密度。

以典型 900 MW 压水堆核电厂为例，按 $100\%P_R$ 的基本负荷运行时，燃料芯块最高温度为 1 800 ℃，对应的线功率密度 427 W/cm，堆芯平均线功率密度可由下式给出：

$$P_{avg}=(P_R\times 0.974)/(M\times N\times H)=178\ \text{W/cm}$$

其中，0.974 为总功率中燃料释放的功率份额；M 是燃料组件数（900 MW 压水堆核电厂为 157）；N 是每个组件中燃料元件棒数（17×17 布置中为 264）；H 是燃料的活性高度（366 cm）；P_n 为 2 775 MW（热功率）。

这里引入峰值因子 K

$$K=P_{max}/P_{avg}=P_{max}/178 \tag{3-20}$$

而

$$O_A=\Delta I/P \tag{3-21}$$

把式(3-19)和式(3-21)代入式(3-14)、式(3-15)、式(3-16)就转换成 $P-\Delta I$ 关系式：

$$P=K/2.75 \qquad -0.18\times K/2.75<\Delta I<0.14\times K/2.75 \tag{3-22}$$

$$P=0.018\,1\Delta I+K/2.08 \qquad \Delta I<-0.18\times K/2.75 \tag{3-23}$$

$$P=-0.016\,9\Delta I+K/2.23 \qquad \Delta I>0.14\times K/2.75 \tag{3-24}$$

遵照堆芯不熔化准则，$P_{max}<590$ W/cm，这时 $K=590/178=3.31$，并把 P 用额定功率的绝对值($\%P_R$)来表示，则得到满足堆芯不熔化准则的 $P-\Delta I$ 关系式：

$$P=120 \qquad -22\%<\Delta I<+17\% \tag{3-25}$$

$$P=1.81\Delta I+159 \qquad \Delta I<-22\% \tag{3-26}$$

$$P=-1.69\Delta I+149 \qquad \Delta I>+17\% \tag{3-27}$$

对于 $-22\%<\Delta I<+17\%$，它允许 $20\%P_R$ 的超功率。实际应用时允许最大功率水平是 $118\%P_R$，$2\%P_R$ 作为设计裕量。

P 与 ΔI 关系如图 3-16 中 ABCD 梯形所示。该梯形叫做堆芯燃料芯块不熔化保护梯形，其中，AOD 即 $P\leqslant|\Delta I|$ 之两侧是物理上不可能运行区域。

根据定义：　$P=P_T+P_B$，$\Delta I=P_T-P_B$，其中，P_T 为堆芯上部热功率，P_B 为堆芯下部热功率。

当　$\Delta I>0$ 时，若 $P<\Delta I$，

即　$P_T+P_B<P_T-P_B$

由此得　$2P_B<0$，这是不可能的；

同理，对 $\Delta I<0$，$P<-\Delta I$ 与上述结论相同。

4. $P-\Delta I$ 运行梯形

运行梯形是根据失水事故情况下的安全要求制定的。如前所述，在失水事故情况下，确保燃料包壳不熔化的 P_{max} 实用阈值为 418 W/cm，这对额定功率为 2 775 MW、三环路、电功率 900 MW 级的压水堆核电厂，$K=418/178=2.35$。进一步考察图 3-14$F_Q^T-O_A$ 包络梯形“底”的数值，实际上，当考虑燃料芯块致密而性能恶化时，$F_Q^T=2.75$，当不考虑燃料芯块致密时，$F_Q^T=$

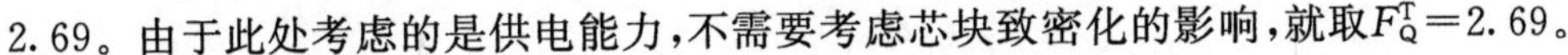

2.69。由于此处考虑的是供电能力，不需要考虑芯块致密化的影响，就取$F_Q^T=2.69$。

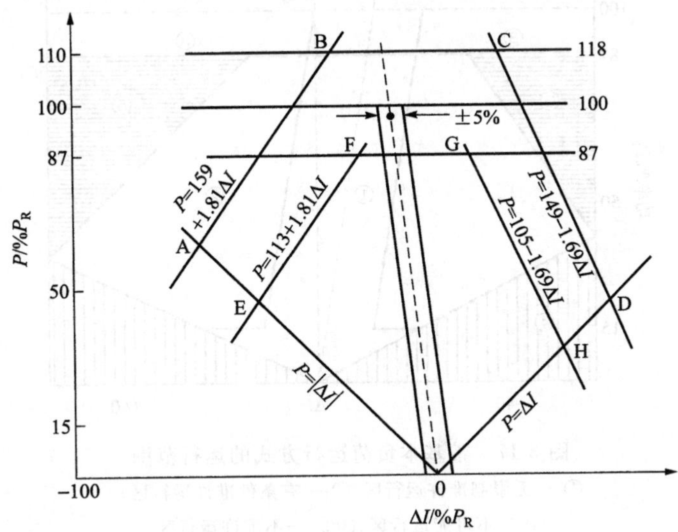

图 3-16 保护梯形与运行梯形

因此，遵守失水事故准则的所有运行工况时，

$$\begin{cases} P=K/2.69(\%P_R) & -0.18\times K/2.69<\Delta I<0.14\times K/2.69 \quad (3\text{-}28) \\ P=0.181\Delta I+K/2.08 & \Delta I<-0.18\times K/2.69 \quad (3\text{-}29) \\ P=-0.0169\Delta I+K/2.23 & \Delta I>0.14\times K/2.69 \quad (3\text{-}30) \end{cases}$$

取 $K=2.35$，

$$\begin{cases} P=87\%\mathrm{FP} & -16\%\leqslant\Delta I<+12\% \quad (3\text{-}31) \\ P=1.81\Delta I+113 & \Delta I<-16\% \quad (3\text{-}32) \\ P=-1.69\Delta I+105 & \Delta I>+12\% \quad (3\text{-}33) \end{cases}$$

图 3-16 中的 EFGH 梯形即运行梯形。然而，在正常运行期间，ΔI 在 $\Delta I_{ref}\pm5\%$ 范围内的条件下，允许运行功率在 $87\%P_R\sim100\%P_R$。

5. 常轴向偏移控制(CAOC)下的运行分析

带基本负荷运行方式的允许运行范围如图 3-17 所示，是根据上述的运行梯形而确定的实用原则，既考虑了在失水事故情况下的安全性，又考虑了运行的经济性。

具体以秦山第二核电厂为例，技术规范要求 ΔI 必须保持在运行梯形图内。ΔI 必须保持在运行梯形图内。ΔI 随相对功率水平 P 而变化。

(1) 当功率 $P\leqslant15\%$FP 时，由于没有任何氙峰出现的危险，不限制轴向偏移值，可以不在运行区域内运行。运行不受限制。

(2) 当功率 $15\%\mathrm{FP}<P\leqslant87\%$FP 时，要求 ΔI 维持在运行带中。

在某些特殊情况下(如启动试验)可能会偏离出运行带(仍在运行梯形图内)，但是：

- 在连续运行 12 小时内，偏离出运行带的累积时间不得超过 1 小时；
- 超出运行梯形图的运行会出现报警，引起自动快速降负荷(runback)，甚至能停堆。

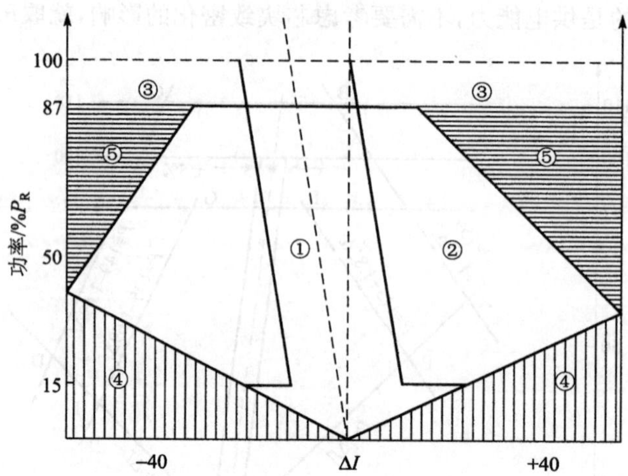

图 3-17 带基本负荷运行方式的运行范围
① —无限制准许运行区；② —有条件准许运行区；
④ —不可能运行区；③⑤ —不准许运行区

(3) 当功率 $P>87\%$FP 时，ΔI 必须严格保持在运行带内，否则会出现报警，引起自动快速降负荷，甚至能停堆。

这条技术规范保证 DNBR 准则始终得到遵守。一系列的模拟瞬态分析证明，只要坐标点(P,ΔI)维持在梯形运行图中，DNBR 准则总是满足的(DNBR>1.22)。

现在科技发展迅速，监控技术先进了，很多核电厂，如秦山第二核电厂主控室操纵台上就装设有专门显示 $P-\Delta I$ 运行梯形图的显示器，操纵员通过调节硼浓度就可以很容易地控制 ΔI 满足技术规范要求，但是运行梯形图的建立，对核电厂操纵员进行轴向功率控制具有非常重要的意义。

3.4.5 运行中的负荷瞬变

3.4.5.1 概 述

根据核电厂事故发生的预计概率和可能对公众带来的放射性后果，一般将运行工况分为四类，其中第一类工况就是正常运行和运行瞬变。核电厂是以发电为主要任务的，稳定功率运行应该是主要工况，这不同于核潜艇军用的目的在于突出机动性，但是，核电厂的负荷变化仍然是正常运行中经常进行的操作，而核电厂在设计上也都考虑了这种运行的要求，所以在讨论异常故障与事故之前，先讨论一下负荷变化引起的瞬变过程很有必要。

在讨论负荷变化瞬态之前，应该着重温习几点：

1. 核电厂运行特点是，二回路是主动的，一回路是跟踪二回路变化的，即反应堆功率跟踪汽轮机负荷变化；

2. 核电厂棒控系统设计中，能够满足如下的负荷变化：

(1) 负荷线性变化

负荷变化率≤±5%/min

(2) 负荷阶跃变化

负荷变化量≤±10%

负荷变化率=±200%/min

3. 负荷变化过程中，也可验证核电厂的一些系统的功能，如蒸汽旁排系统的控制，棒控系统等。

3.4.5.2 负荷线性下降的瞬变

这是一个汽轮机负荷线性下降的过程。汽轮机以5%/min的负荷变化率下降负荷，如一座装机容量为950 MW的核电厂，当汽轮机的负荷以5% /min的变化率线性下降负荷，从100%降至50%，即每分钟以47.5 MW的速率将负荷从100%下降到50%。由于负荷线性变化，且在棒控系统设计值之内，所以一回路能较好地跟踪二回路的变化，整个过程中电厂诸参数的变化均比较缓慢。所选取的初始条件的主要参数如表3-2所示。

表3-2 负荷从100%线性下降到50%，速率每分钟5%的初始条件

初始条件	燃耗	燃料循环周期初期(BOL)
	T_{avg}	296.7 ℃
	反应堆冷却剂系统压力	15.6 MPa
	功率水平	100%
	其他	棒束D处于120步，有足够的反应性跟踪负荷的增加

所记录的主要参数为负荷、核功率、控制棒位、稳压器压力、稳压器水位、上充流量、平均温度与参考温度、蒸汽流量 W_s、给水流量 W_f、蒸汽发生器水位及蒸汽压力等。运行所得瞬变曲线见图3-18。

分析与讨论：

操纵员通过汽轮机数字电液(DEH)控制盘以每分钟47.5 MW的变化速率(5%/min)，将负荷从950 MW线性下降到475 MW。由于二回路负荷下降，功率失配引起控制棒下插。基本原理是，棒控系统中包括两个线路，即功率失配与温度失配线路，见图3-19。

功率失配线路对负荷的变化能提供较快且稳定的响应。输入到此线路有两个信号，即汽轮机负荷和核功率。功率失配线路监视此二信号，并只在这两个信号之间存在变化率时，才提供一个输出信号。变化率越大，则从“率比较器”的输出就越大，通过求和单元线路到反应堆控制单元，最终将引起控制棒的动作。

核功率随着控制棒的下插而下降。平均温度 T_{avg} 总的趋势是随着核功率下降而下降。随着时间的增长，控制棒下插速度变慢，这是由于功率失配变化率改变了方向。此时，核功率下降快于汽轮机降负荷，尽管 T_{avg} 仍然大于 T_{ref}。最后，控制棒又有所提升。这是由于稳态运行时，功率失配线路不产生稳态误差信号。此时，温度失配线路起着精细控制的作用。输入到此线路也有两个信号，即最高的平均温度 T_{avg} 和参考温度 T_{ref}(见图3-18)。这种情况下，求和单元里 T_{avg} 和 T_{ref} 比较，如果比较信号超过规定范围(+0.3 ℃，−1.4 ℃)，棒将动作。当 $T_{avg}>T_{ref}$ 时，棒下插；相反，当 $T_{avg}<T_{ref}$ 时，棒上提。

稳压器的压力在线性负荷变化情况下，基本保持不变。稳压器的水位与平均温度有关，总的趋势是水位随 T_{avg} 下降，从满负荷时水位约为60%，降到50%负荷的相应值的40%，上充流的变化取决于稳压器内实际水位 L_{act} 与参考水位 L_{ref} 的差值(L_{ref} 在291.7 ℃ $<T_{avg}<$

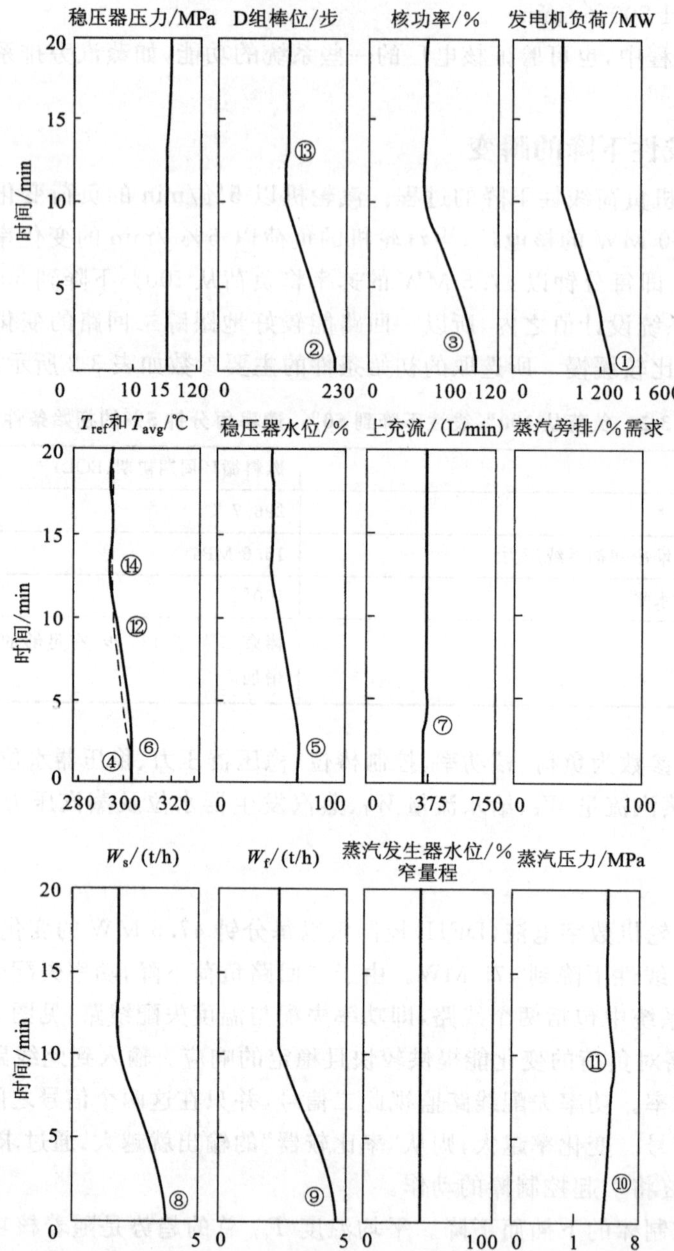

图 3-18 负荷从 100%以 5%/min 的速率下降至 50%的瞬变曲线

306.8 ℃条件下与平均温度成正比；在 291.7 ℃以下，L_{ref}保持为 22.2%；在 306.8 ℃以上，L_{ref}为 60%）。当$L_{act}<L_{ref}$时，稳压器内的水位靠增大上充流量来维持。

由于降负荷，汽轮机对蒸汽的需求量减小，从而蒸汽流量 W_s 下降。给水流量 W_f 紧跟蒸汽流量 W_s 下降而下降。蒸汽发生器的水位是由蒸汽流量 W_s 和给水流量 W_f 来决定的。当给水流量大于蒸汽流量($W_f>W_s$)时，蒸汽发生器水位上升；反之亦然。蒸汽压力 p_s 随着负荷下降蒸汽量减小而有所增高。

负荷线性上升的瞬变基本是下降瞬变的逆过程。

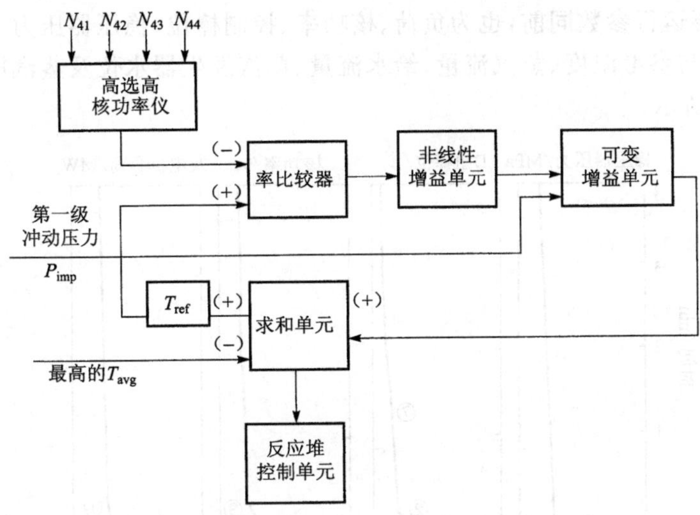

图 3-19　棒控系统控制示意图

瞬态要点：

1. 初始事件：操纵员在电液控制盘(DHC)下降负荷。
2. 为响应功率失配，控制棒下插。
3. 随着控制棒下插核功率下降。
4. T_{ref}跟踪汽轮机负荷(冲动级压力)。
5. 由于汽轮机降负荷，反应堆冷却剂系统 T_{avg}上升，稳压器水位增加。
6. T_{avg}的反应有延时。
7. 由于 T_{avg}的指示有延时，出现 $L_{ref}-L_{act}$误差，首先是上充流量下降。
8. 蒸汽流量(W_s)跟随汽轮机负荷变化。
9. 给水流量(W_f)跟随蒸汽流量(W_s)变化。
10. 蒸汽压力增加到 50%负荷值。
11. 由于 T_{avg}仍然太高，蒸汽压力稍有突起。
12. T_{avg}仍然比该负荷汽轮机的正常值高($T_{avg}>T_{ref}$)，控制棒开始使 T_{avg}返回到 T_{ref}(无功率失配响应)，$T_{avg}>T_{ref}$(峰值)。

3.4.5.3　负荷阶跃上升的瞬变

这是一个汽轮机负荷阶跃上升的过程。同样假定机组容量为 950 MW，汽轮机以 200%/min，即每分钟以 1 900 MW 的速率将负荷从 90%升到 100%。由于负荷阶跃变化，整个过程中核电厂的参数都迅速作出响应。所选取初始条件的主要参数见表 3-3。

表 3-3　负荷阶跃从 90%升到 100%的初始条件

初始条件	燃耗	燃料循环周期初期(BOL)
	T_{avg}	301 ℃
	反应堆冷却剂系统压力	15.6 MPa
	功率水平	90%
	其他	正排量上冲泵在役

所记录的主要运行参数同前，也为负荷、核功率、控制棒位、稳压器压力、稳压器水位、上充流量、平均温度与参考温度、蒸汽流量、给水流量、蒸汽发生器水位及蒸汽压力等。所得瞬变曲线如图 3-20 所示。

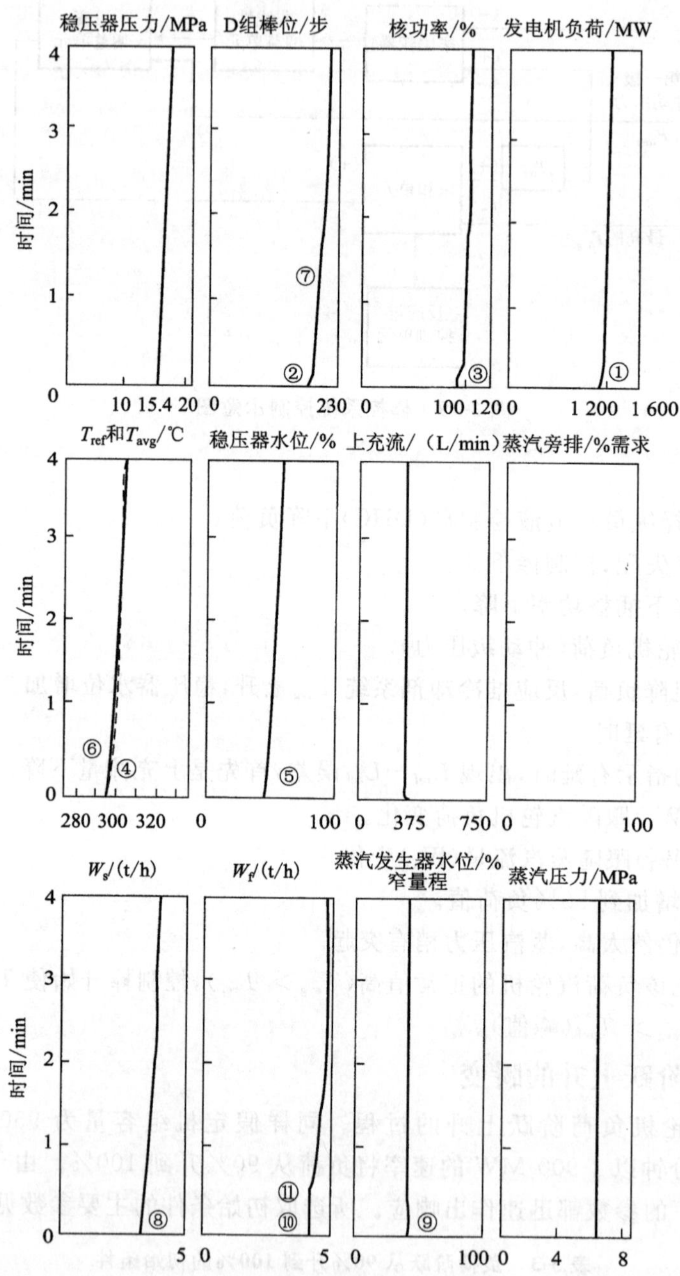

图 3-20 从 90%功率以 200%/min 的速率阶跃升到 100%功率的瞬变曲线

分析与讨论：

操纵员通过数字电液(DEH)控制盘以 1 900 MW/min 的变化速率，将负荷从 855 MW 阶跃升至负荷 950 MW。由于一、二回路功率失配，控制棒迅速提起以响应这一变化。核功率随着控制棒的提起而上升。平均温度 T_{avg} 也随着核功率的上升而增高。参考温度 T_{ref} 随着负荷上升而增高。蒸汽流量 W_s 为适应于负荷的阶跃上升，在一开始有较大增长。蒸汽发生器水位因负荷阶跃上升在开始阶段也出现小膨胀(swell)现象。其他与负荷线性变化相同。

负荷阶跃下降与阶跃上升的瞬变基本是逆过程。

瞬态要点：

1. 始发事件：操纵员以每分钟 200％的速率增加汽轮机负荷电液控制(EHC)系统允许的最大值。

2. 控制棒 D 开始提升，以响应温度和功率失配回路的 T_{ref} 的增加。

3. 核功率响应棒的提升而增加。

4. T_{ref} 变化反映出蒸汽发生器的负荷变化。

5. 汽轮机的负荷变化引起一、二回路功率失配，从而引起反应堆冷却剂系统轻微过冷(从稳压器水位上可以看出)。

注：T_{avg} 曲线精度不高，不能反映出由汽轮机触发的功率变化所引起的 T_{avg} 微小下降。

6. 因环路传输时间、RTD 多种布置和仪表过程综合引起的延迟，直到事件后 1 分钟 T_{avg} 的指示才增加。

7. 控制棒连续以每分钟 8 步提升，以影响 $T_{avg}-T_{ref}$ 的差值。

8. 随着汽轮机控制阀打开，蒸汽流量增大，使得汽轮机负荷增加。

9. 在第一个 6 s 由于阶跃负荷增加的膨胀效应看到的是水位增加。

10. 给水-蒸汽流量失配(最初的 6 s)引起给水流量增加。

11. 在 6～24 s，给水流量降低，以响应水位差值信号和水位逻辑单元经过几个时间常数，水位差值信号接近最大值。

12. 随着负荷的增加，由于蒸汽发生器内温度变化引起蒸汽压力降低。

3.4.5.4 负荷快速下降的瞬变

本节所讨论的初始条件基本与前相同，不同之处在于汽轮机负荷以 200％/min 快速从 100％降至 50％。这里共讨论四种不同运行方式瞬变，即：① 棒控处于自动；② 棒控处于手动；③ 旁排失效，棒控处于自动；④ 旁排失效，且棒控处于手动。所记录的主要运行参数同前，但因为要涉及蒸汽旁排系统，所以还有蒸汽旁排需求的记录。

表 3-4 给出了负荷快速从 100％降至 50％，棒控自动情况下的初始条件。

表 3-4 负荷快速从 100％降至 50％(棒控自动)的初始条件

初始条件	燃耗	燃料循环初期(BOL)
	T_{avg}	303 ℃
	反应堆冷却剂系统压力	15.6 MPa
	功率水平	100％
	其他	控制棒 205 步

图 3-21 表示负荷快速从 100％降至 50％(棒控自动)的瞬变曲线。

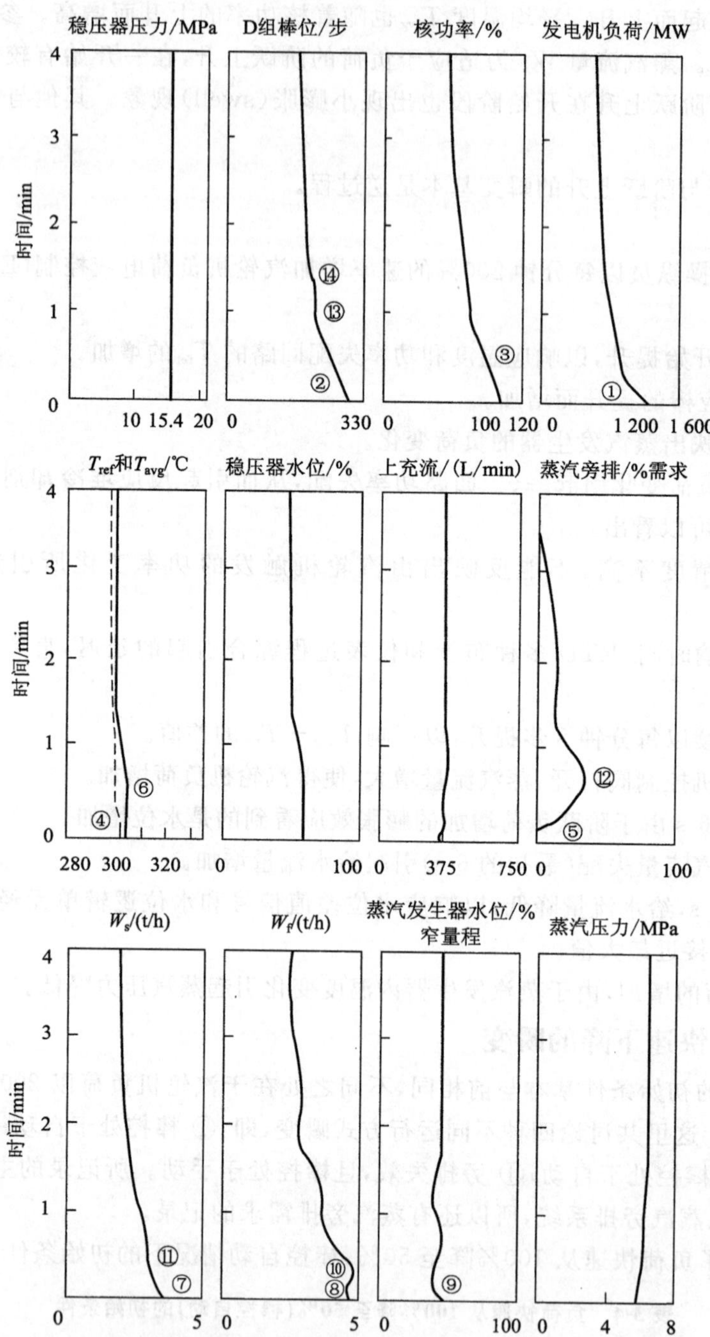

图 3-21　负荷快速从100%降至50%功率(控制棒自动)的瞬变曲线

瞬态要点：

1. 始发事件：操纵员在EHC控制盘降低发电机负荷。减少阀门位置限制器，从而使阀门关闭降低负荷。负荷降低特性是汽轮机控制回路和模拟程序的函数。

2. 减少 T_{ref} 输入至功率失配和温度失配回路，引起控制棒下插。

3. 控制棒在点2的动作引起核功率开始下降。

4. T_{ref}跟随发电机负荷的变化。

5. 15 s 时 T_{avg}和 T_{ref}之间的差值产生蒸汽旁排信号。

注:蒸汽旁排阀打开的实际指示在点 11 可以看出来。

6. 稳压器水位相对保持稳定,这是由于蒸汽旁排动作限制 T_{avg}的升高。如果没有蒸汽排放,由于快速的减小负荷,将会引起一回路和二回路之间失配。

7. 汽轮机控制阀关闭引起蒸汽流量开始下降。

8. 为响应给水流量/蒸汽流量失配回路,给水流量开始下降。

9. 响应汽轮机控制阀门的快速关闭蒸汽发生器水位下降[典型的收缩(shrink)现象]。

10. 水位差值信号强度增强,并在蒸汽流量/给水流量失配信号中占优势,给水流量增加,使水位回升至程序水位。

11. 由于打开蒸汽排放阀门的动作,蒸汽流量降低的变化率是比较慢的。

12. 当 T_{avg}开始接近 T_{ref}时,停止蒸汽排放。

13. 控制棒动作停止,这是由于消除了从功率失配、温度失配回路的输出。

注:T_{avg}仍然比 T_{ref}高。

14. 汽轮机控制系统的特点使汽轮机负荷在瞬变中持续下降 3 min。T_{avg}和 T_{ref}之间如此小的差异,足以使控制棒以最小的速度移动。

注:汽轮机负荷和核功率之间的差值变化率在该点基本保持常数。

表 3-5 给出了负荷快速从 100%降至 50%,棒控手动情况下的初始条件。

表 3-5　负荷快速从 100%降至 50%(棒控手动)的初始条件

初始条件	燃耗	燃料循环寿期(BOL)
	T_{avg}	303 ℃
	反应堆冷却剂系统压力	15.6 MPa
	功率水平	100%
	其他	棒控系统置手动;正排量泵

图 3-22 表示负荷快速从 100%降至 50%(棒控手动)的瞬变曲线。

瞬态要点:

1. 始发事件:操纵员在 EHC 控制盘以 200%/min 的速率减负荷。

2. 由于控制棒置于手动,故不会对汽轮机降负荷作出响应。

3. 因为 T_{ref}是由汽轮机冲动压力计算得来的,随着 P_{imp}下降则 T_{ref}也下降。

4. 当 T_{avg}　T_{ref}的差值超过 2.8 ℃,引起蒸汽排放控制系统中减负荷控制器的输出。

5. 稳压器水位反映出一、二回路之间失配。随着排热能力的丧失,由水位升高可以看出,一回路正在被加热。

6. 由于蒸汽排放的动作(限制 T_{avg}的上升),指示出的 T_{avg}的上升进一步被延长了。

7. 实际的稳压器水位(由 T_{avg}产生)是在程序水位之上,引起上充流量下降,以保持水位。

8. 蒸汽排放结果限制了反应堆冷却剂系统温度上升,从指示的 T_{avg}可以看出,约在 36 s 时停止上升。

9. 核功率下降,以响应反应堆冷却剂系统温度的提高带来的负反应性反馈。

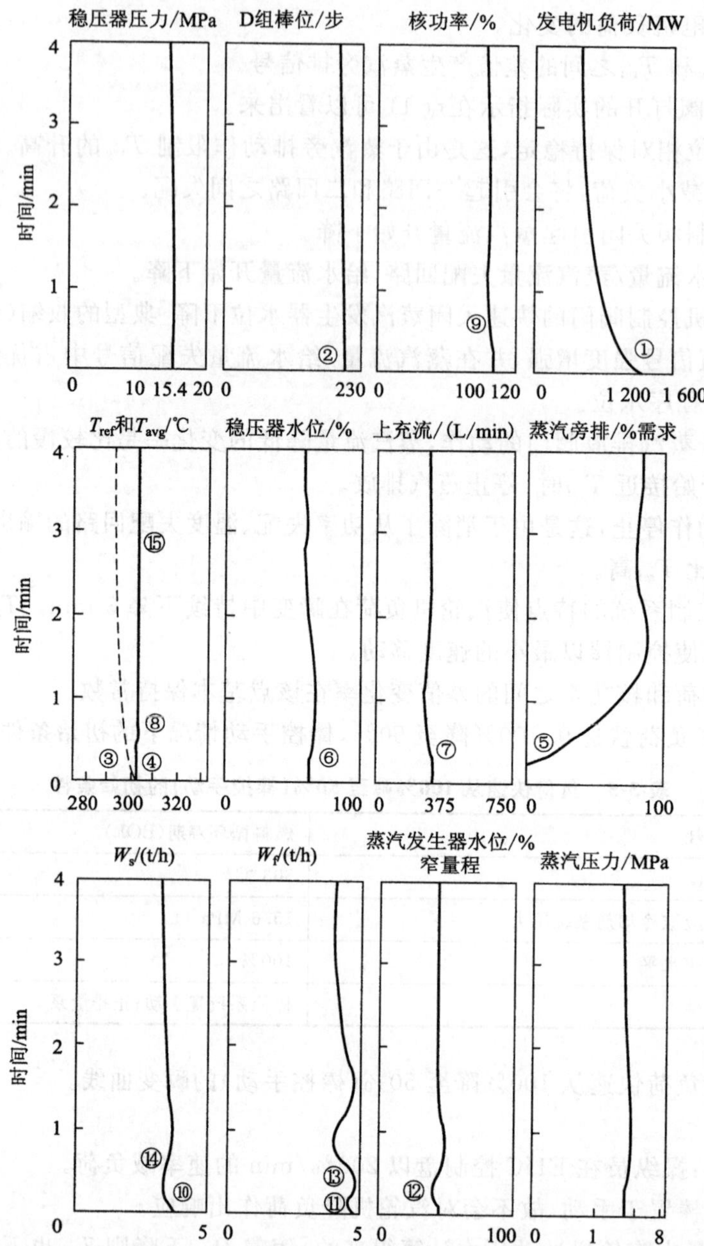

图 3-22　负荷快速从 100%功率降到 50%功率(控制棒手动)的瞬变曲线

10. 从蒸汽流量下降中可以看出汽轮机控制阀在关闭。

11. 在蒸汽发生器水位控制系统中给水流量响应蒸汽流量/给水流量失配信号。

12. 主蒸汽控制阀门的快速关闭引起蒸汽发生器内典型的收缩。

13. 在点 2 低水位维持了相当长的时间，使水位误差信号经过过滤器并再次对给水流量进行控制。

14. 通过蒸汽排放阀的蒸汽流量的增加比通过汽轮机的蒸汽流量的减少要快一些，从而导致指示的蒸汽流量有个净增加。

15. $T_{avg}-T_{ref}$值约在 8.3 ℃，这个温度差产生的负反应性恰好平衡了一、二回路的响应。

注：蒸汽排放系统不能降低反应堆冷却剂温度，只能限制反应堆冷却剂温度上升得太高（如果蒸汽排放阀开得较大，就会明显地降低反应堆冷却剂系统的温度，引入正的反应性，反过来又增加反应堆的功率）。

表 3-6 给出了负荷快速从 100%降至 50%，棒控自动但蒸汽排放失效情况下的初始条件。

表 3-6　负荷快速从 100%降至 50%（蒸汽排放失效，棒控自动）的初始条件

初始条件	燃耗	燃料循环初期（BOL）
	T_{avg}	303 ℃
	反应堆冷却剂系统压力	15.6 MPa
	功率水平	100%
	其他	蒸汽排放阀控制系统置于“关”位置；正排量上冲泵运行

图 3-23 所示为负荷快速从 100%降至 50%（无蒸汽排放）的瞬变曲线。

瞬态要点：

1. 始发事件：操纵员在 EHC 控制盘上以 200%/min 的速率降低汽轮机负荷。

2. 冲动级压力输入棒控制系统的结果引起向堆内插棒，是由于功率失配和温度失配回路的 P_{imp}信号变小引起的。

3. 核功率跟踪棒的下插。

4. 输入至 T_{ref}的 P_{imp}的变小迫使 T_{ref}按发电机的负荷适当减小。

5. 由于一、二回路之间功率失配，随着一回路冷却剂密度的减小，稳压器水位上升。

6. 由于蒸汽发生器实际液位上升和程序液位 T_{avg}延时的失配，在 16～44 s，上充流量下降。

7. 因没有蒸汽排放系统帮助棒控系统去维持 T_{avg}，核功率不能跟得上汽轮机的负荷下降，结果功率失配导致指示的 T_{avg}上升。

8. 功率失配回路的输出与 T_{avg}和 T_{ref}差值产生的信号大小相等、符号相反，使求和单元的输出比棒动作所需要的要小。

9. 随着核功率和汽轮机负荷之间的变化率慢慢消失，温度失配重新使棒动作。

10. 蒸汽压力升至卸压阀（PORV）设定值。

11. 蒸汽流量相应于卸压阀开启和关闭的量。

12. 给水流量相应于蒸汽流量变化的量。

13. 由于卸压阀快速开启和关闭引起水位的振荡。

表 3-7 给出了负荷快速从 100%降至 50%，棒控手动，蒸汽排放也失效情况下的初始条件。

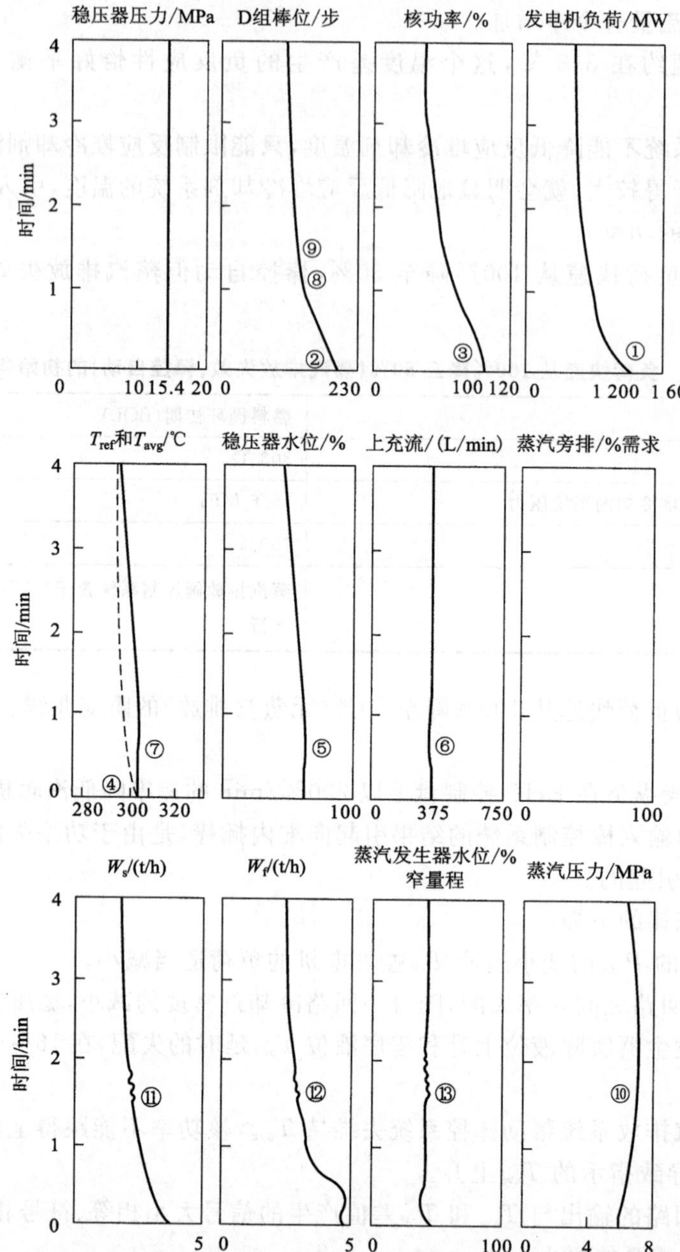

图 3-23 负荷快速从 100%功率降到 50%功率(蒸汽旁排失效,控制棒自动)的瞬变曲线

表 3-7 快速降负荷,从 100%降至 50%,没有蒸汽排放,棒控手动的初始条件

初始条件	燃耗	燃料循环初期(BOL)
	T_{avg}	303 ℃
	反应堆冷却剂系统压力	15.6 MPa
	功率水平	100%
	其他	控制棒系统置手动;蒸汽排放控制系统置于“关闭”状态;正排量上冲泵服役

图 3-24 表示负荷快速从 100%降至 50%(无蒸汽排放,棒控手动)的瞬变曲线。

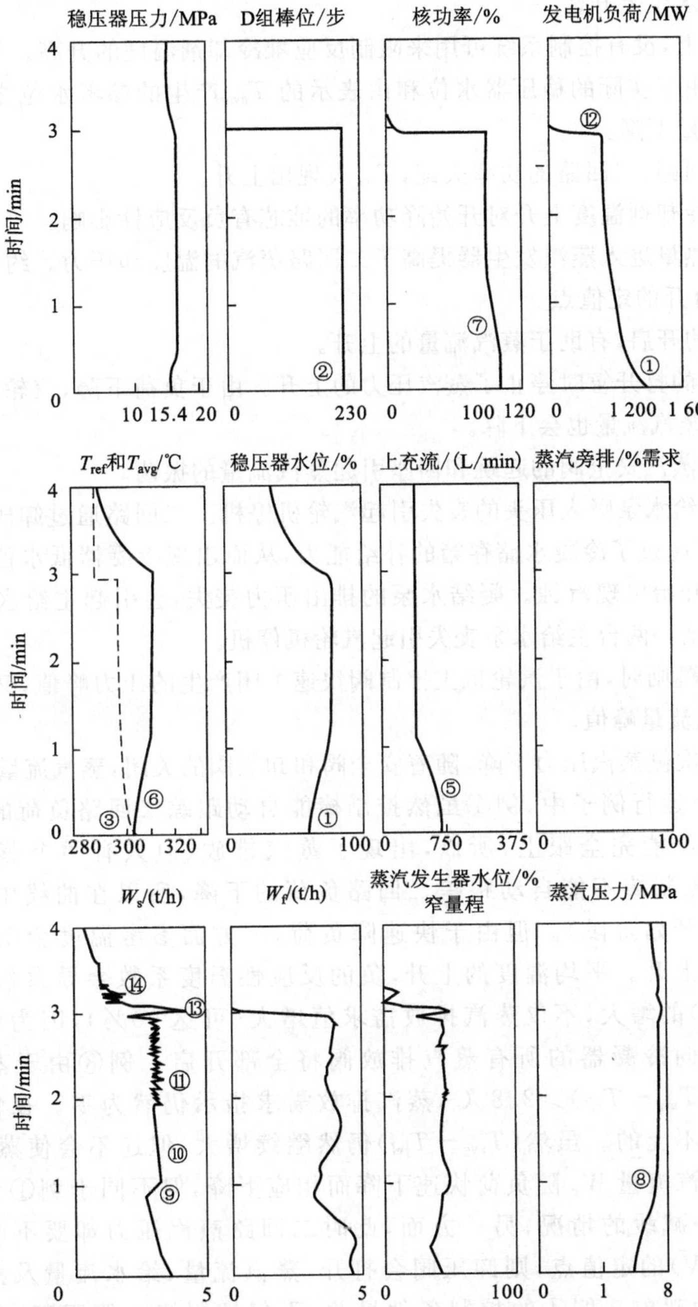

图 3-24 负荷快速从 100%功率降到 50%功率(蒸汽旁排失效,棒控手动)的瞬变曲线

瞬态要点:

1. 始发事件:操纵员在 EHC 控制盘上以 200%/min 的速率降低汽轮机负荷。
2. 棒控处于手动,对负荷下降没有反应。
3. 输入至 T_{ref} 的 P_{imp} 下降迫使 T_{ref} 按发电机的负荷下降。

4. 由于一、二回路功率失配引起一回路冷却剂被加热，由于反应堆冷却剂的密度减小，因而稳压器水位上升。

注：在这点上，没有控制系统可用来限制反应堆冷却剂温度的升高。

5. 为响应由于实际的稳压器水位和由表示的 T_{avg} 产生的参考水位之间差值产生的误差信号，上冲流量下降。

6. 由于一回路、二回路的功率失配，T_{avg} 表现出上升。

7. 一回路冷却剂温度上升对开始降功率的堆芯有负反应性影响。

8. 增加的热量进入蒸汽发生器提高了二回路蒸汽的温度和压力。约 54 s 时，蒸汽压力提高到卸压阀打开的定值点。

9. 卸压阀的开启，有助于蒸汽流量的上升。

10. 卸压阀的打开暂时停止了蒸汽压力的上升。由于负荷下降，汽轮机控制阀关闭，卸压阀保持全开，蒸汽流量也会下降。

11. 由于主蒸汽安全阀的起跳和回座引起蒸汽流量的振荡。

12. 由于主给水泵吸入压头的丧失引起汽轮机停机。二回路通过卸压阀和安全阀排放到大气的蒸汽量超过了冷凝水储存箱的补给能力，从而出现冷凝器低水位。凝结水泵失去净正吸入压头，开始出现汽蚀。凝结水泵的排出压力丧失，会引起主给水泵的入口压力丧失，主给水泵跳闸。两台主给水泵丧失引起汽轮机停机。

13. 汽轮机跳闸时，由于汽轮机主控制阀快速关闭产生的压力峰值，又引起其他安全阀打开并产生蒸汽流量峰值。

14. 一旦二次侧蒸汽压力下降，随着安全阀和卸压阀的关闭，蒸汽流量逐渐下降。

在上述四个运行例子中，例①虽然控制棒能自动跟踪二回路负荷的变化，但由于负荷变化得太快，不能完全跟上，所以，出现了蒸汽排放，但只有两个蒸汽排放阀开启。例②的特点是控制棒不能自动跟踪二回路负荷的下降，所以在曲线中出现棒位不变，核功率也不变(开始阶段)。但由于快速降负荷，一方面参考温度会明显下降，另一方面，平均温度会上升。平均温度的上升，负的反应性温度系数会导致核功率有所下降。随着($T_{avg}-T_{ref}$)的增大，不仅蒸汽排放需求值增大(可达 90%)，因为满足降负荷运行的条件，所以通向冷凝器的所有蒸汽排放阀将全部开启。例③由于蒸汽排放功能故障，这样，即使($T_{avg}-T_{ref}$)＞2.8 ℃，蒸汽排放需求指示仍然为零。在快速降负荷过程中，自动棒是跟不上的。虽然($T_{avg}-T_{ref}$)仍然继续增大，但还不会使蒸汽排放阀打开。这样，一方面蒸汽流量 W_s 随负荷快速下降而相应下降，但不同于例①会出现因蒸汽排放阀开启而下降减缓的情况；另一方面，此时二回路蒸汽压力却要不断升高。如果升到卸压阀(PORV)的定值点，则卸压阀会打开，蒸汽流量、给水流量及蒸汽发生器的水位都会出现波动现象。例④的控制条件最差，不仅控制棒不能跟踪，而且又无蒸汽排放能力。所以，在二回路快速降负荷时，一回路仍然产生原来满负荷所需要的能量。这样，蒸汽压力势必迅速增长，很快就会从开始值上升到二回路卸压阀(PORV)的定值点，使卸压阀打开。而压力继续升高至最大值，使二回路安全阀出现开启、关闭的往复动作，致使蒸汽流量、给水流量出现大的波动现象。蒸汽发生器的水位也会产生小幅度的波动。这样持续大约 1 min，最后，由于两台主给水泵吸入压头的丧失引起汽轮机停机，从而也停堆了。

在这些瞬变过程中，与前者不同的是涉及蒸汽旁排系统。这是由于二回路负荷快速下降，而一回路跟不上二回路负荷变化的原因造成的。运行曲线中均给出蒸汽旁排需求值的记录。

分析与讨论：

首先讨论蒸汽旁排需求的变化问题。蒸汽排放是核电厂二回路的重要系统之一，包括若干个蒸汽排放阀，其中部分通向冷凝器，部分通向大气，共有两种控制方式，即平均温度控制方式和蒸汽压力控制方式。在功率运行时，处在平均温度控制方式，见图 3-25。

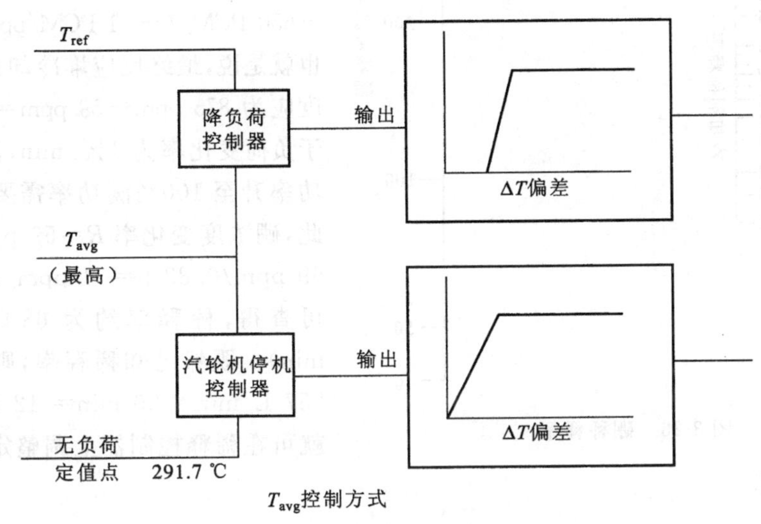

图 3-25 蒸汽旁排控制示意图

其包括降负荷控制器和汽轮机停机控制器，其输入信号都是 T_{avg} 和 T_{ref}。汽轮机停机控制器采用无负荷温度 291.7 ℃为 T_{ref}。

值得注意的是，在 $T_{avg}-T_{ref}$ 大于蒸汽旁排需求范围时，蒸汽旁排需求仪表就有读数，但只有在降负荷和汽轮机停机两种运行情况下，蒸汽旁排阀才会打开。这正是我们要讨论快速降负荷，而不是讨论升负荷的原因。

3.5 功率运行中的两个估算——稀释率与热平衡计算

3.5.1 稀释率的确定

在压水堆核电厂功率运行中，提高发电机负荷是由一回路核功率来跟踪的。一般的负荷变化率是很小的，正常情况下是通过稀释冷却剂硼浓度来完成的。下面将通过一个例子来讨论稀释率的确定。

假定已知的初始条件：50％功率，堆芯寿期初（BOL），反应堆冷却剂系统的硼浓度为 875 ppm。如果负荷变化率为 1％/min，从 50％升至 100％满功率，在满足技术规格书的要求下，尽量保持控制棒位不变，靠改变一回路的硼浓度来跟踪负荷变化，试确定稀释率。

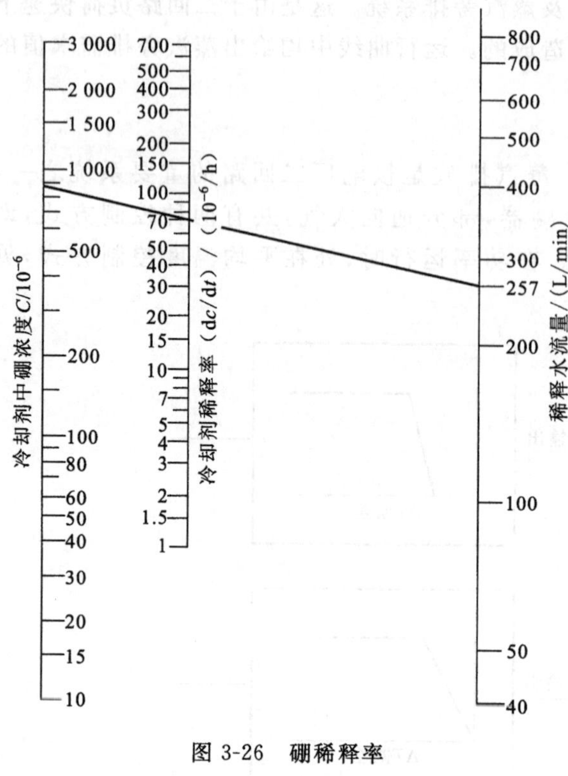

图 3-26 硼稀释率

根据图 3-8 可查得，50%功率时功率亏损值为 700 PCM，100%功率时功率亏损值为 1 350 PCM，所以，从 50%升至 100%满功率时功率亏损净值为 −650 PCM，即应向堆芯引入了 650 PCM 的负反应性。根据图 3-9 查得硼的反应性价值为 −11 PCM/ppm。如果要改变硼浓度来补偿功率亏损，则要稀释掉 −650 PCM/（−11 PCM/ppm）＝59 ppm，也就是说，最终反应堆冷却剂系统的硼浓度应为 875 ppm − 59 ppm ＝ 816 ppm。由于负荷变化率为 1%/min，所以，从 50%功率升至 100%满功率需要 50 min。因此，硼浓度变化率 R＝59 ppm/50 min＝59 ppm/0.83 h＝71 ppm/h。由图 3-26 可查得，稀释率约为 68 GPM（257 L/min）。既然已知稀释率，则总稀释量为 257 L/min × 50 min＝ 12 850 L。这样就可在稀释控制器上调整定值点而满足功率运行的要求。

3.5.2 热平衡计算

核电厂核功率测量是由堆芯外中子测量系统完成的。中子探测器位于反应堆压力容器外一次屏蔽中的仪表孔道里，中子测量系统为反应堆保护和运行提供指示、控制和报警信号。因而，在实际运行中必然会碰到一个问题，即这样测量的结果是否真实可靠？为此就必须用热平衡计算来校核，而且应该在不同功率水平上，如 30%、50%、70%、90%及 100%满功率都需要进行校核，以保证核功率与热功率平衡。

热平衡计算的主要依据是能量守恒，即一回路产生的总能量应该等于二回路载出的总能量，即

一回路产生之总能量 ＝ 堆芯释放出的能量＋反应堆冷却剂泵的能量

二回路载出之总能量 ＝ S/G 蒸汽载出的能量－S/G 给水返回能量

所以，

堆芯释放出的核能 ＝ 二回路载出能量－反应堆冷却剂泵的能量

＝（蒸汽载出能量－给水返回能量）－反应堆冷却剂泵的能量

例题：

某核电厂堆芯释放出的核能，在 100%满功率时，为 2 775 MW；反应堆冷却剂泵的功率为 19.1 MW。

主要冷却源：

① 蒸汽发生器蒸汽系统载出的能量；

② 蒸汽发生器给水返回能量；

③ 蒸汽发生器排污能量；

④ 系统散热。

由于③、④相对较小，在估算中可以忽略。

下面通过一个具体例子予以说明。

已知三环路压水堆核电厂的电功率为 950 MW，实测核功率为 98%，给水温度 225 ℃，蒸汽压力 6.3 MPa，给水流量 1 869 t/h，蒸汽流量 1 842 t/h。为简化计算，假定：

① 四个核仪表通道和三个蒸汽发生器中参数相同；

② 每个环路中冷却剂泵功率为 19.1×10^6 kJ/h；

③ 不考虑其他热量损耗等。

试计算热功率和它对应的百分比功率，并验证是否满足核测系统功率量程(P. R.)仪表的校准标准。

(注：100%的核功率对应的热功率为 2 775 MW)

解：① 根据给水温度 225 ℃查表得

给水焓 h_f = 967.88 kJ/kg。

② 根据蒸汽压力(绝对)6.3 MPa 查表得

蒸汽焓 h_s = 2 781.8 kJ/kg。

③ 每条环路给水功率 = 给水焓×给水流量

= 967.88 kJ/kg×1 869 t/h

= $1\,809.0\times10^6$ kJ/h

④ 每条环路蒸汽功率 = 蒸汽焓×蒸汽流量

= 2 781.8 kJ/kg×1 842 t/h

= $5\,124.1\times10^6$ kJ/h

⑤ 每条环路功率 = 蒸汽功率 − 给水功率

= $(5\,124.1-1\,809.0)\times10^6$ kJ/h

= $3\,315.1\times10^6$ kJ/h

因为假定了三条环路相同，所以

总功率 P = $3\times3\,315.1\times10^6$ kJ/h

= $9\,945.3\times10^6$ kJ/h

因此，热功率 = $(9\,945.3\times10^6$ kJ/h − 57.3×10^6 kJ/h)/3 600 s

= 2 746.7 MW

百分比功率 = 净功率(MW)/2 775 MW×100%

= (2 746.7 MW/2 775 MW)×100%

= 99%

整个机组效率 = (电功率/热功率)×100%

= 34.6%

根据计算结果查图 3-27，结果发现纵横坐标交点落在范围之外，因此，此问题不满足核测仪表的校准标准，应该由仪控(I&C)组进行调整。

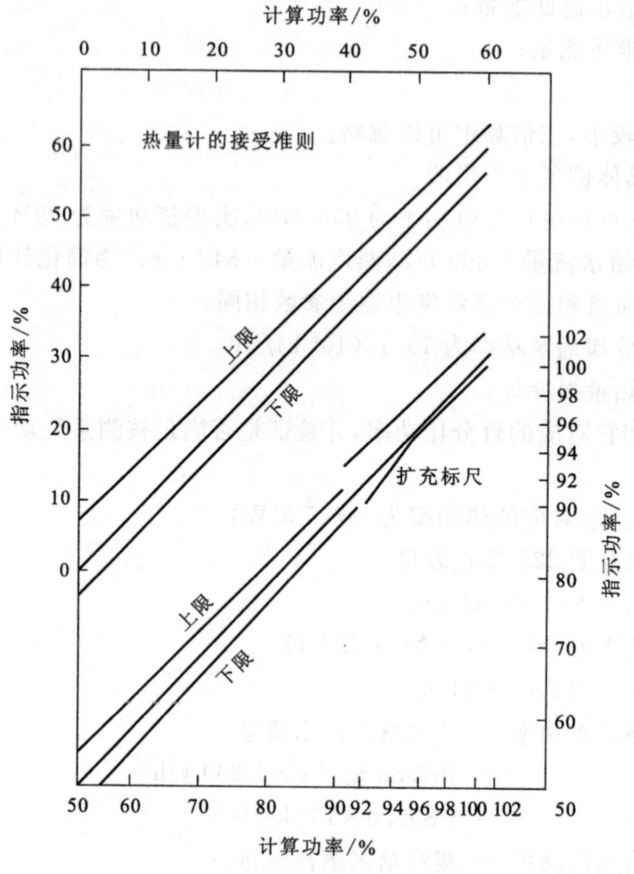

图 3-27 指示功率与计算功率

3.6 核电厂停闭——从 100% 额定功率至冷停堆模式

核电厂停闭基本上是通过与启动相反的步骤进行的。

3.6.1 初始条件

1. 核电厂在 100%额定功率或预定的负荷下稳定运行，汽轮机数字电液控制系统处于"自动"模式；

2. 反应堆功率调节系统处于"自动"方式，D 调节棒组保持在调节带内，轴向功率偏差 ΔI 控制在目标带内；

3. 稳压器压力控制系统、液位控制系统处于"自动"；

4. 汽轮机旁排系统处于"平均温度"控制方式，大气释放阀门处于"自动"；

5. 蒸汽发生器液位由主给水调节阀自动调节；

6. 反应堆补给水控制系统处于"自动补给"方式，一台上充泵工作，另一台备用；

7. 反应堆、汽轮-发电机组保护系统及各保护系统之间的联锁均处于正常工作状态，专设安全设施处于热备用；

8. 核电厂厂用电及向电网供电系统、继电保护系统工作正常，柴油机处于热备用；

9. 所有系统的水质均符合技术规格书中有关水质的规定要求，所有系统设备的润滑油油质合格；

10. 空调、通风（送、排）正常；

11. 内部、外部通信正常。

3.6.2 注意事项

3.6.2.1 下降负荷时的注意事项

1. 功率下降时，必须预计氙变化的影响，如有必要应调整硼浓度，使调节棒组处于调节带内；

2. 在反应堆冷却剂硼浓度变化时，如控制棒动作与 T_{avg} 变化向相反方向动作时，应停止硼化；

3. 如果控制棒“手动”控制时，应避免过大的移动或原因不明的过大补偿；

4. 降负荷时，应遵守汽轮-发电机组运行规程中规定 5%/min 的负荷变化率；

5. 反应堆功率变化时，应监督核电厂允许状态屏来验证允许电路的正确运行；

6. 应遵守轴向功率分布限值的规定。

3.6.2.2 最小负荷时的注意事项

1. 当汽轮机负荷减至控制信号 C－5（15%额定功率）设定值时，将自动闭锁自动棒提升；

2. 应避免出现反应堆冷却剂温度±5.5 ℃或硼浓度 10 ppm 的阶跃变化；

3. 为避免停止汽轮机后反应堆停闭，应先确认 P－7 信号（即反应堆和汽轮机功率均小于 10%额定功率）；

4. 汽轮机应尽量避免在 5%额定功率以下的较长时间运行；

5. 汽轮机降速时应避开机组在共振点停留；

6. 当所有控制棒（包括停堆棒）插入时，停堆深度至少应维持在 4%$\Delta k/k$ 以上。

3.6.2.3 热停堆模式时的注意事项

1. 确认调节棒组插入堆芯，停堆棒组插入堆芯或在提出位置；

2. 反应堆冷却剂温度由汽轮机旁排压力控制或大气释放阀控制，维持在热停堆模式；

3. 蒸汽发生器水位由辅助给水系统维持；

4. 至少应有一个源量程中子通道工作正常，以监测中子计数率变化；

5. T_{avg} 在 180 ℃以上时，至少要有一台蒸汽发生器在运行；

6. 反应堆冷却剂在 180℃或余热排出系统未投入运行时，稳压器的安全阀应是可运行的；

7. 反应堆冷却剂温度在 70 ℃以上，应有一台反应堆冷却剂泵运行；

8. 在反应堆停闭后，停堆深度一定不能减小，在反应堆停闭 12 h 后，由于氙的衰变将会引入正反应性；

9. 当发生硼排出，氙衰变或反应堆温度变化而引入正反应性时，停堆棒组必须全部提出堆外。例外：

(1) 反应堆冷却剂系统已硼化到热停堆无氙硼浓度；

(2) 反应堆冷却剂系统已硼化到冷停堆模式硼浓度，且电厂正在冷却或开始启动升温。

注意：如果停堆棒组不能维持在全提出位置，反应堆冷却剂系统必须按技术规范要求进行硼化。

3.6.2.4 降温、降压时的注意事项

1. 在反应堆冷却剂系统降温降压前，必须把反应堆冷却剂系统硼化到冷停堆模式的硼浓度(2.0%$\Delta k/k$)，冷却过程中的补给水硼浓度应与反应堆冷却剂系统硼化后的硼浓度相同；

2. 反应堆冷却剂系统的冷却速率不应超过 30 ℃/h，稳压器的冷却速率不应超过 55 ℃/h；

3. 当稳压器液相温度与喷雾流温度相差 144 ℃以上时，禁止喷雾；

4. 当停止回路与运行回路温差超过 11 ℃时，应启动停止回路的反应堆冷却剂泵；

5. 反应堆冷却剂系统温度在 180 ℃，压力在 2.96 MPa 以上，严禁投入余热排出系统，但余热排出系统应在稳压器汽腔存在时投入；

6. 余热排出系统投入前必须暖管，但在暖管前必须对余热排出系统取样分析硼浓度，必要时应先进行硼化；

7. 冷却过程中必须多次分析反应堆冷却剂系统的硼浓度；

8. 降温降压过程中，必须遵守技术规范所规定的压力—温度限制曲线；

9. 当反应堆压力降至 13.1 MPa 以下时，在 P—11 灯亮后，应闭锁低压安注，安注给水隔离和主蒸汽管道隔离等；

10. 当反应堆冷却剂系统压力低于 6.86 MPa 时，应手动关闭安注箱出口隔离阀门，并切断其电源；

11. 当稳压器汽腔消失，且反应堆冷却剂系统温度低于 180 ℃时，应投入稳压器卸压阀低压保护；

12. 在反应堆冷却剂温度降到低—低 T_{avg} 前，压力降至 P—11 设定值时，应手动闭锁低—低 T_{avg} 安注信号；

13. 当反应堆冷却剂系统压力降至 2.75 MPa 时，不允许反应堆冷却剂泵再运行。压力低于 0.686 MPa 时，必须停止向反应堆冷却剂泵轴封供水；

14. 反应堆冷却剂温度低于 70 ℃后，对停止的反应堆冷却剂泵应继续提供轴封水和设备冷却水，只有在泵停止 30 min 后，才允许停止；

15. 反应堆冷却剂泵停止后，余热排出泵必须继续运行；

16. 如果强制循环丧失，应参照“利用自然循环控制电厂的温度和压力”规程。

3.6.3 运行操作

3.6.3.1 从功率运行模式至热停堆模式

1. 下降功率准备

(1) 记录原始数据；

(2) 确认控制棒在规定调节带内；

(3) 汽轮机旁排在 T_{avg}控制方式下；

(4) $T_{avg}-T_{ref}$值在规定范围内；

(5) 蒸汽发生器水位在程序水位，主给水调节阀在自动位置；

(6) 确定发电机功率下降速率；

(7) 通知电网调度。

2. 下降发电机出力(从 100%额定功率～15%额定功率)

(1) 设定 15%额定功率目标值：

① 按“设定”按钮；

② 按“进入”按钮。

(2) 按曲线选定负荷下降速率：

① 按“负荷率”按钮；

② 按“进入”按钮。

(3) 汽轮机开始按指定速率下降功率；

(4) 调节发电机无功；

(5) 监视发电机、汽轮机参数。

3. 反应堆功率自动跟踪汽轮机功率

(1) D组调棒自动下降；

(2) 对反应堆冷却剂系统进行调整硼浓度(硼化)；

(3) 确保 ΔI 在目标范围内；

(4) 其他运行正常。

4. 反应堆功率降至 65%额定功率

(1) 除氧器改由辅助蒸汽管供汽；

(2) 停一台循环水泵；

(3) 3 号高压加热器疏水至除氧器切换至疏水扩容器。

5. 发电机功率降至 50%额定功率

(1) 辅助蒸汽母管由汽轮机抽汽供汽改为主蒸汽供给；

(2) 启动辅助锅炉。

6. 发电机功率降至 40%额定功率

(1) 停一台主给水泵；

(2) 停一台凝水泵；

(3) 停一台凝升泵；

(4) 停一台循环水泵。

7. 发电机功率降至 20%额定功率

(1) 停止 1、2、3 号高压加热器供汽；

(2) 确认汽轮机本体疏水阀已开启；

(3) 确认低压缸排汽喷淋减温装置自动投入。

8. 发电机功率降至15%额定功率

(1) 发电机功率不再下降；

(2) 将主给水阀切换至主冷水旁通阀；

(3) 检查蒸汽发生器水位，主给水旁通阀等工作情况；

(4) 确认发电机功率因数；

(5) 确认 C—5 光字牌，将控制棒控制方式由“自动”切换至“手动”。

注意：使调节棒处于调节带内。

9. 汽轮机旁排阀由“T_{avg}”方式改为“压力”控制方式

10. 发电机功率由15%额定功率降至5%额定功率

(1) 确认 DEH 控制在自动；

(2) 设定5%额定功率为目标值；

(3) 设定负荷下降速率；

(4) 按“进行”按钮，汽轮机按规定的速率下降功率；

(5) 手动调节反应堆功率；

(6) 下降功率过程中注意以下参数：

① 棒位在规定范围内；

② 稳压器压力和水位；

③ 蒸汽发生器水位维持在程控水位；

④ T_{avg}与T_{ref}差值。

11. 发电机功率降至10%额定功率

(1) “低负荷运行”灯亮；

(2) P —13 允许灯亮；

(3) 在核功率低于10%额定功率时，P—10 允许灯灭，此时应确认：

① 中间量程中子注量率高和功率量程中子注量率低整定值自动解除反应堆停堆闭锁；

② “P—7”灯亮。

12. 发电机功率降至5%额定功率时，与电网连系解列发电机

13. 解列发电机

(1) 降发电机无功至零；

(2) 切断与电网连接开关；

(3) 断开隔离开关；

(4) 确认汽轮机在3 000 r/min 运行，汽轮机旁排阀门动作正常；

(5) 反应堆功率跟踪下降正常；

(6) 调节棒处于规定的工作带内。

14. 停止汽轮机

(1) 按“汽轮机脱扣”按钮；

(2) 汽轮转速下降时确认汽水分离再热器等；

(3) 汽轮机转速降至600 r/min 时，确认喷淋减温装置自动停止；

(4) 汽轮转速下降至 200 r/min 时，确认顶轴油泵自启动等。

15. 将辅助蒸汽母管由主蒸汽供汽切换至辅助锅炉供汽

16. 插入控制棒停闭反应堆

(1) 当反应堆功率稳定在 1×10^{-8} A(I. R.)时，记录以下临界参数：

① 反应堆功率；

② 反应堆冷却剂系统的 T_{avg}；

③ 反应堆冷却剂系统的硼浓度；

④ 临界棒位。

(2) 当中间量程指示小于 1×10^{-10} A 时，确认 P－6 信号灯灭，源量程高压自动投入，源量程音响计数装置自动投入。

17. 汽轮机盘车

(1) 确认盘车自动投入；

(2) 连续盘车必须在 48 h 以上；

(3) 停止发电机冷却。

3.6.3.2　从热停堆模式至冷停堆模式

1. 调整热停堆硼浓度

(1) 将反应堆冷却剂系统的硼浓度调整至冷停堆无氙的硼浓度；

(2) 投入稳压器备用电加热器，使喷雾阀自启动，使稳压器的硼浓度与反应堆冷却剂系统趋于一致；

(3) 硼化后取样分析，确认是否符合要求。

2. 确认热停堆模式

(1) 反应堆冷却剂系统 T_{avg} 由汽轮机旁排系统控制并维持在 280 ℃；

(2) 反应堆冷却剂压力由电加热器与喷雾系统维持；

(3) 稳压器水位自动维持在零功率水位；

(4) $k_{eff}<0.98\Delta k/k$；

(5) 蒸汽发生器水位由辅助给水泵维持。

3. 反应堆冷却剂系统净化

(1) 增大下泄流；

(2) 维持稳压器和容积控制箱水位及 RCP 轴封水。

4. 反应堆冷却剂系统进行降温降压

(1) 增大蒸汽排放量；

注意：冷却速率应小于 30 ℃/h。

(2) 手动打开稳压器喷雾阀，进行稳压器降温降压；

注意：降温速率应小于 55 ℃/h。

(3) 当反应堆冷却剂系统压力降至 14.9 MPa 时，稳压器压力低报警；

(4) 随着反应堆冷却剂系统降温，使稳压器水位缓慢上升，当上升至 80％时，保持水位。

5. 反应堆冷却剂系统除气

(1) 用氮气置换容控箱氢气；

(2) 开大补给水阀，使容积控制箱水位上升；

(3) 关小补给水阀，使容积控制箱水位下降，随水位下降氮气即补入；

(4) 重复多次，并维持水位，取样分析确认。

6. 闭锁安注

(1) 反应堆冷却剂系统压力降至 13.1 MPa 时，P－11 信号报警；

(2) 按 P－11 闭锁后发出安注闭锁信号。安注、给水、主蒸汽管道隔离信号和反应堆冷却剂低－低 T_{avg} 等安注信号闭锁；

(3) 反应堆冷却剂系统压力降至 12.26 MPa 时，专设安全设施不应动作；

(4) 反应堆冷却剂系统的 T_{avg} 降至低－低 T_{avg} 时，确认汽轮机旁排阀闭锁；

(5) 反应堆冷却剂系统压力降至 9.87 MPa 时，投入上充流量调节阀前孔板。

7. 隔离高压安注箱

当反应堆冷却剂系统压力降至 6.8 MPa 时，关闭安注箱出口隔离阀，并断开其电源。

8. 破坏冷凝器真空

9. 增开下泄孔板

随着反应堆冷却剂系统压力下降，下泄流量也随着减小，为保证下泄流量，应增开下泄孔板。

10. 余热排出系统取样分析硼浓度

(1) 反应堆冷却剂系统压力降至 4.93 MPa 时，对余热排出系统取样分析；

(2) 启动余热排出系统泵运转后再取样分析硼浓度。

11. 投入余热排出系统

(1) 反应堆冷却剂系统压力降至 3.45 MPa 时，打开余热排出系统泵入口阀；

(2) 当余热排出系统预热后，缓慢开启余热排出系统热交换器出口阀；

(3) 开启余热排出系统冷段隔离阀并将余热排出系统投入运行。

12. 投入低压下泄

(1) 解除下泄背压控制阀自动；

(2) 打开已停止回路的下泄节流阀；

(3) 关闭运行回路的低压下泄节流阀；

(4) 使下泄流量恢复原值并投入“自动”。

13. 隔离主蒸汽

(1) 关闭汽轮机旁排阀；

注意：同时开大余热排出系统热交换器出口阀，维持 T_{avg} 在 180 ℃。

(2) 关闭主蒸汽隔离阀(MSIV)。

14. 投入低压保护

当反应堆冷却剂系统的 T_{avg} 低于 180 ℃时，将稳压器卸压阀压力保护开关投入。

15. 二回路系统保养

(1) 停止蒸汽发生器排污；

(2) 提高蒸汽发生器水位至 100%；

(3) 停止向除氧器供汽；

(4) 向蒸汽发生器内充氮。

16. 稳压器充满水

(1) 稳压器向容积控制箱排气；

(2) 减少下泄使稳压器水位上升并维持反应堆冷却剂系统压力在 2.96 MPa，当稳压器满水后应立即减少上充流量并维持反应堆冷却剂系统压力；

(3) 用余热排出系统进行反应堆冷却剂系统降温；

(4) 停止一台反应堆冷却剂泵。

注意：当已停止环路与运行环路温差超过规范时，应启动已停止环路的反应堆冷却剂泵。

17. 安注系统、喷淋系统退出

(1) 反应堆冷却剂系统的 T_{avg} 下降至 120 ℃以下时，可开始稳压器喷雾阀加速冷却稳压器；

(2) 反应堆冷却剂系统的 T_{avg} 下降至 93 ℃时，退出备用安注和喷淋系统。

18. 停止二回路其他辅机

(1) 停止凝升泵、凝水泵；

(2) 停止循环水泵；

(3) 其他。

19. 安全壳换气

反应堆冷却剂系统的 T_{avg} 低于 93 ℃时，对安全壳开始换气。

20. 停止最后一台反应堆冷却剂泵

当反应堆冷却剂系统的 T_{avg} 达 70 ℃以下，且稳压器与反应堆冷却剂系统的温度基本相同时，停止最后一台反应堆冷却剂泵。

21. 反应堆冷却剂系统降压

(1) 缓慢降低下泄背压阀设定值，使反应堆冷却剂系统压力下降；

(2) 当压力降至 0.686 MPa 时，关闭反应堆冷却剂泵轴封水；

(3) 反应堆冷却剂系统压力降至 0.34 MPa 时，调整上充、下泄流将反应堆冷却剂系统压力维持在此值下。

22. 确认已处于冷停堆模式

(1) 反应堆冷却剂系统温度低于 60 ℃；

(2) 反应堆冷却剂系统压力由上充、下泄系统维持压力在 0.345 MPa 左右；

(3) 一台上充泵、一台余热排出泵在运行；

(4) 一台部件冷却水泵和一台重要冷却水泵在运行；

(5) 反应堆冷却剂系统硼浓度为冷停堆无氙、无毒的硼浓度,其停堆深度大于 $4\%\Delta k/k$ 。

23. 安全壳完整性解除

应该说明一点,如果强制循环丧失,则利用自然循环控制温度和压力。如果反应堆冷却剂系统被维持在过冷状态,自然循环是核电厂温度控制的一种有效方法。然而,由于在自然循环期间,低流量率和一个或两个环路不能工作的可能性,必须仔细地操作反应堆冷却剂系统,以防产生不希望的热梯度、汽腔和不均匀的反应堆冷却剂系统的化学药品分布。不正常的稳压器水位特性(即稳压器水位增加快于辅助喷淋的速率或容积变化大于水的添加量)表示在其他地方可能已形成汽腔,例如蒸汽发生器U型管、反应堆压力容器封头或不工作的反应堆冷却剂环路等,以致会影响甚至中止已建立起来的自然循环。维持一定的冷却速率和遵守一定的注意事项能够防止这些不希望的现象产生。在自然循环运行情况下,应尽快地恢复一台或更多的反应堆冷却剂泵运行,重新转入强制循环。

复习题

1. 试述核电厂反应堆趋近临界的基本原理。
2. 为什么压水堆核电厂选取中间量程 1×10^{-8} A 为标准临界点?
3. 按规程启动到达临界点时,应该记录哪些重要运行参数?为什么?
4. 如何进行临界估算 ECC?
5. 趋近临界过程中有哪些重要的注意事项?
6. 轴向(功率)偏差 ΔI 与轴向偏移 O_A 的关系是什么?
7. 如何建立 $P-\Delta I$ 运行梯形?
8. 试定性分析几种情况下快速降负荷的瞬变过程中核电厂主要运行参数随时间的变化。
9. 如何进行功率运行中的两个估算——稀释率与热平衡计算?

第4章　核电厂异常运行

4.1　概　述

核电厂由于系统、设备、部件繁多，运行中出现各种异常现象是屡见不鲜的，这种异常现象（或事件）在最坏的情况下，往往会导致停堆、停机。因此，操纵员若遇到异常现象时，应遵照异常规程处理，使电厂尽快返回到正常运行工况。限于本书篇幅，不可能详尽地介绍，甚至也不可能全面介绍诸多中等频率的异常现象，诸如：

- 控制棒组从次临界状态失控抽出；
- 控制棒束在功率运行情况下失控抽出；
- 控制棒束落棒；
- 硼酸失控稀释；
- 化容系统故障；
- 反应堆冷却剂强迫流量部分损失；
- 失去外部电力负荷和/或汽轮机保护停车；
- 失去正常给水；
- 推动向辅助设备供电的厂外电源；
- 由于给水系统异常而过量的热排除；
- 过大的负荷异常增加；
- 反应堆冷却剂系统异常降压；
- 主蒸汽系统降压；
- 在功率运行时应急堆芯冷却系统意外启动。

本书只选择其中有代表性的异常现象作简单介绍。

1. 异常运行规程(AOP)

在美国西屋公司设计的核电厂中，虽然异常运行规程数目多少有别，但重要的内容都包括在内，例如，棒控系统的故障、应急加硼、给水流量不充足、丧失设备冷却水、发电机甩负荷、反应堆冷却剂系统泄漏、反应堆冷却泵异常、反应堆冷却剂系统压力异常等。

每个异常运行规程中包括概述、现象、立即动作及后续动作等几个部分。

为了更好地表述故障，尽量附加以相应关联的瞬变过程。这可使读者能更具体、深刻地了解核电厂处在异常工况下电厂重要参数的变化。这些瞬变过程都取自不同核电厂或其全范围模拟机，因此，图中给出的曲线都具有相当的可信度。

2. 报警手册(Alarm Book)

每个核电厂主控室里除了有完整的异常运行规程，还备有一本报警手册。

报警信号的设置是为了保证核电厂安全运行所采取的一种措施。一旦核电厂重要参数偏离了正常值，或某些设备部件失效，就会引起相应的音响和显示牌报警，清楚地显示在主控室控制盘上，操纵员能及时发现异常，采取措施予以消除，从而确保核电厂安全运行。

报警信号一旦发生后，操纵员应该采取的动作为：

(1) 消除音响，并使报警指示灯由快闪变为不闪，确定报警的存在。

(2) 由于报警信号太多(500～600 个)，每一个报警信号又可能由几种原因引起，操纵员必须通过相应的仪表指示，借助报警手册及自身知识与经验，正确判断报警的起因及限值。当两个或两个以上的报警同时发生时，还要分清主次，综合考虑。总之，操纵员必须根据报警手册迅速作出判断，并采取相应的措施。

(3) 进行人为操作，消除异常工况。

有些报警不需要人为干预，有些则需要。操纵员应在分析的基础上，采取诸如"开启或关闭某些阀门，指派有关人员检修设备，切换管路，过滤等措施"来消除报警，恢复正常运行。

报警手册中是以每个报警信号为单位，独立成篇。一般讲，每篇都包括警报信号名称、警报来源、定值点、复位点、立即动作、后续动作等。当然，每个核电厂的报警手册也各有差异，但大体是相同的。

通过这一节的讨论，更加丰富了核电厂的异常运行工况。

4.2 棒控系统故障

4.2.1 功率运行时控制棒组连续上提

1. 概述

一组控制棒上提可能是由控制系统故障引起的，也可能是由化容系统(CVCS)或安全注射系统(SIS)发生故障，导致向反应堆冷却剂里连续加硼而引起的。如果任其发展，在反应堆保护系统达到定值点时会导致反应堆紧急停堆。

注：如果反应堆处于棒控自动，连续向反应堆冷却剂系统加入浓硼酸溶液会导致控制棒上提。

2. 现象

下列现象中的任一个均可表明一组棒的连续上提：

(1) 停棒(rod stop)指示；

(2) $T_{avg}-T_{ref}$偏差增大；

(3) 棒位计数器指示的棒位移不合逻辑；

(4) T_{avg}、T_{ref}增加和/或 T_{avg}高报警；

(5) 汽轮机负荷不变而反应堆功率却在增加；

(6) 稳压器液位增加和/或稳压器高液位报警；

(7) 稳压器压力增加和/或稳压器高压力报警。

3. 动作

(1) 自动动作

① 一组控制棒连续上提时，可能会由下列原因引起反应堆紧急停堆：

a. 功率量程高中子注量率(高定值)；

b. 超温温差(OTΔT)ΔT_{OT}；

c. 超功率温差(OPΔT)ΔT_{OP}。

② 若反应堆没出现紧急停堆,则可能出现下列一个或几个自动动作：

a. 稳压器喷淋投入和/或卸压阀(PORV)开启；

b. ΔT_{OT}提棒停止,同时汽轮机自动快速降负荷(runback)(C3)。

③ ΔT_{OP}提棒停止,同时汽轮机自动快速降负荷(runback)(C4)。

④ 功率量程高中子注量率提棒停止。

(2) 立即动作

① 切除汽轮机“负荷控制”；

② 棒控由自动转向手动；

③ 手动下插控制棒组,以恢复平衡温度条件；

④ 检查化容系统(CVCS)、硼热再生系统(BTRS)和安注系统(SIS)是否正常；

⑤ 如果棒控转向手动仍然无效,则立即手动停堆。

(3) 后续动作

① 手动维持核电厂功率；

② 若紧急停堆则将电厂运行在热备用模式。

为了更好地了解该异常现象,下面给出控制棒组连续上提时的瞬变曲线。图 4-1 给出了核电厂运行在 50%额定功率下的重要参数如稳压器水位、稳压器压力、控制棒棒位、核功率、发电机负荷、平均温度与参考温度、上充流量、蒸汽排放量、蒸汽流量、给水流量、蒸汽发生器水位、蒸汽压力等随时间的变化趋势。

表 4-1 给出了在 50%功率下控制棒组连续上提的初始条件。

表 4-1 在 50%功率下控制棒组连续上提的初始条件

初始条件	燃耗	燃料循环初期(BOL)
	平均温度 T_{avg}	294 ℃
	反应堆冷却剂系统压力	15.4 MPa
	反应堆运行功率	50%FP
	其他	D 棒组开始在 66 步,在瞬态期间,允许有足够的裕量使控制棒移动单台主给水泵运行

瞬变要点说明：

1. 初始条件:控制器失效引起控制棒以最大速率 72 步/min 提升。

2. 一、二回路的热量不平衡引起平均温度和稳压器水位上升。

3. 二回路响应(点 3):蒸汽发生器卸压阀开启,蒸汽流量因卸压阀开启而增大,给水流量通过汽水失配控制环节而增加,蒸汽发生器的水位因蒸汽流量上升而上涨。

说明:蒸汽流量从 0～54 s 一直是在增加,没有输出功率的增加,因为二次侧蒸汽压力的增加影响蒸汽流量的计算。

4. 汽轮机因 ΔT_{OP}引起的自动降负荷。高的平均温度(T_{avg})(314 ℃ 时的降负荷比满功率时 303 ℃高 11 ℃)减小了 ΔT 停机的设定值。这同堆芯 ΔT 增加的结合,蒸汽流量的增大,引起实际 ΔT 和 ΔT 设定值互相向一起靠拢。

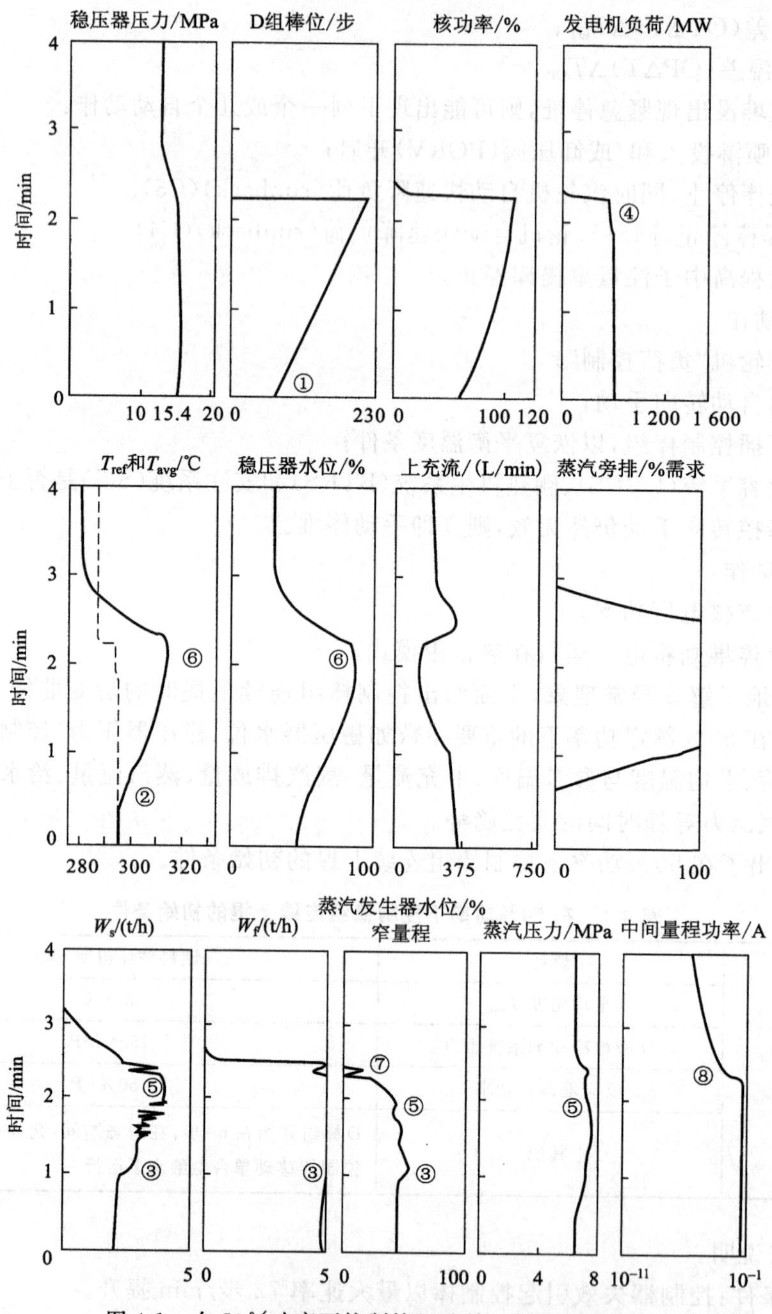

图 4-1　在 50％功率下控制棒组连续上提的瞬变曲线

5.(点 3)汽轮机自动降在第四点用于蒸汽排放是足够的。由于 100％要求信号存在时，所有 12 只阀门沿着快速开启双稳态到全开。这降低了蒸汽发生器压力和安全阀复位，使蒸汽流量变缓。此前由于 3 点的蒸汽流量已经超过单台主给水泵的容量，蒸汽发生器的水位已经开始下降。随着所有 12 只蒸汽排放阀的开启，即使水位继续下降也能安全地复位。

6.(点 2)平均温度和稳压器水位由于蒸汽排放阀门的开启，由上升转为下降。二次侧带走的热量超过一次侧产生的热量。

7. 反应堆紧急停堆首先出现的征兆是汽水流量失配且水位值降至 25%。

说明：由于 ΔT_{OP} 自动降负荷这一事实是在反应堆紧急停堆之前，ΔT_{OP} 引起紧急停堆同样是可以接受的。

8. 中间量程对紧急停堆响应：迅速下降 1.5 个量级后，接着按寿期 80 s 下降。

4.2.2　控制棒束掉落堆芯

1. 概述

控制棒束掉落堆芯可能是由于一个或几个控制棒驱动机构发生了故障。当电厂处于功率运行模式时，反应堆保护系统会表现出电厂的工况异常，并可能触发反应堆紧急停堆，至于是否停堆则取决于掉落控制棒组的位置。

2. 现象

下列现象中的任何一个均可表明有掉棒：

(1) 功率量程高中子注量率变化率；

(2) 四个功率量程核仪表通道给出功率量程高中子注量率报警；

(3) 单束棒棒位指示器到底灯亮并报警；

(4) 功率量程核仪表中子注量率倾斜；

(5) $T_{avg}-T_{ref}$ 偏差过大；

(6) 反应堆冷却剂 T_{avg} 下降；

(7) 若棒控处于自动，则自动控制棒组迅速提升。

3. 动作

(1) 自动动作

若棒控处于自动，且温度下降值超过了棒控制死区，则棒组将被提出，建立 $T_{avg}-T_{ref}$ 平衡工况。

(2) 立即动作

① 若反应堆紧急停堆停机，则执行应急指令；

② 切除汽轮机“负荷控制”；

③ 棒控转为手动；

④ 如果表明有两束或两束以上控制棒束掉落堆芯，则执行正常停堆规程，将反应堆置于热备用模式；

⑤ 若只有一束控制棒掉落，且它不属于控制棒组，则手动降低汽机负荷，使每个通道功率均不超过 100%；

⑥ 若掉落的棒束属于控制组，则手动降低汽轮机负荷，以使 T_{avg} 与 T_{ref} 符合；

⑦ 连续监视核仪表和平均温度仪表，并维持工况的稳定。

注：某一棒组的提出会使其他棒组下降，甚至导致功率倾斜，因此在掉棒被恢复之前，任何提棒操作都必须按规程操作。

(3) 后续动作

注意：技术规范要求，若棒不可操作，须在一小时以内采取措施。

① 在维修人员的配合下，操纵员按下列步骤提起掉落的控制棒：

a. 若掉落的棒属于控制组，则打开该棒的提升线圈开关(位于主控制盘的背面)。

b. 手动降低汽轮机负荷到70%满功率，并手动将控制棒组置于适当的位置，以维持编程的 T_{avg}(可能需要将棒组选择开关转向需要控制的棒组位置)。

注：如果故障发生在控制组相应的电源柜(power cabinet)内，则该控制组不能移动，这时需要手动加硼，以降低平均温度，来维持平均温度与参考温度相近。

c. 闭合掉落堆芯的棒束的提升线圈开关。

d. 打开受影响棒组内所有未掉的棒束的提升线圈开关，并在棒组选择器上选择该影响的棒组。

e. 记录受影响的棒分组(group)位置(记步器读数)；打开记步器窗口，转动该受影响的棒分组记数轮置零，然后关上记步器窗口。

f. 试着手动提升掉落堆芯的控制棒束，同时使汽轮机负荷自动按线性规律增加(≤5 MW/min)，维持编程的 T_{avg}。

注意：不要让任何功率量程通道超过100%额定功率。

g. 如果能成功，则将该棒束提到原记录的记数器位置，如不成功，参见相应技术规范。

h. 闭合原被断开的提升线圈开关，并恢复正常运行。

i. 如果掉落的棒束发生在A,B,C或D组，则重置(reset)控制棒组的P/A变换器。

② 重置(reset)功率量程高中子注量率报警。

③ 检验象限功率倾斜比和CAOC在限值之内。

掉棒的运行实例见图4-2。

表4-2给出了在100%满功率情况下控制棒掉落堆芯的初始条件。

表4-2 在100%功率下控制棒掉落堆芯的初始条件

	燃耗	燃料循环初期(BOL)
初始条件	平均温度 T_{avg}	303 ℃
	反应堆冷却剂系统压力	15.4 MPa
	反应堆运行功率	100%FP
	其他	

瞬变要点说明：

1. 核功率通道1因落棒而指示下降。

2. 核功率通道2内总的指示下降比通道1大，因为落下的棒距通道2近。

3. 棒控系统的功率失配环节对核功率下降敏感，且引起棒向堆外运动。停在220步的D棒组，在18 s时，停止棒的移动。

4. 在棒停止运动之后，平均温度(T_{avg})继续下降。

说明：这表示单根棒下落的反应性值大于D棒组的移动的反应性值。

5. 平均温度(T_{avg})下降引入正反应性补偿了核功率。

说明：在二次侧参数和产生的兆瓦数方面的影响同以前看到的平均温度(T_{avg})下降是一样的。

6.(点2)功率差(通道1内103%，通道2内94%)引起通道偏差报警。

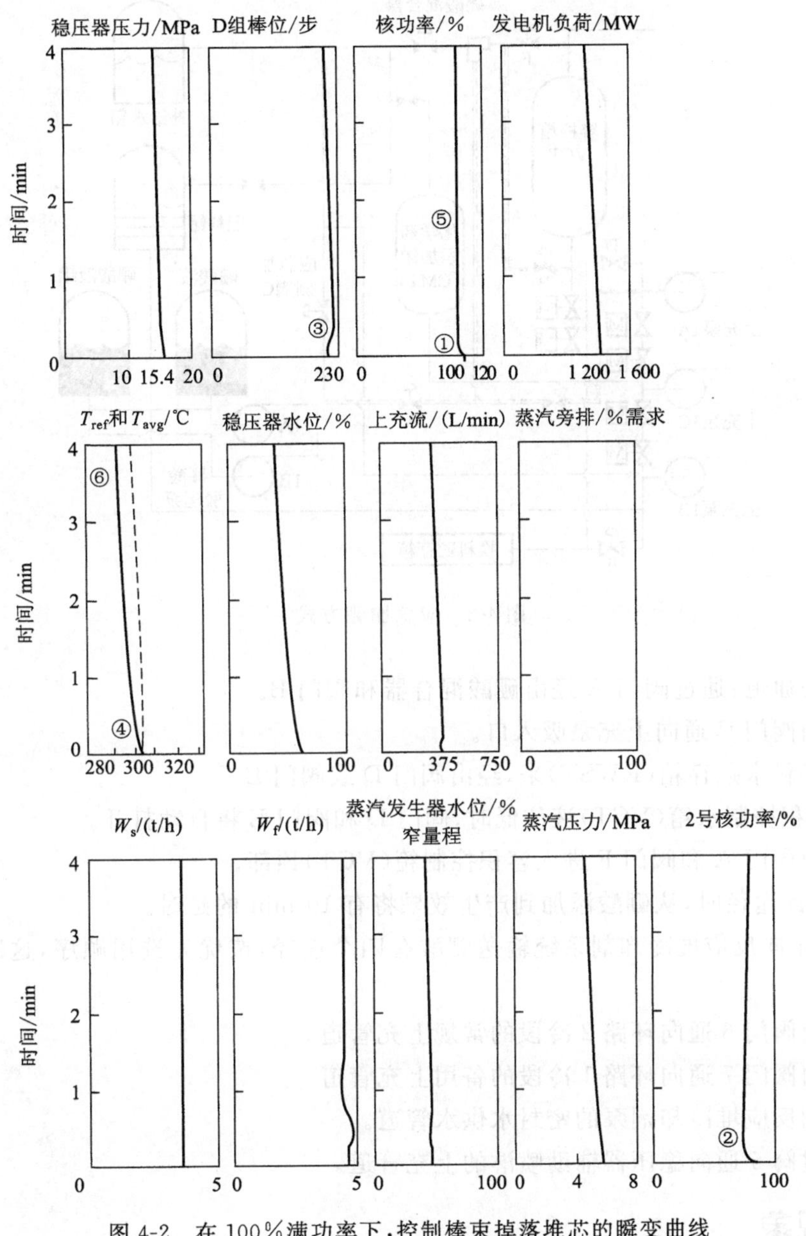

图 4-2 在 100%满功率下，控制棒束掉落堆芯的瞬变曲线

4.3 应急加硼

4.3.1 概述

1. 在正常控制方法无法使用或无法满足要求的异常情况下，用应急加硼方式向反应堆引入负反应性，这需要使用上充泵将硼酸迅速地注入反应堆冷却剂系统（见图 4-3）。向上充泵吸入口输送硼酸有下列四个途径：

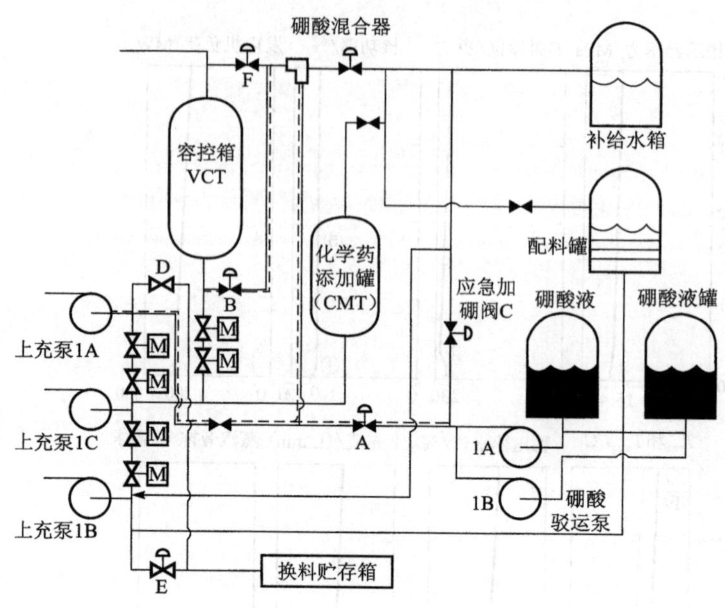

图 4-3　应急加硼方式

(1) 常规通道：通过阀门 A 经由硼酸混合器和阀门 B。

(2) 经由阀门 C 通向上充泵吸入口。

(3) 从换料水贮存箱(RWST)来，经由阀门 D 或阀门 E。

注：当容积控制水箱(VCT)液位低时，阀门 D 和阀门 E 将自动打开。

(4) 经由阀门 A 和阀门 F 进入容积控制箱(VCT)顶部。

注：利用此途径时，从硼酸添加到产生效果将有 10 min 的延时。

2. 上充泵向反应堆冷却剂系统输送硼酸有四个途径，按优先选用顺序，这四个途径分别为：

(1) 经由阀门 6 通向环路 2 冷段的常规上充管道。

(2) 经由阀门 7 通向环路 1 冷段的备用上充管道。

(3) 通向反应堆冷却剂泵的密封水供水管道。

(4) 通过阀 5 通向稳压器辅助喷淋的上充管道。

4.3.2　现象

下列情况中的任一种都需要应急加硼：

1. 下列指示表明的控制棒插入过深：

① 棒组计步器指示，棒组位置低于其插入极限；

② 棒位指示器指示，棒组位置低于其插入极限；

③ 插入极限报警(低-低定值)。

2. 在反应堆紧急停堆后，反应堆冷却剂降温速度失控。

其现象如下：

① 低平均温度报警；

② T_h 或 T_c(宽量程)下降,同时 T_{avg} 已低于仪表量程;

③ 稳压器液位和/或压力下降;

④ 蒸汽压力下降。

3. 不可解释或不可控制的反应性增加。

其现象如下:

① 控制棒异常提升;

② 温度或核功率上升;

③ 紧急停堆后,中子注量率或中子计数率上升。

4. 紧急停堆后,两束或两束以上的棒位指示器未能指示棒组已下插到底(如棒束位指示器没有能指示出棒束在最底部,则认为该棒束没有完全到底部)。

4.3.3 动作

1. 自动动作

除了启动安全注射的那些瞬态过程外,只有容积控制箱低-低液位引起的应急加硼,没有其他的自动加硼动作。

2. 手动动作

(1) 选择最合适的可以向上充泵入口和反应堆冷却剂系统输送硼酸的通道。

a. 若低-低插入限值报警定值已被超过,则启动一台硼酸泵,并打开阀门 C。

b. 如果使用 RWST,则关闭阀门 D 和 E。

(2) 确认硼酸流已经由所选的通道流向上充泵入口,必要时可使 4.3.1 节 1 中第(4)条路径。

注:增加一台上充泵或打开一个下泄孔板可以减少硼酸液向反应堆冷却剂系统输送的时间。

(3) 若有必要,将反应堆控制由自动转为手动,并按需要操纵控制棒,重新建立正常的 T_{avg},并且/或者加硼的同时提升控制棒组,以消除插入极限低报警。

3. 后续动作

(1) 按照重新建立反应堆安全工况的需要继续加硼。

(2) 对于反应堆冷却剂体积减少的情况,必要时需增加上充泵流量,以防止稳压器液位过低,触发下泄阀自动关闭。

注:如果下泄阀门自动关闭,则在开启孔板隔离阀之前应先打开下泄阀门,以防下泄管道安全阀误开。

(3) 若阀门 D 和 E 是关着的,则需核实它们确已被打开后,才能将上充泵的吸入口与容积控制箱相连。

(4) 当反应堆冷却剂系统的硼浓度达到要求时,关闭加浓硼酸路径,并通过混合器提供补给。

(5) 冲洗所有有加浓硼酸的管线。

(6) 若有必要,向硼酸箱内补充硼酸。

4.4 发电机甩负荷

4.4.1 概述

发电机全部或部分负荷丧失可能是由于发电机的一个或两个输出线路上的断路器(OCB)断开,或者是由于高压变电站的输出线路上的断路器断开而造成的。汽轮机旁排系统可以随着发电机负荷的减少,逐渐开启旁排阀门,而不引起反应堆紧急停堆。外部负荷丧失不会导致核电厂辅助设备电源的丧失,因为这些负荷不是由高压变电站提供的(见图 4-4)。

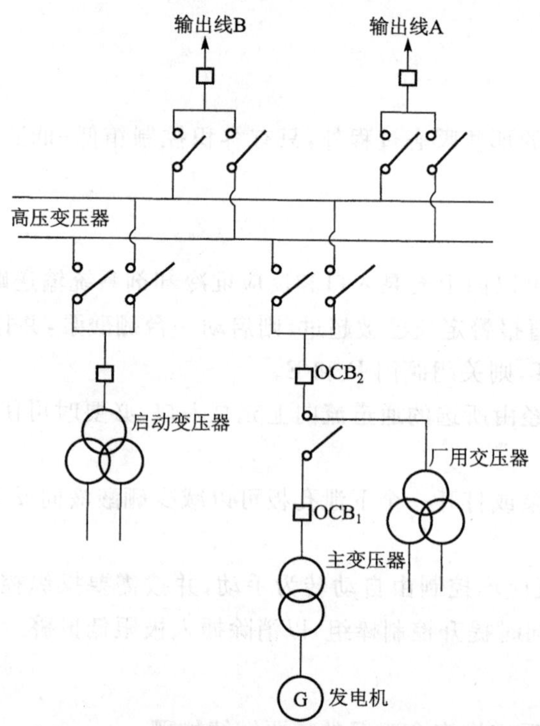

图 4-4 某核电厂一次接入系统

如果发电机的两个输出线路断路器都断开,并且汽轮机停机,发电机将不会发出闭锁。因此,厂用负荷将不会自动地转向启动变压器,6 kV 厂用变压器将会断电,从而导致反应堆紧急停堆。

如果失去外部负荷时导致反应堆紧急停堆,则执行反应堆紧急停堆和反应堆冷却剂泵工况异常规程。

4.4.2 现象

1. 两个发电机输出线路断路器指示断开;
2. 变电站任一个输出线路断路器 OCB 指示断开;

3. 系统输出负荷阶跃下降；
4. 蒸汽发生器压力上升；
5. T_{avg}上升；
6. 如果棒控处于自动控制方式，则控制棒下插；
7. 蒸汽旁排阀指示在开启位置；
8. 汽轮机调节阀(GV)和截止阀(IV)关闭。

4.4.3 动作

1. 自动动作[①]

(1) 如果负荷失去15%以上，则当 $T_{avg}-T_{ref}$偏差达到6.73 ℃时，打开第一组冷凝器旁排阀；

(2) 当 $T_{avg}-T_{ref}$偏差达到9.23 ℃时，打开第二组冷凝器旁排阀；

(3) 当 $T_{avg}-T_{ref}$偏差达到14.5 ℃时，打开第一组大气排放阀；

(4) 当 $T_{avg}-T_{ref}$偏差达到17.8 ℃时，打开第二组大气排放阀；

(5) 如果汽轮机乏汽罩温升超过79.4 ℃，将启动汽轮机乏汽罩的喷淋系统；

(6) 随着 $T_{avg}-T_{ref}$偏差减小，蒸汽旁排阀将依次关闭。当偏差减小到1.1 ℃时，所有的旁排阀将都关闭。

2. 立即动作

(1) 监视反应堆功率确在减小并和当时的汽轮机负荷匹配情况；

(2) 当反应堆功率降低到15%时，将棒控系统转为手动；

(3) 监视蒸汽旁排阀和蒸汽发生器卸压阀(PORVs)的运行情况；

(4) 在蒸汽排放过程中，维持循环水的流量；

(5) 当反应堆功率低于15%时，将给水控制转为手动旁路运行；

(6) 将当时的电厂出力通知电网调度员。

3. 后续动作

(1) 查明失去负荷的原因，并采取适当的改正措施；

(2) 当建立了平衡工况后，手动把蒸汽排放方式选择器开关转到Reset使之复位，然后再转到“蒸汽压力控制”的位置；

(3) 把厂用变压器的负荷转到外网电源，并控制反应堆功率；

(4) 如果蒸汽发生器安全阀或卸压阀曾经打开过，则应查明受影响的阀门确已回座；

(5) 当故障排除，并可以重新恢复负荷，通知电网调度员。

为了更好地了解甩负荷时核电厂主要运行参数的瞬变，下面引用了广东大亚湾核电厂从100%满功率甩负荷到厂用电的例子。

机组在100%满功率稳定运行时，由于某种原因，超高压断路器突然跳闸，机组与电网解列。机组负荷甩至厂用电负荷，约5%满功率。机组要求：

(1) 反应堆冷却剂系统压力不能达到稳压器的安全阀打开的阈值；

---

① 本节的定值点数取自美国核电厂 Shearron Harris Unit 1。

(2) 蒸汽发生器的压力不能达到蒸汽旁排系统排大气阀的打开阈值。

机组最后达到稳定状态的主要标志是：

(1) $T_{avg}=T_{ref}$；

(2) 热功率 = 30%满功率；

(3) G棒组下插到30%满功率对应的棒位；

(4) R棒组返回调节带内；

(5) 稳压器水位和压力等于整定值；

(6) 蒸汽发生器水位和压力等于整定值。

核电厂在此甩负荷情况下主要运行参数的瞬变见图4-5。

瞬变要点说明：

1. 图4-5b中，假定汽轮机的进汽量为10%，而且不另外计算汽动给水系统和汽水分离再热系统等的用汽。由于汽轮机超速，在甩负荷后较短的一段时间内，汽轮机的进汽量应该小于额定值的10%，即动力矩小于阻力矩，才能使汽轮机转速下降到额定值(3 000 r/min)。然后流量逐渐回升到10%。

2. 图4-5d中由于最终功率整定值为30%满功率，G棒组(包括G1、G2、N1和N2)的参考棒位下降到30%满功率对应的值，G棒组以60步/min的速度下插(G棒组只有一种速度)。

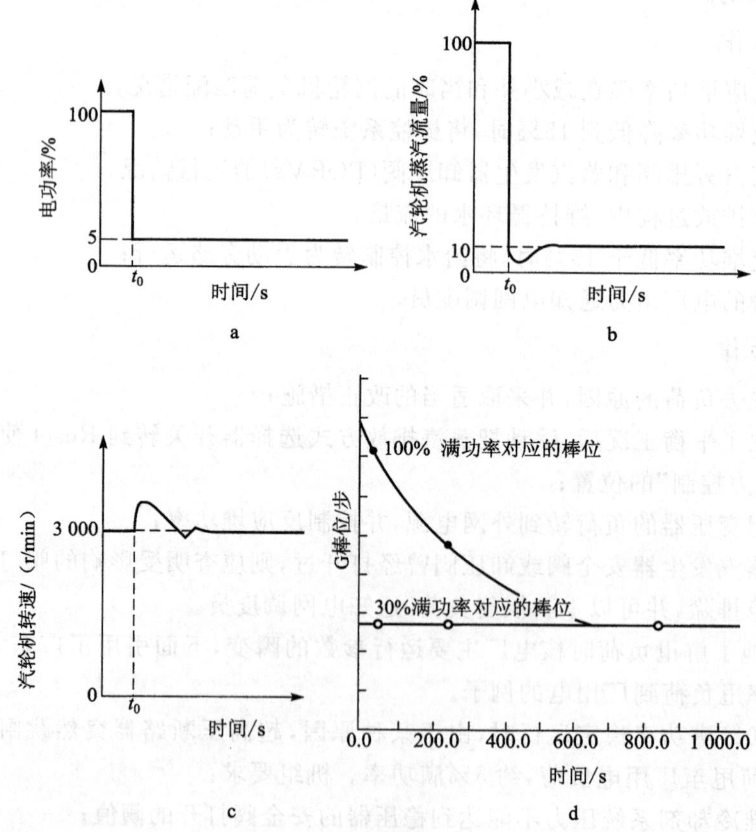

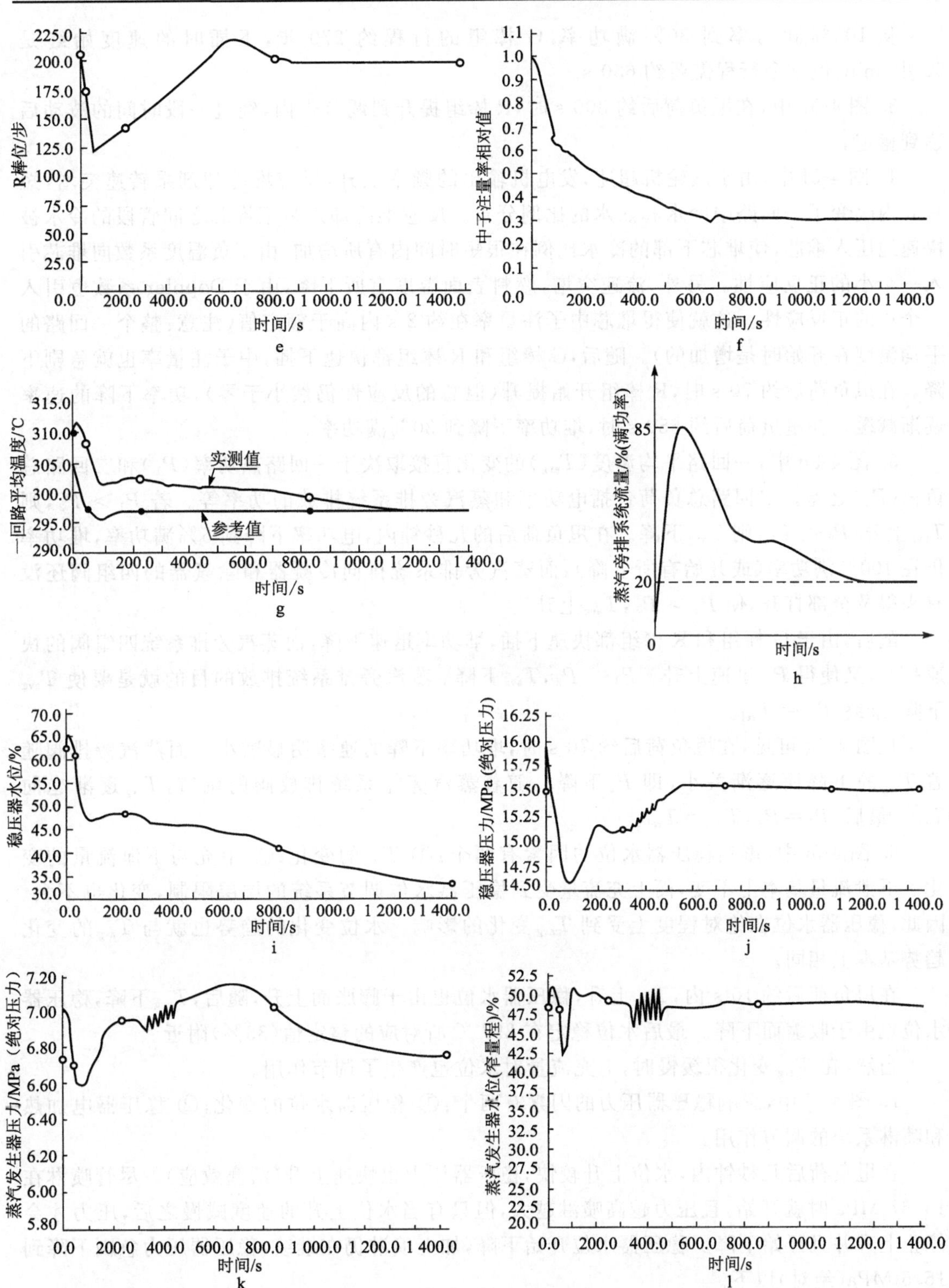

图 4-5 100％满功率甩到厂用电时核电厂主要运行参数的瞬态曲线

从 100%满功率到 30%满功率，G 棒组的行程约 270 步，下插时的速度始终是 60 步/min，但整个行程需要约 650 s。

3. 图 4-5e 中，在甩负荷后约 300 s 时，R 棒组提升到调节带内，经过一段时间的波动后达到稳定。

4. 图 4-5f 中，由于汽轮机超速，发电机输出的频率上升，反应堆冷却剂泵转速突增，短时间内改变了一回路中冷水和热水的比例分布。反应堆冷却剂泵至堆芯之间管段的冷水被快速地压入堆芯，使堆芯下部的冷水比例在很短时间内有所增加，由于负温度系数向堆芯引入一个小的正反应性。另外，流速突增，燃料表面温度有所下降，由于 Doppler 系数也引入一个小的正反应性。这就使得堆芯中子注量率在约 2 s 内高于额定值(注意：整个一回路的平均温度在开始时是增加的)。随后，G 棒组和 R 棒组都快速下插，中子注量率也就急剧下降。在甩负荷后约 70 s 时，R 棒组开始提升(但总的反应性仍然小于零)，功率下降的速率逐渐减缓。在甩负荷后约 650 s 时，堆功率下降到 30%满功率。

5. 图 4-5g 中，一回路平均温度(T_{avg})的变化直接取决于一回路热功率(P_1)和二回路总负荷(P_2)之差。二回路总负荷包括电功率和蒸汽旁排系统排放的功率等。若 $P_1 > P_2$，则 T_{avg}上升；$P_1 < P_2$，则 T_{avg}下降。在甩负荷后的几秒钟内，电功率下降到 5%满功率，堆功率仍在 100%满功率(或开始有所下降)，而蒸汽旁排系统排向冷凝器和除氧器的四组阀还没有来得及全部打开，使 $P_1 > P_2$，T_{avg}上升。

随后，由于 G 棒组和 R 棒组都快速下插，堆功率迅速下降，而蒸汽旁排系统四组阀的快速打开，又使得 P_2 迅速上升。$P_1 < P_2$，T_{avg}下降。蒸汽旁排系统排放的目的就是要使 T_{avg}下降，最终 $T_{avg} = T_{ref}$。

从图 4-5g 可见，在甩负荷后约 70 s 时，堆功率下降的速率明显减小。而蒸汽旁排阀随着 T_{avg}的下降而逐渐关小，即 P_2 下降。随着蒸汽旁排系统排放阀的调节，T_{avg}逐渐趋向 T_{ref}。最后，$P_1 = P_2$，$T_{avg} = T_{ref}$。

6. 图 4-5i 中，影响稳压器水位的因素有两个：① T_{avg}的变化；② 上充与下泄流量的变化。下泄流量基本上不变，而上充流量受到稳压器水位调节系统的层层限制，变化也不大。因此，稳压器水位在绝对程度上受到 T_{avg}变化的影响。水位变化的趋势也就与 T_{avg}的变化趋势基本上相同。

在甩负荷后约 10 s 内，T_{avg}上升，稳压器水位也由于膨胀而上升，随后，T_{avg}下降，稳压器水位也由于收缩而下降。最后水位稳定在 297 ℃所对应的整定值(33%)附近。

当然，在 T_{avg}变化很缓慢时，上充流量对水位也产生了调节作用。

7. 图 4-5j 中，影响稳压器压力的因素有两个：① 稳压器水位的变化；② 稳压器电加热和喷淋系统的调节作用。

在甩负荷后几秒钟内，水位上升较快，稳压器压力也快速上升(活塞效应)。尽管喷淋在 15.67 MPa 时就开始，且压力越高喷淋越大，但只有当水位上升的速度减慢之后，压力才会停止上升并且开始下降。稳压器水位开始下降，加上喷淋仍在继续，稳压器压力急剧下降到 15.5 MPa(绝对)以下。

压力下降到 15.6 MPa(绝对)时，喷淋停止，电加热器投入，但水位迅速下降，对压力的影响较大，使压力快速下降到 14.6 MPa(绝对)左右。

随后，水位变化缓慢，电加热器的作用使压力逐渐上升，最终稳定在 15.5 MPa(绝对)附近。

8. 图 4-5k 中，甩负荷后约 2 s，由于高压缸调节阀关小，蒸汽旁排系统排放阀还没有来得及打开（或只打开了很小的开度），蒸汽发生器压力快速上升。当蒸汽旁排系统 4 组阀全部快速打开后，蒸汽发生器压力快速下降。

由于蒸汽旁排系统旁排阀的调节作用，蒸汽发生器压力经过一段时间的波动以后，逐渐趋向稳定。

9. 图 4-5l 中，蒸汽发生器水位上升到 50%以上后才下降，这是由于蒸汽发生器压力继续下降和一回路平均温度 T_{avg} 升高的结果。随后，T_{avg} 下降，给水变冷（抽汽减少）所产生的冷水效应也显露出来，使蒸汽发生器中的水严重收缩。水位低，给水流量加大，冷水增多，又加剧了水位的下降。

在甩负荷后约 80 s 时，T_{avg} 变化缓慢，冷水效应也随着时间和蒸汽发生器中水量的绝对增加而消失，水位开始回升。最后，由于水位调节系统的作用，水位稳定在 50%附近。

4.5　给水流量不充足

4.5.1　概述

当核电厂正常运行时，一般由两台主给水泵向蒸汽发生器提供给水，由两台冷凝水泵和两台加热器疏水泵向除氧器供水。这些泵中丧失任一台都会降低向蒸汽发生器给水的能力。必须降低汽轮机的负荷以防止蒸汽发生器低水位紧急停堆。

4.5.2　现象

1. 丧失一台主给水泵

① 蒸汽发生器低水位可能报警；

② 主控制室盘报警：丧失给水泵；

③ 热阱高水位；

④ 给水泵汲入口高压力；

⑤ 泵密封水低压差；

⑥ 给水泵电气故障；

⑦ 润滑油低压力；

⑧ 备用主给水泵可能自启动；

⑨ 辅助给水泵可能启动。

2. 丧失冷凝泵

① 冷凝泵电气故障；

② 给水泵汲入口低压力；

③ 冷凝泵低排放压力；

④ 热阱高水位；

⑤ 由于冷凝泵停运而丧失给水泵。

3. 丧失加热器疏水泵

① 加热器疏水泵电气故障；

② 加热器疏水箱高水位报警；

③ 平均温度 T_{avg} 和冷段温度 T_c 下降；

④ 净负荷下降。

4.5.3 动作

1. 自动动作

(1) 丧失冷凝泵会使运行的相应给水泵停运；

(2) 如果只有一台给水泵运行且其相应的冷凝泵也在运行，则丧失给水泵后会启动备用泵；

(3) 在热阱高水位情况下，冷凝泵的阀门会打开通向冷凝水贮存箱。

2. 立即动作

(1) 降低出力以匹配现有给水流量能力；

(2) 验证正在自动维持 T_{avg} 和反应堆功率，或手动插入控制棒以维持反应堆功率和 T_{avg}；

(3) 验证正在维持蒸汽发生器水位在正常水位值上。

3. 后续动作

(1) 确认停泵的原因，并启动所要求的改正动作；

(2) 监测热阱水位；

(3) 监测加热器疏水箱水位和给水加热器水位以确保正常运行；

(4) 如果需要，则调整汽轮机负荷以维持平衡工况；

(5) 在确定了停泵原因并校正之后，当需要时恢复泵的运行；

(6) 当泵已经恢复投运时，要仔细地检查泵的运行直至能保证满意的运行为止；

(7) 在一台给水泵或一台冷凝泵不能使用的情况下，运行仍可以继续进行，但是应该通知电网调度，一旦丧失运行一台泵将会引起机组停运；

(8) 在低负荷的情况下，没有加热器疏水泵的运行，电厂仍能继续运行。

下面将通过实例，给出核电厂在丧失一台主给水泵后主要运行参数的瞬变，见图 4-6。表 4-3 给出了丧失一台主给水泵的初始条件。

表 4-3 丧失一台主给水泵的初始条件

初始条件	燃耗	燃料循环初期(BOL)
	平均温度 T_{avg}	303 ℃
	反应堆冷却剂系统压力	15.4 MPa
	反应堆运行功率	100%FP
	其他	上充泵运行

瞬变要点说明：

1. 剩下的给水泵力图弥补停掉一台给水泵的流量损失，增加泵的速度，以减小主给水调节阀两侧的压力差。

2. 该机组具有自动降负荷的特性，在失去一台主给水泵时，汽轮机的负荷将自动减至

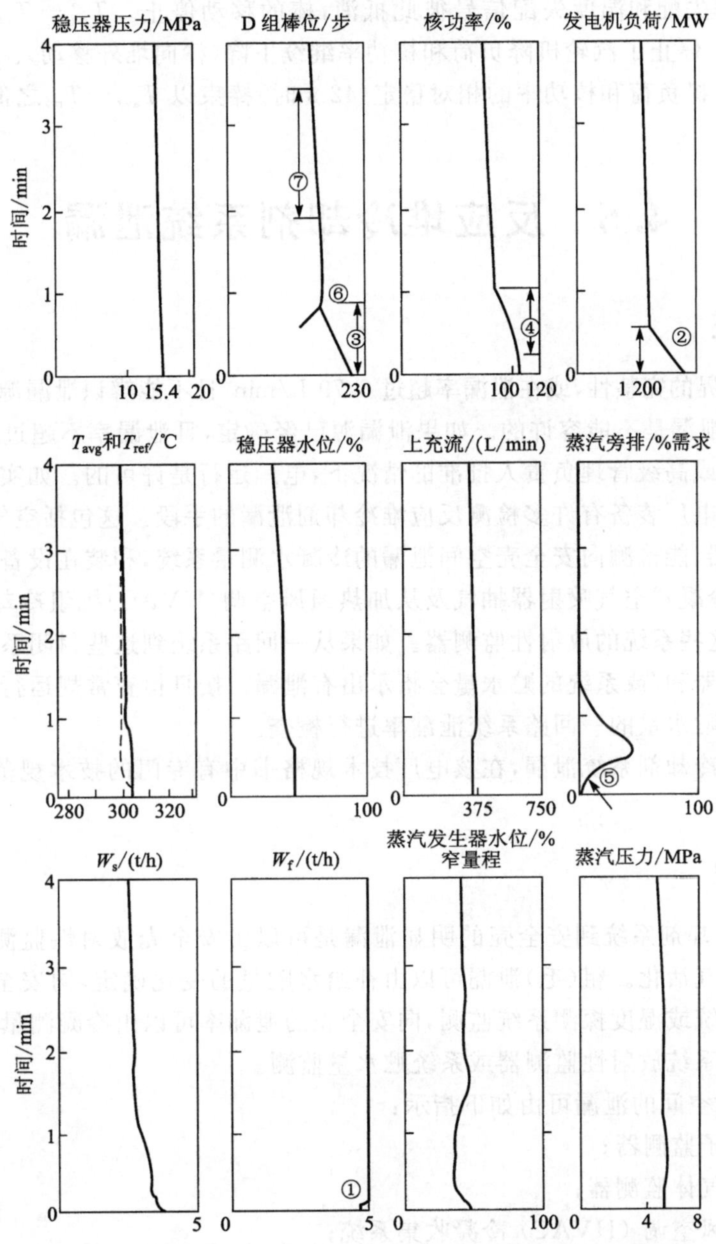

图 4-6 100%功率下丧失一台给水泵后主要运行参数的瞬变曲线

75%满功率。

3. 棒向堆内移动是冲动级压力(p_{imp})输入到棒控系统的函数，该减小信号在功率失配和温度失配两个环节中都能看到。

4. 棒向堆内移动使得核功率下降。

5. 蒸汽排放要求信号大约在 8 s 后产生。T_{avg}和 T_{ref}的偏差此时已超过 2.8 ℃的死区。此时由蒸汽流量可以发现，汽轮机的负荷在下降，而蒸汽流量却在上升。这就清楚地表明，蒸汽旁排系统已经动作(它象征着负荷在减小)。

6. 由于功率失配和温度失配信号彼此抵消，棒的移动停止。$T_{avg}-T_{ref}$值等于4.5 ℃（棒向堆内移动），停止了汽轮机降负荷和核功率继续下降（棒向堆外移动）。

7. 随着汽轮机负荷和核功率的相对稳定（42 s 时）棒束以 $T_{avg}-T_{ref}$之值相对应的最小速度移动。

4.6 反应堆冷却剂系统泄漏

4.6.1 概述

根据压力边界的完整性，或在泄漏率超过3.79 L/min，且不能辨识泄漏源的情况下，反应堆冷却剂系统的泄漏是不能容许的。如果泄漏源已经确定，且泄漏率不超过37.9 L/min，在有电厂运行顾问或高级管理负责人批准的情况下，电厂运行是许可的。如实际可能，应采取措施减小泄漏。电厂装备有许多检测反应堆冷却剂泄漏的手段。这包括空气粒子和气体监测器、湿度探测器、能检测向安全壳空间泄漏的冷凝水测量系统，和装在设备冷却水系统、蒸汽发生器排污、冷凝器空气喷射器抽气及从加热通风空调（HVAC）机组冷却管返回的厂用水，以监测漏向这些系统的放射性监测器。如果从一回路系统到这些封闭系统有泄漏时，该系统放射性监测器和/或系统的贮水量会指示出有泄漏。按日检查常规运行，值班人员要对依据一回路系统贮水量的一回路系统泄漏率进行检查。

关于反应堆冷却剂系统泄漏，在核电厂技术规格书中有专门的技术规范给出较详细且具体的规定。

4.6.2 现象

1. 从反应冷却剂系统到安全壳的明显泄漏是可以由安全壳放射性监测器探测的。这种泄漏能导致空气活化。粗（毛）泄漏可以由补给水贮量的变化确定，向安全壳空间的泄漏可由凝水收集系统或湿度探测系统监测，向安全壳的泄漏率可以由冷凝测量系统确定，向封闭系统的泄漏由系统放射性监测器或系统贮水量监测。

2. 向安全壳空间的泄漏可由如下指示：

(1) 空气粒子监测器；

(2) 放射性气体监测器；

(3) 加热通风空调（HVAC）冷凝收集系统；

(4) 露点(dew point)记录仪指示；

(5) 安全壳温度/压力；

(6) 安全壳区域放射性监测器；

(7) 安全壳地坑泵运行；

(8) 从加热通风空调机组放射性监测器返回的厂用水；

(9) 安全壳地坑水位指示；

(10) 过量反应堆冷却剂补给系统运行。

3. 向封闭系统的泄漏

(1) 反应堆冷却剂疏水箱温度/压力/水位；

(2) 稳压器泄压箱温度/压力/水位；

(3) 反应堆压力壳法兰泄漏检测系统；

(4) 稳压器 PORV 温度指示；

(5) 稳压器安全阀温度指示；

(6) 设备冷却水放射性监测器；

(7) 过量反应堆冷却剂系统补给系统运行。

4. 向辅助厂房的泄漏

(1) 过量反应堆冷却剂系统补给系统运行；

(2) 辅助厂房设备疏水箱水位；

(3) 手提式空气放射性监测器。

5. 一回路向二回路的泄漏

(1) 蒸汽发生器排污放射性监测器；

(2) 冷凝器真空泵抽气放射性监测器；

(3) 实验室分析；

(4) 过量反应堆冷却剂系统补给系统运行。

6. 如果粒子监测器读数增长一倍，当在这些系统中任何一种参数的漂移或偏离都会指示出已知泄漏率的变化，立即进行一回泄漏率的测试。如果测试指示泄漏率大于 3.79 L/min，并不能确定泄漏源，则将按 AOP 中关于反应堆冷却剂系统泄漏规程有关部分进行处理。继续按小时间隔进行泄漏率试验，直至能改正或能解释此工况为止。

4.6.3 动作

1. 立即动作

(1) 如果泄漏超过反应堆冷却剂系统补给能力，则遵从应急运行规程 EOP。

(2) 确定泄漏率和泄漏源。

(3) 如果是压力边界泄漏，则将核电厂停闭至热备用工况(遵照技术规范)。

(4) 在不可辨识的泄漏率大于 3.79 L/min 情况下：

① 力图辨识泄漏；

② 如果在 4 h 内不能辨识泄漏，则将核电厂停闭至热备用工况(遵照技术规范)。

(5) 在可辨识泄漏率大于 37.9 L/min 情况下：

① 力图减小泄漏率至小于 37.9 L/min；

② 如果在 4 h 内不能将泄漏率减小到小于 37.9 L/min，则将核电厂停闭到热备用模式(遵照技术规范)。

(6) 如一回路向二回路的泄漏率大于 1 892.7 L/d，则在 4 h 内将核电厂停闭到热备用模式(遵照技术规范)。

2. 后续动作

(1) 按小时间隔进行泄漏率试验，直至能改正或解释这种工况为止。

(2) 当泄漏率大于 3.79 L/min，如果放射性水平允许，每运行值的值长或其代表进行安全壳的可视检测。

(3) 到安全壳的泄漏率可由冷凝测量系统来确定。这种测量不能被作为一回路系统泄漏率的测量,除非反应堆安全壳的可视检测证实了泄漏不是来自二回路系统。

(4) 对于其他的停闭要求需参考相应的技术规范。

下面举一个稳压器卸压阀泄漏的例子来看一下核电厂主要参数的瞬变,见图 4-7。

瞬变要点说明:

稳压器卸压阀泄漏主要引起了稳压器卸压(压力下降),因此稳压器内电加热器很快投入,力图升压恢复正常工作压力。此时由于卸压阀卸压的原因,一方面,使卸压管线的温度升高,卸压箱的温度、水位都会增加(出现相应信号,显示相应指示);另一方面,压力不断下降,稳压器水位也下降,ΔT_{OT}定值点随压力下降也下降,从而引起汽轮机的快速降负荷(runback),进而ΔT_{OT}保护停堆,低压力停堆信号也出现,压力继续下降最终到达了低压安注。

4.7 反应堆冷却剂泵异常

4.7.1 概述

反应堆冷却剂泵为一般为立式单级离心泵,轴封系统为三级可控泄漏轴封。每一台反应堆冷却剂泵由一台交流感应电动机驱动,其自持油系统由设备冷却水冷却,上充泵向可控泄漏轴封提供高压水,保证了漏流方向为从迷宫密封至反应堆冷却剂系统,这样可阻止反应堆冷却剂无控制地向安全壳空间的泄漏。可控泄漏轴封分成以下几部分。

1. 第一道密封:限制沿泵轴方向的漏流,并控制注入水的流量。

2. 第二道密封:将可控的漏流引出到泵外,并为第一道密封提供 100%的备用流量。

3. 第三道密封:它为蒸汽轴封,在安全壳空间和反应堆冷却泵之间维持一个水密封,并将可控泄漏引到安全壳地坑。

这个异常运行规程是基于初始完好的反应堆冷却剂泵在正常的反应堆冷却剂系统温度和压力情况下。

本节主要讨论失去反应堆冷却剂泵设备冷却水与失去反应堆冷却剂泵轴封注入水问题。

4.7.2 失去反应堆冷却剂泵设备冷却水

1. 概述

设备冷却水系统向每台反应堆冷却剂泵的电机上部冷却器,电机下部冷却器和热屏冷却器提供冷却水。由于每台反应堆冷却剂泵的水源和排水管线是共同的,所以一台反应堆冷却剂泵的设备冷却水出现问题也会影响其他反应堆冷却剂泵的设备冷却水。

2. 现象

(1) 失去反应堆冷却剂泵电机冷却器设备冷却水:

① 反应堆冷却剂泵冷却水流量报警;

② 反应堆冷却剂泵冷却水温度高报警;

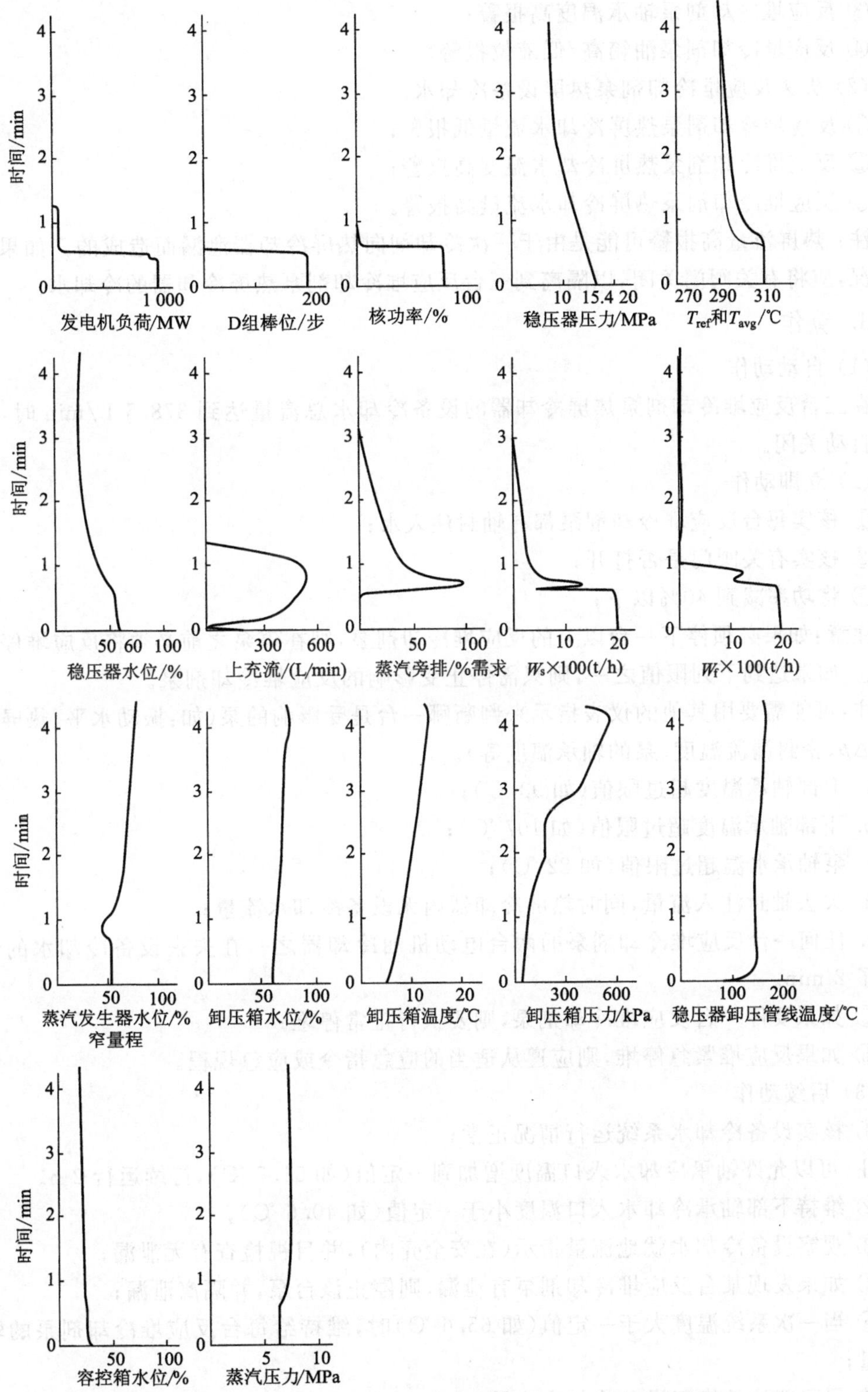

图 4-7 100％功率下稳压器卸压阀泄漏主要参数的瞬变曲线

③ 反应堆冷却剂泵轴承温度高报警；

④ 反应堆冷却剂泵油箱高/低液位报警。

(2) 失去反应堆冷却剂泵热屏设备冷却水：

① 反应堆冷却剂泵热屏冷却水流量低报警；

② 反应堆冷却剂泵热屏冷却水温度高报警；

③ 反应堆冷却剂泵热屏冷却水流量高报警。

注：热屏流量高报警可能是由于一次冷却剂向热屏冷却器泄漏而造成的。如果出现这种情况，应将有关阀门关闭，以隔离到三台反应堆冷却剂泵热屏冷却器的冷却水。

3. 动作

(1) 自动动作

在三台反应堆冷却剂泵热屏冷却器的设备冷却水总流量达到 378.5 L/min 时，将有关阀门自动关闭。

(2) 立即动作

① 核实每台反应堆冷却剂泵都有轴封注入水；

② 核实有关阀门是否打开；

③ 将功率减到 40%以下；

注意：如果必须停下一台以上的反应堆冷却剂泵，则在停泵之前必须将反应堆停堆。

④ 如果达到下列限值之一，则只需停止受影响的反应堆冷却剂泵。

注：可能需要用其他的仪表指示来判断哪一台是受影响的泵(如：振动水平、热屏 Δp、轴密封 Δp、密封漏流温度、泵的轴承温度等)。

a. 上部轴承温度超过限值(如 93 ℃)；

b. 下部轴承温度超过限值(如 107 ℃)；

c. 泵轴承水温超过限值(如 82 ℃)；

d. 失去轴封注入流量，同时热屏冷却器内无设备冷却水流量；

e. 任何一台反应堆冷却剂泵的两台电动机油冷却器之一在失去设备冷却水的情况下运行了 2 min。

⑤ 如果要停一台反应堆冷却剂泵，则要执行正常停堆；

⑥ 如果反应堆紧急停堆，则应遵从适当的应急指令或应急规程。

(3) 后续动作

① 核实设备冷却水系统运行情况正常；

注：可以允许轴承冷却水入口温度增加到一定值(如 51.7 ℃)，持续运行 2 h。

② 维持下部轴承冷却水入口温度小于一定值(如 40.6 ℃)；

③ 观察设备冷却水就地流量指示(在安全壳内)，并目视检查有无泄漏；

④ 如果发现某台反应堆冷却剂泵有泄漏，则停止该台泵，并隔离泄漏；

⑤ 当一次系统温度大于一定值(如 65.6 ℃)时，维持给每台反应堆冷却剂泵的轴封注入流量；

⑥ 尽可能快地恢复设备冷却水流量；

⑦ 如果任意一台反应堆冷却剂泵在 24 h 之内不能恢复热屏热交换器的设备冷却水，则应使用正常运行规程，将反应堆置于热停堆模式；

⑧ 如果在随后的 48 h 之内，反应堆冷却剂泵的设备冷却水仍然不能恢复，则应使用正常运行规程，将反应堆置于冷停堆模式。

4.7.3 失去反应堆冷却剂泵轴封注入水

1. 概述

(1) 上充泵从每台反应堆冷却剂泵下部径向轴承和迷宫密封之间向反应堆冷却剂泵供给高压轴封注入水。

(2) 只要热屏冷却器能够对轴封和下轴承提供良好的冷却，即使没有密封注入水，反应堆冷却剂泵仍可以继续运行。反应堆冷却剂流过迷宫密封，下轴承和 1 号密封，为反应堆冷却剂泵提供润滑。

2. 现象

(1) 密封漏出流量高或低；

(2) 失去所有的上充泵；

(3) 1 号密封 Δp 低；

(4) 迷宫密封 Δp 低；

(5) 泵轴承温度高；

(6) 密封漏流温度高。

3. 动作

(1) 立即动作

① 核实至少还有一台上充泵仍在运行，且压力正常；

② 核实上充流量控制阀工作正常；

③ 核实各台反应堆冷却剂泵的密封漏流隔离阀是否打开；

④ 核实密封水返回隔离阀(安全壳内)是否打开；

⑤ 核实密封水返回隔离阀(安全壳外)是否打开；

⑥ 维持设备冷却水热交换器出口温度小于一定值(如 37.8 ℃)；

⑦ 如果 Δp 大于一定值(如 35 kPa)，则切换密封冷却水注入过滤器；

⑧ 如果达到下列限值之一则将受影响的反应堆冷却剂泵(s)关闭：

a. 流向热屏冷却器的设备冷却水流量小于一定值(如 94.6 L/min)；

b. 泵轴承温度超过一定值(如 82.2 ℃)；

c. 1 号轴封漏流温度超过一定值(如 76.7 ℃)。

⑨ 1 号密封泄漏流超过一定值(如 18.9 L/min)，则关闭相关的反应堆冷却剂泵密封漏油隔离阀门。

(2) 后续动作

① 如果有任意一台反应堆冷却剂泵由于温度超过限值而停止，则按下列步骤重新建立轴承注入，以防止对该泵的热冲击：

a. 核实设备冷却水热交换出口温度小于一定值(如 37.8 ℃)；

b. 核实密封漏流量大于一定值(如 3.8 L/min)；

c. 核实密封漏流温度小于一定值(如 60 ℃)；

d. 启动这台反应堆冷却剂泵；

e. 重新建立密封水注入流量。

② 核实密封回水过滤器 Δp 小于一定值(如 55 kPa)；

③ 增加上充流，提供更多的密封水；

④ 如果在 24 h 之内，任何一台反应堆冷却剂泵的密封注入流量未能建立，则使用正常运行规程将反应堆置于热停堆模式；

⑤ 如果再过 48 h，密封注入流量仍不能建立，则使用正常运行规程将反应堆置于冷停堆模式。

(本节所用数据参照美国核电厂 Shearon Harris Unit 1。)

4.8 反应堆冷却剂系统压力异常

4.8.1 概述

核电厂运行时，反应堆冷却剂系统(RCS)压力通常都是自动控制的。反应堆冷却剂系统压力控制系统故障，在稳态工况下，能够导致压力超出正常运行范围；在瞬态工况下，能够引起系统压力的不稳定性。

这个异常运行规程包括两部分：其一，处理反应堆冷却剂系统压力高的故障；其二，处理反应堆冷却剂系统压力低的故障。

(本节所用数据参照美国核电厂 Shearon Harris Unit1)

4.8.2 反应堆冷却剂系统压力高

1. 概述

(1) 必须避免系统压力高以减小反应堆冷却剂系统完整性的变化，并防止三台稳压器安全阀在压力升至其保护定值点(17.1 MPa)而动作。

(2) 如果稳压器安全阀开启后没有很好回座，则这些阀门的动作会引起反应堆冷却剂系统的冷却剂的损失。

2. 现象

(1) 稳压器高压力保护报警；

(2) 主控盘指示器上出现高压力指示；

(3) 稳压器卸压管线高温报警；

(4) 稳压器卸压箱高/低水位或高压力/温度报警；

(5) 稳压器安全阀高温指示；

(6) 稳压器卸压阀/安全阀开启；

(7) 稳压器高压力引起反应堆紧急停闭。

3. 动作

(1) 自动动作

① 稳压器高压力反应堆紧急停堆(定值点 16.1 MPa)；

② 稳压器卸压阀动作(定值点 16.4 MPa);

③ 稳压器安全阀动作(定值点 17.1 MPa)。

(2) 立即动作

① 如果反应堆停闭,应遵从相应的应急运行规程 EOP;

② 不进行任何不必要的反应堆功率水平变化;

③ 如果稳压器的电加热器没有自动切除,则手动切除稳压器的电加热器;

④ 如果稳压器喷淋控制处于自动,且喷淋不能启动,则将喷淋控制切换到手动,并调节喷淋以降低压力;

⑤ 如果需要时,应用辅助喷淋,且稳压器和上充管线的温差 ΔT 应小于一定值(如 177.8 ℃);

⑥ 观察稳压器水位,如果水位高时则降低之;

⑦ 如果稳压器压力控制器故障,则手动操作控制器或采取手动控制稳压器喷淋和电加热器;

⑧ 如果稳压器的卸压阀开启,当反应堆冷却剂系统压力下降到其自动关闭定值点时,应确保卸压阀关闭。如果该阀门仍处于开启位置,则应手动关闭这些阀门和/或其相应的截止阀。

(3) 后续动作

① 观测并按需要进行检修以消除反应堆冷却剂系统压力高的原因;

② 电厂在操纵员的严密监视下可维持运行在反应堆冷却剂系统压力手动控制情况下,直至所需要的检修完成为止。

4.8.3 反应堆冷却剂系统压力低

1. 概述

(1) 必须避免反应堆冷却剂系统压力低,以确保偏离泡核沸腾(DNB)限制不变,并防止在反应堆冷却剂系统里有气泡形成。这种工况不能影响堆芯冷却能力,特别在自然循环工况下。

(2) 反应堆冷却剂系统压力低也可能是反应堆冷却剂丧失的结果。如果其他指示表现出一回路冷却剂装量在丧失,则涉及 4.7 节讨论的反应堆冷却剂系统泄漏故障 AOP 和/或相应的 EOP。

2. 现象

(1) 稳压器低压力保护报警;

(2) 主控盘指示器上出现低压力指示;

(3) 稳压器压力控制输出高指示(故障高);

(4) 稳压器卸压阀指示开启和/或稳压器安全阀开启;

(5) 稳压器卸压管线高温指示和/或报警;

(6) 稳压器卸压箱高/低水位或高压力/温度报警;

(7) 稳压器低压力反应堆紧急停堆;

(8) 超温温差 ΔT_{OT} 汽轮机自动快速降负荷或反应堆紧急停堆。

3. 动作

(1) 自动动作

① 稳压器低压力反应堆停堆(定值点 12.7 MPa);

② 稳压器低压力引起安注(定值点 11.8 MPa)。

(2) 立即动作

① 如果安注和/或反应堆停堆发生,则遵从 EOP;

② 不进行任何不必要的反应堆功率水平变化;

③ 保证稳压器卸压阀不能开启,如果这些阀门在其自动关闭定值点之下仍处于开启状态,则手动关闭阀门和/或其相应的截止阀;

④ 观察稳压器水位,如果发现水位低,则应增大;

⑤ 如果稳压器的电加热器没有投入,则应接通,如果电加热器指示已"通",则在棒控驱动电源室里检查单个电加热器的断路器;

⑥ 保证稳压器喷淋阀关闭;

⑦ 如果辅助喷淋是打开的,并没关闭,则应关闭相应阀门,关闭正常下泄和上充,并置过剩下泄于在役;

⑧ 如果稳压器压力控制器故障,则将控制器置于手动,或采取手动控制稳压器喷淋和电加热器;

⑨ 如果不能维持稳压器压力,并在一回路冷却剂系统里形成气泡的可能性大到足以影响到堆芯冷却能力时,则启动安注并遵从 EOP。

(3) 后续动作

① 观测并按需要进行检修以消除反应堆冷却剂系统压力低的原因;

② 如果电厂不需要停闭时,则电厂在操纵员的严密监视下可维持运行在反应堆冷却剂系统压力手动控制情况下,直至所需要检修完成为止。

这里需要说明一点:一回路小失水事故(LOCA,如电阻温度探测器支管泄漏等)时,核电厂的主要运行参数,如稳压器压力的下降,ΔT_{OT}定值点的下降,低压力停堆(也可能是ΔT_{OT}保护停堆),低压安注等都与前面所讨论的稳压器卸压阀泄漏的情况相似,不同之处在于后者稳压器卸压管线温度,卸压箱的温度、水位在改变,而小 LOCA 则能影响到安全壳的压力和安全壳内放射性水平。

(本节所用数据参考照美国核电厂 Shearon Harris Unit 1。)

4.9 仪控通道失效

4.9.1 概述

通道失效是核电厂运行中会遇到的一类实际问题。它主要是由仪控系统故障而造成的故障,其实原来核电厂运行是正常的,只是由于通道失效才表现出核电厂运行不正常。如果这类故障不排除,则故障将一直存在。在有些情况下,核电厂竟能在很短时间内停堆、停机,甚至可以引起专设安全设施动作。因此,操纵人员熟悉并掌握这样一些通道失效引起核电厂主要运行参数的瞬变过程,对核电厂的安全运行确实非常重要。

应该指出以下讨论不同通道失效时，所给出的各种瞬变曲线都是在操纵员没有干预下的情况。

4.9.2　一回路系统仪控通道失效

这部分包括稳压器压力通道、稳压器水位通道及电阻温度探测器(RTD)通道等。

1. 稳压器压力通道失效

稳压器是压水堆核电厂反应堆冷却剂系统的重要设备。为了进行对冷却剂系统的压力控制，必须在稳压器内建立汽腔维持汽－液两相平衡。在稳态运行工况下，稳压器维持了反应堆冷却剂系统所要求的工作压力；在瞬态运行工况下，稳压器会将由于冷却剂膨胀和收缩而引起的压力变化限制在一个允许的范围内。通过稳压器压力通道的控制器，可以将稳压器压力维持在正常的工作压力值，如 15.4 MPa。当稳压器压力升高，其实际压力偏离控制器定值点，则给出信号，使之在稳压器内产生喷淋，凝结蒸汽而降压，系统压力返回到正常工作压力值。如果稳压器压力上升很高，达到卸压阀(PORV)定值点，阀门会自动开启，使蒸汽排放到卸压箱，稳压器不致超压。如果压力再高，安全阀动作以起保护作用。相反，稳压器压力低于定值点，则电加热器会自动投入，升高压力，使之返回到正常工作压力。

(1) 稳压器压力通道失效，高指示故障

首先应该说明在这种情况下，稳压器的实际工作压力是正常的，只是压力控制器故障，显示出压力高指示。这样产生的稳压器压力高信号，必然导致稳压器喷淋，来降低稳压器的压力，以图将压力维持在正常运行值。可是，只要这个故障存在，就意味着控制器认为压力一直高于正常值，换句话说，喷淋一直持续而不会停止。这样，喷淋降压，而且一直下降着。另外，稳压器压力下降，降低了超温温差(ΔT_{OT})的定值点，当达到其定值点后，会引起汽轮机自动快速降负荷(runback)，如果降至其保护定值点，还可能引起停堆。当然，如果压力下降至低压力保护定值点时，也会引起停堆(哪个信号先出现，先停堆)。停堆同时引起汽轮机停机。平均温度 T_{avg} 与参考温度 T_{ref} 都下降，稳压器水位也下降。蒸汽旁排需求达最大值时，通向冷凝器的旁排阀立即开启。最终，由于稳压器仍在喷淋，压力继续下降，直至达其应定值点而引起低压力专设安全设施(ESF)动作，安全注射投入。

这里也需要说明一点：此故障存在时，核电厂主要运行参数与前面所述的小 LOCA、稳压器卸压阀泄漏故障变化相似，但明显不同之处在于稳压器压力控制器指示异常(明显偏离正常工作点)，此时稳压器的压力下降实属喷淋引起。特别应该指出的是此时稳压器卸压管线温度及卸压箱温度、水位既无变化，安全壳压力、放射性水平也无变化。图 4-8 给出稳压器压力通道故障高的瞬变曲线。

表 4-4 给出了稳压器压力通道故障压力高指示的初始条件。

表 4-4　稳压器压力通道故障高的初始条件

初始条件	燃耗	燃料循环初期(BOL)
	平均温度 T_{avg}	303 ℃
	反应堆冷却剂系统压力	15.4 MPa
	反应堆运行功率	100%FP
	其他	往复式上充泵运行

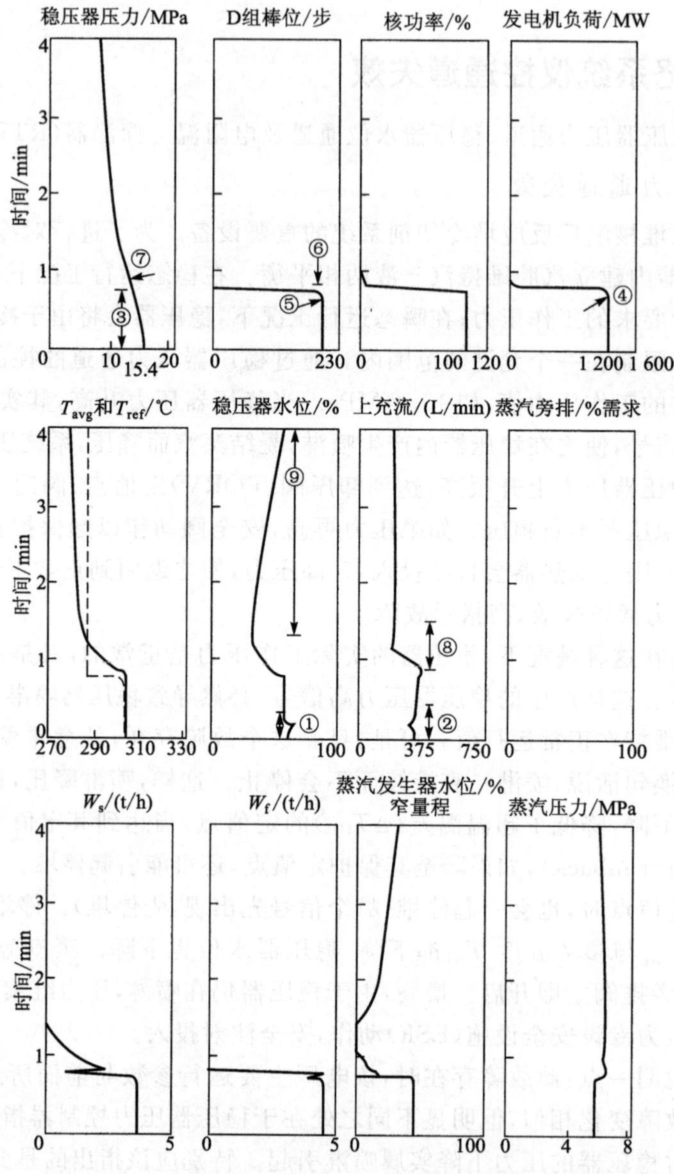

图 4-8 100%功率下稳压器压力通道故障高的瞬变曲线

瞬变要点说明：

① 故障的压力通道引起卸压阀(PORV)快速开启，且水位指示上涨。当没有受影响的联锁压力通道低于 15.1 MPa 时，失效的卸压阀被关闭，当卸压阀快速关闭后，水位指示恢复至正常值。

② 稳压器水位随上充流量变化而变化，在此期间由 T_{avg} 产生的参考水位不变。

③ 稳压器压力随最初的卸压阀和喷淋阀两者连续的开启而变化。

④ 汽轮机由 ΔT_{OT} 引起自动快速降负荷。

⑤ 棒束跟随汽轮机自动快速降负荷(冲动级压力输入到功率失配和温度失配环节)向

下插入堆芯。

⑥ 由稳压器低压力(12.58 MPa)引起紧急停堆。

注:为了试验目的,ΔT_{OT}引起紧急停堆是能接受的。

⑦ 稳压器低压力启动专设安全设施。

⑧ 专设安全设施的动作信号引起正常上充管线隔离,它是上充流量下降的原因。为了维持反应堆冷却剂泵轴封的最小上充流量,来自离心上充泵和往复式上充泵的最小上充流量在 182 L/min 时,使得泵运行不稳定。

⑨ 由于从离心式上充泵和往复式上充泵来的流量随着专设安全设施的启动,使得稳压器的水位连续上升。

(2) 稳压器压力通道失效,低指示故障

此故障与前者刚好相反,即稳压器的实际压力原来并不低,但由于控制通道失效而给出低压力信号,引起电加热器投入。如果此故障一直存在,必然导致稳压器压力持续上升。经过若干分钟后可达到稳压器卸压阀动作的定值点,使卸压阀开启。开启后稳压器压力下降,低于定值点后卸压阀回座,但因故障仍然存在,所以又在升压,致使阀门再次开启,周而复始。只要故障存在,就一直循环下去。稳压器的水位及上充流也相应有些小变化,其他电厂参量基本维持不变。图 4-9 给出了稳压器压力故障低的电厂瞬变曲线。

表 4-5 给出了稳压器压力通道故障压力低指示的初始条件。

表 4-5　稳压器压力通道故障低的初始条件

初始条件	燃耗	燃料循环初期(BOL)
	平均温度 T_{avg}	303 ℃
	反应堆冷却剂系统压力	15.4 MPa
	反应堆运行功率	100%FP
	其他	时间轴是从 0～20 min,可以看到异常的影响

始发事件:控制压力通道故障到 11.88 MPa。

瞬变要点说明:

① 由于所有稳压器的电加热器都投入工作,稳压器压力(未受影响的通道)升高。因为所有喷淋控制通道被切除,它们不能对高压起作用。

② 卸压阀由非受影响的通道环节去限制压力升高。

注:稳压器水位和上充流对开启卸压阀响应。

2. 稳压器水位通道失效

在反应堆冷却剂系统里,比较稳压器实际水位与参考水位(后者是平均温度 T_{avg} 的函数),可得到一个水位控制器的输入信号。它可控制改变上充流量的大小以维持稳压器水位在相应功率的水位值,例如,满功率情况下,稳压器水位值为 60%(美国 Sequoyah 核电厂)。

下面讨论一下稳压器水位通道失效,低指示故障。原来稳压器水位是正常的,但由于此故障的存在,所以上充流增至最大。稳压器水位增加是由于上充流增至最大和下泄被隔离的结果。容积控制水箱(VCT)的水位由此而下降,后来容积控制水箱水位下降缓慢是由于补水系统向容积控制水箱自动补水的缘故。当稳压器水位到达高水位保护定值点(如

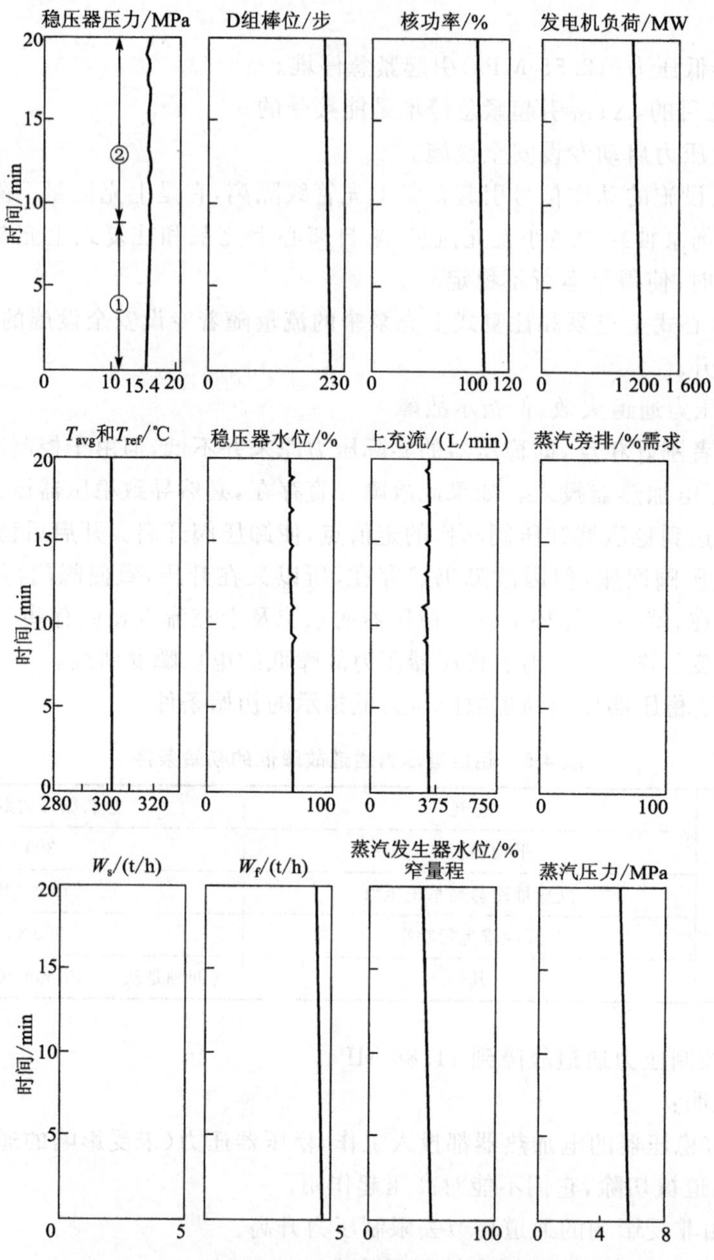

图 4-9 100%功率下稳压器压力通道故障低的瞬变曲线

92%，功率在10%以上)时，引起了反应堆停堆，从而汽轮机停机。停堆后马上通向冷凝器的蒸汽旁排阀立即开启。停堆后平均温度 T_{avg} 恢复及正排量泵(P. D. 泵)上充引起稳压器水位上升较快，后来缓慢些是因为只由上充引起水位的增加。在容积控制水箱隔离之后，其水位的恢复是来自换料水箱(RWST)。图 4-10 给出稳压器水位通道故障低的瞬变过程。

表 4-6 给出了稳压器水位通道故障压力低指示的初始条件。

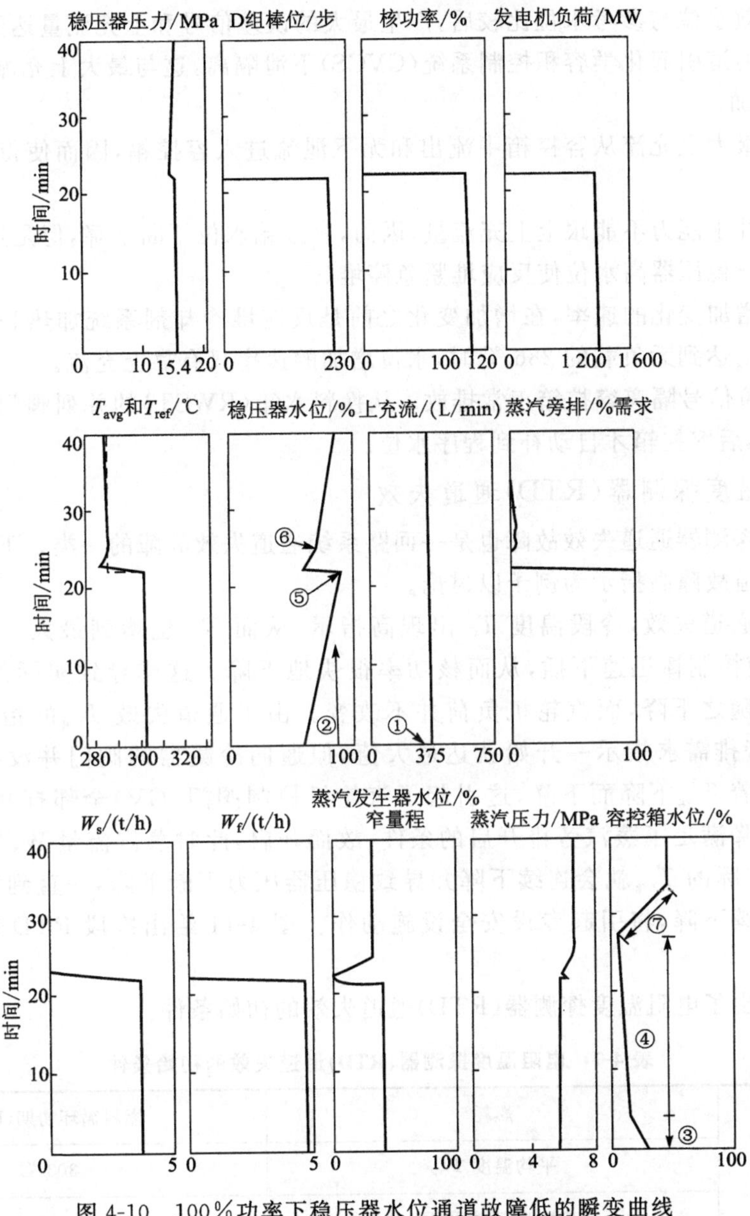

图 4-10 100%功率下稳压器水位通道故障低的瞬变曲线

表 4-6 稳压器水位通道故障低的初始条件

初始条件	燃耗	燃料循环初期(BOL)
	平均温度 T_{avg}	303 ℃
	反应堆冷却剂系统压力	15.4 MPa
	反应堆运行功率	100%满功率
	其他	往复式上充泵运行

始发事件:控制水位通道故障到零。

瞬变要点说明:

(1) 当失效水位与参考水位比较后，产生最大的误差信号和上充流量达到最大值。

(2) 失效通道引起化学容积控制系统(CVCS)下泄隔离，这与最大上充流量的结合导致持续地水位增加。

(3) 由于最大上充流从容控箱中流出和无下泄流进入容控箱，因而使得容控箱的水位下降。

(4) 自动补水能力不能跟上上充流量，因而，容控箱水位不断下降，但是速度很慢。

(5) 92%—稳压器高水位使反应堆紧急停堆。

(6) 水位增加变化的速率，在增加变化之前是反应堆冷却剂系统加热和最大上充流量的组合。当 T_{avg} 达到无负载的 286 ℃时，水位增加的速率只有靠上充流。

(7) 低水位信号隔离容控箱正常排放。从换料水箱(RWST)的并列阀门开启去供给往复式上充泵，然后容控箱才自动补到程序水位。

3. 电阻温度探测器(RTD)通道失效

电阻温度探测器通道失效故障也是一回路系统通道失效故障的一类。下面以冷段电阻温度探测器通道故障高指示为例予以讨论。

由于这个通道失效，冷段温度 T_C 出现高指示，从而 T_{avg} 也增到最大。较大的 $T_{avg}-T_{ref}$ 偏差信号使控制棒迅速下插，从而核功率很快地下降。这样导致实际的 T_{avg} 下降，稳压器的水位也随之下降，而汽轮机负荷并不改变。由于通道失效 T_{avg} 的指示已高达 332 ℃，所以蒸汽旁排需求指示一开始就达最大值，但通向冷凝器的阀门并没有打开。二回路蒸汽压力随着 T_{avg} 下降而下降，这引起了汽轮机控制阀门(GV)全部打开，使之负荷下降。负荷的下降满足了蒸汽旁排开启的条件，故而开启，此时蒸汽流量 W_s 有所增加。只要故障存在，实际的 T_{avg} 就会连续下降并导致稳压器压力不断下降，一直到稳压器低压力停堆。压力继续下降，将引起专设安全设施动作。图 4-11 给出冷段 RTD 通道故障高的瞬变曲线。

表 4-7 给出了电阻温度探测器(RTD)通道失效的初始条件。

表 4-7 电阻温度探测器(RTD)通道失效的初始条件

初始条件	燃耗	燃料循环初期(BOL)
	平均温度 T_{avg}	303 ℃
	反应堆冷却剂系统压力	15.4 MPa
	反应堆运行功率	100%满功率
	其他	往复式上充泵运行

始发事件：冷段电阻温度探测器(RTD)通道故障至 343 ℃。

瞬变要点说明：

(1) 最大 $T_{avg}-T_{ref}$ 误差出现在温变失配环节。引起控制棒以 72 步/min 向堆内移动。最大速度持续了 1.6 min，直至反应堆紧急停堆。

(2) 棒向堆内移动之后，反应堆功率下降。

(3) 稳压器水位反映出核功率(因棒下插而下降)和发电(维持相对稳定)之间的失配。

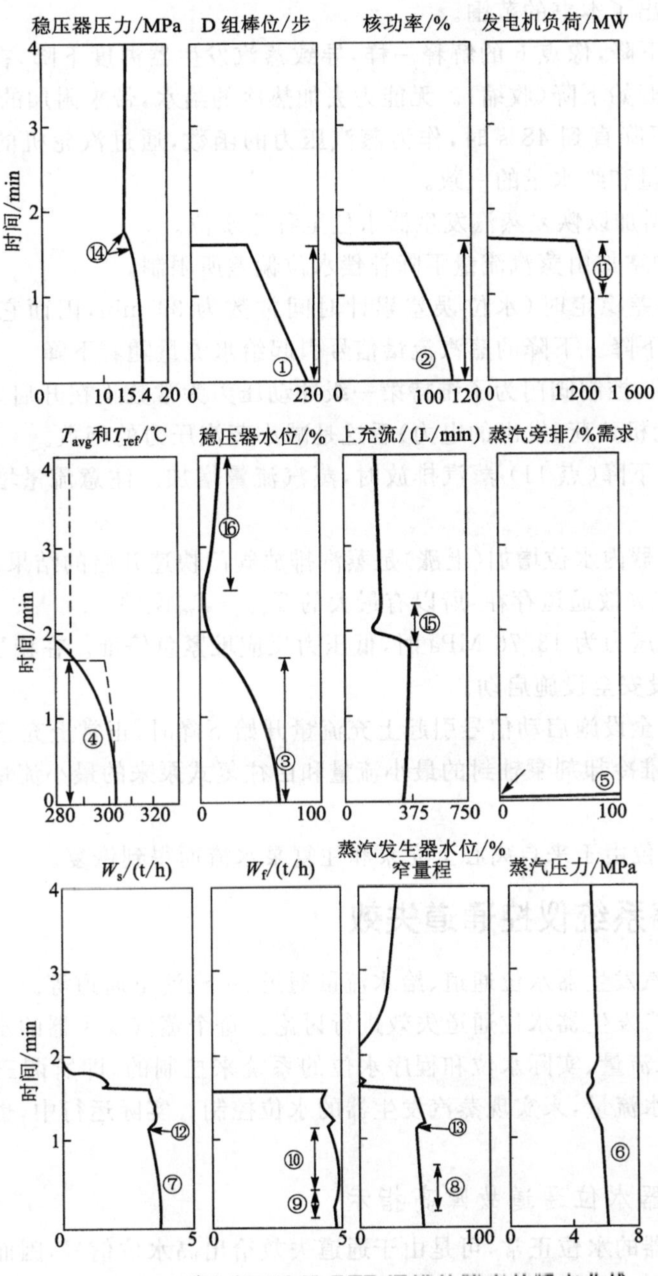

图 4-11 100%功率下冷段 RTD 通道故障高的瞬变曲线

(4) 非失效的 T_{avg} 通道反映了讨论的点 2 一次侧到二次侧的热量不平衡。

(5) 根据触发的高 T_{avg} 和 T_{ref} 之间差值,蒸汽旁排需求达到最大值。

注:观察蒸汽流量轨迹,清楚地看到由于蒸汽流量没有增加,因而蒸汽排放没有准备好。

(6) 由于 T_{avg} 下降(点 4)导致传给蒸汽发生器的热量下降。在蒸汽发生器内的沸腾不能维持且二次侧蒸汽的压力降低。

(7) 该点的解释是不需要资料的。

蒸汽流量代表密度补偿在降级情况下,由瞬态引起的指示流量下降比实际流量偏低。

这种影响的解释超出了本书的范围。

(8) 因为传热下降，像点 6 的解释一样，导致蒸汽发生器温度下降，在蒸汽发生器内水的密度增加和水位开始下降(收缩)。无能力去加热冷的给水，带来附加的热缩减量。

注:水位持续下降直到 48 s 时，作为蒸汽压力的函数，通过汽轮机的蒸汽流量开始下降。这带来蒸汽流量和给水量的一致。

(9) 给水流量增加以恢复蒸汽发生器水位至程序水位。

注:给水流量的增加由蒸汽流量下降补偿水位偏差所限制。

(10) 当水位误差稳定时(水位误差累计时间常数为 30 min，因而它有小的或没有影响)，给水流量开始下降。下降的蒸汽流量信号引起给水流量随着下降。

(11) 在 57 s 前，控制阀门为了维持第一级冲动压力为常数正在开启。在 57 s 时，控制阀门被全开，从汽轮机负荷(发出的电力)看这是减小蒸汽压力的函数。

(12) 当在负荷下降(点 11) 蒸汽排放时，蒸汽流量增加。注意流量增加的量受到低集流管压力的限制。

(13) 蒸汽发生器内水位增加(上涨)是蒸汽排放阀门快速开启的结果。

注:由于此时有失效通道存在，所以有最大的 $T_{avg}-T_{ref}$ 误差。

(14) 在稳压器压力为 13.76 MPa 时，低压力反应堆紧急停堆。在稳压器压力为 13.06 MPa 时，低压力专设安全设施启动。

(15) 在专设安全设施启动信号引起上充流量开始下降时，正常上充管线被隔离。由离心上充泵维持反应堆冷却剂泵轴封的最小流量和由往复式泵来的最小流量在 182 L/min 时投入工作。

(16) 稳压器水位由于来自离心上充泵和往复泵水流而得到恢复。

4.9.3 二回路系统仪控通道失效

这部分包括蒸汽发生器水位通道、给水流量通道、蒸汽流量通道等。

本节主要对蒸汽发生器水位通道失效进行讨论。每个蒸汽发生器的水位都是通过一个监测蒸汽流量、给水流量、实际水位和程序水位的系统来控制的，即所谓三冲量控制。通过流量调节阀调节给水流量，来实现蒸汽发生器的水位控制。实际运行中，也会遇到这种通道失效故障。

1. 蒸汽发生器水位通道故障高指示

原本蒸汽发生器的水位正常，可是由于通道失效给出高水位信号，因而导致给水流量立即减小，直至降到零。这使该蒸汽发生器的实际水位明显下降。由于丧失给水引起了蒸汽压力增加。在该蒸汽发生器内，蒸汽流量 W_s 与给水流量 W_f 明显失配，当水位下降到低水位定值点(如 25%)时，反应堆紧急停堆，从而汽轮机停机。

图 4-12 给出蒸汽发生器水位通道故障高的瞬变过程。

表 4-8 给出了蒸汽发生器水位通道故障高指示初始条件。

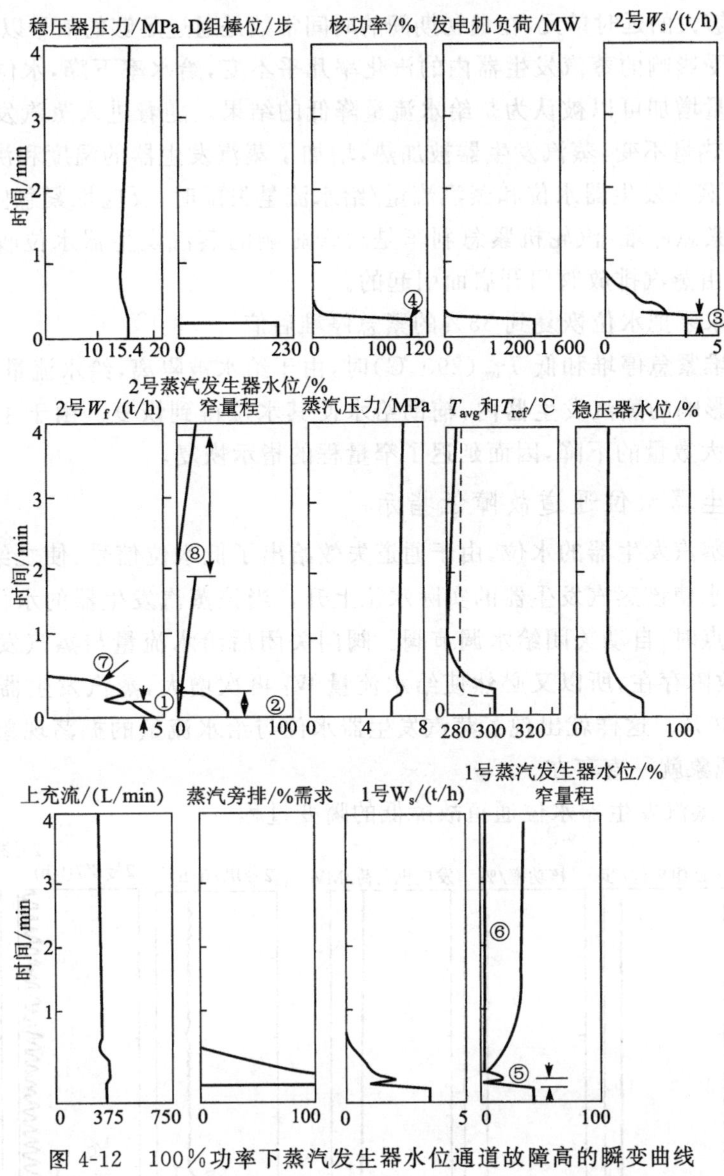

图 4-12　100％功率下蒸汽发生器水位通道故障高的瞬变曲线

表 4-8　蒸汽发生器水位通道故障高指示的初始条件

初始条件	燃耗	燃料循环初期(BOL)
	平均温度 T_{avg}	303 ℃
	反应堆冷却剂系统压力	15.4 MPa
	反应堆运行功率	100％满功率
	其他	未受影响的蒸汽发生器的蒸汽流量和水位在后面给出

始发事件：受影响的蒸汽发生器故障超量程高，控制水位通道未给出。

瞬变要点说明：

(1) 当控制水位通道失效时，给水泵流量开始下降是对产生的最大偏差信号的响应。偏差信号是一个足够大的延时单元，在最初期间的时间常数是通过足够的信号以降低给水流量。

(2) 由于在受影响的蒸汽发生器内的汽化率几乎不变，给水率下降，水位也开始下降。

(3) 蒸汽流量增加可以被认为是给水流量降低的结果。随着进入蒸汽发生器内的水量减少和一次侧的热量不变，蒸汽发生器被加热，增加了蒸汽发生器的温度和沸腾率。

(4) 在25%蒸汽发生器水位和蒸汽流量/给水流量失配时，反应堆紧急停堆。

(5) 反应堆紧急停堆/汽轮机紧急刹车是对未影响的蒸汽发生器水位收缩的影响。水位的急剧上升是由蒸汽排放阀门开启而引起的。

(6) 辅助给水泵把水位恢复到33%的紧急停堆后值。

(7) 在反应堆紧急停堆和低 T_{avg}(290 ℃)时，由于给水被隔离，给水流量降到零。

(8) 在非受影响的蒸汽发生器内，辅助给水使其水位得到恢复。由于主给水流量在一开始降低引起了大数量的下降，因而延迟了窄量程的指示恢复。

2. 蒸汽发生器水位通道故障低指示

原来正常的蒸汽发生器的水位，由于通道失效给出了低水位信号，使之给水流量 W_f 立即增大。过量给水使该蒸汽发生器的实际水位上升。当该蒸汽发生器的水位上升到60%，即达到给水联锁点时，自动关闭给水调节阀。阀门关闭后给水流量与蒸汽发生器水位均减小，但是由于此故障存在，所以又必然使给水流量 W_f 再次增大，蒸汽发生器水位也再次上升，又一次升到60%。这样就出现了蒸汽发生器水位与给水流量的振荡现象。如果此故障存在，这种振荡现象就一直存在。

图4-13给出蒸汽发生器水位通道故障低的瞬变过程。

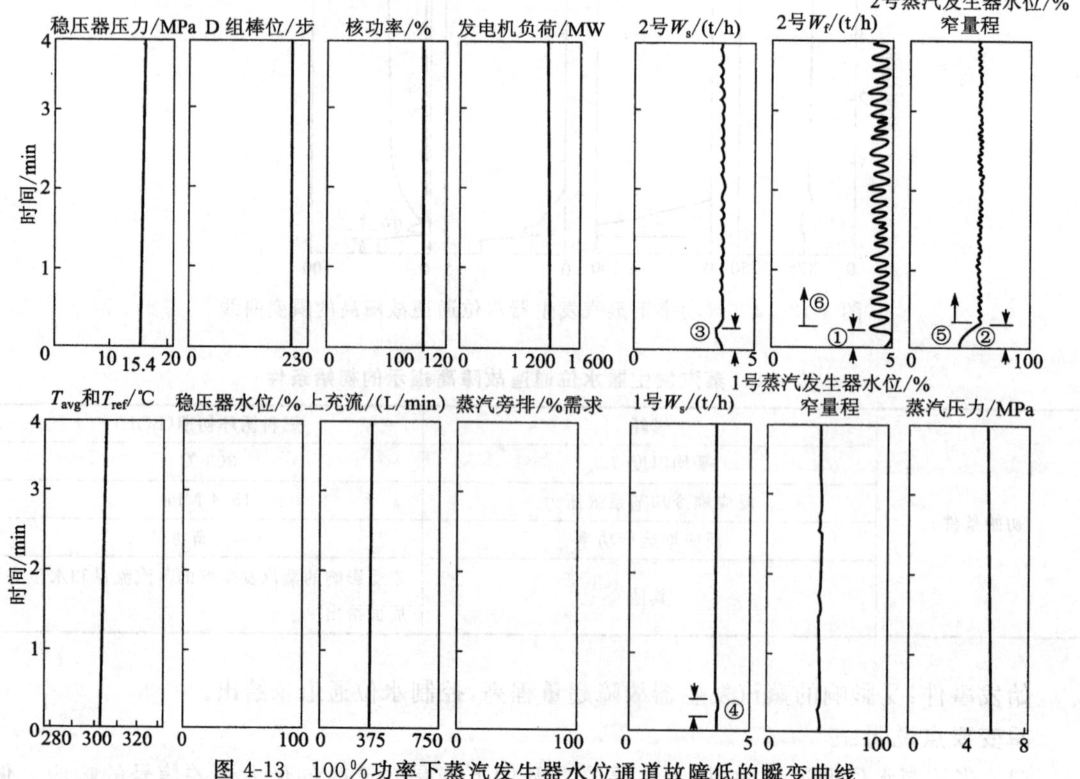

图4-13 100%功率下蒸汽发生器水位通道故障低的瞬变曲线

表 4-9 给出了蒸汽发生器水位通道故障低的初始条件。

表 4-9　蒸汽发生器水位通道故障低指示的初始条件

初始条件	燃耗	燃料循环初期(BOL)
	平均温度 T_{avg}	303 ℃
	反应堆冷却剂系统压力	15.4 MPa
	反应堆运行功率	100%满功率
	其他	未受影响的蒸汽发生器的蒸汽流量和水位在后面给出

始发事件:蒸汽发生器控制水位通道故障异常低。

瞬变要点说明:

(1) 失效通道和由冲动级压力产生的参考水位比较产生最大的水位误差信号。该误差之大致使在第一时间常数期间的滞后环节已足以通过信号去开始增加给水流量。在 4 s 时受影响的蒸汽发生器流量的增加速率开始下降,因为给水调节阀门自动关闭到 60%水位限值。

(2) 蒸汽发生器的过多给水造成其水位增加,控制系统限制水位增加到 60%。

(3) 受影响的蒸汽发生器的过多给水会引起过冷,降低蒸汽温度和沸腾率。这反映在蒸汽流量下降上。

(4) 在非受影响的蒸汽发生器内蒸汽流量增加是对来自受影响的蒸汽发生器流量下降的响应。

(5) 水位在 60%的水位限值上振荡。给水调节阀门在 60%时快速关闭,在低于 60%设置点时又重新开启。

(6) 由于给水调节阀门开启和关闭,因而给水流量振荡。

4.9.4　芯外核测仪表通道失效

这部分包括源量程通道、中间量程通道、功率量程通道等。

本节主要对功率量程通道失效进行讨论。如果是功率量程通道失效,高指示故障,则由于此通道失效有信号输入功率失配线路而导致控制棒组下插,从而引起核功率下降,一回路平均温度 T_{avg}下降,稳压器的水位、压力都在下降,但汽轮机负荷并不变化。

只要此故障存在,T_{avg}就在下降,由于负的反应性温度系数向堆芯引入了正反应性,这会导致核功率有回升现象。可是由于 T_{avg}一直下降则引起二回路的蒸汽压力下降,以致汽轮机控制阀门全开,也不能再维持负荷,最终 T_{avg}处在汽轮机负荷与核功率新的平衡状况上。

图 4-14 给出功率量程通道失效高的瞬变过程。

表 4-10 给出了芯外核测仪表通道失效高指示的初始条件。

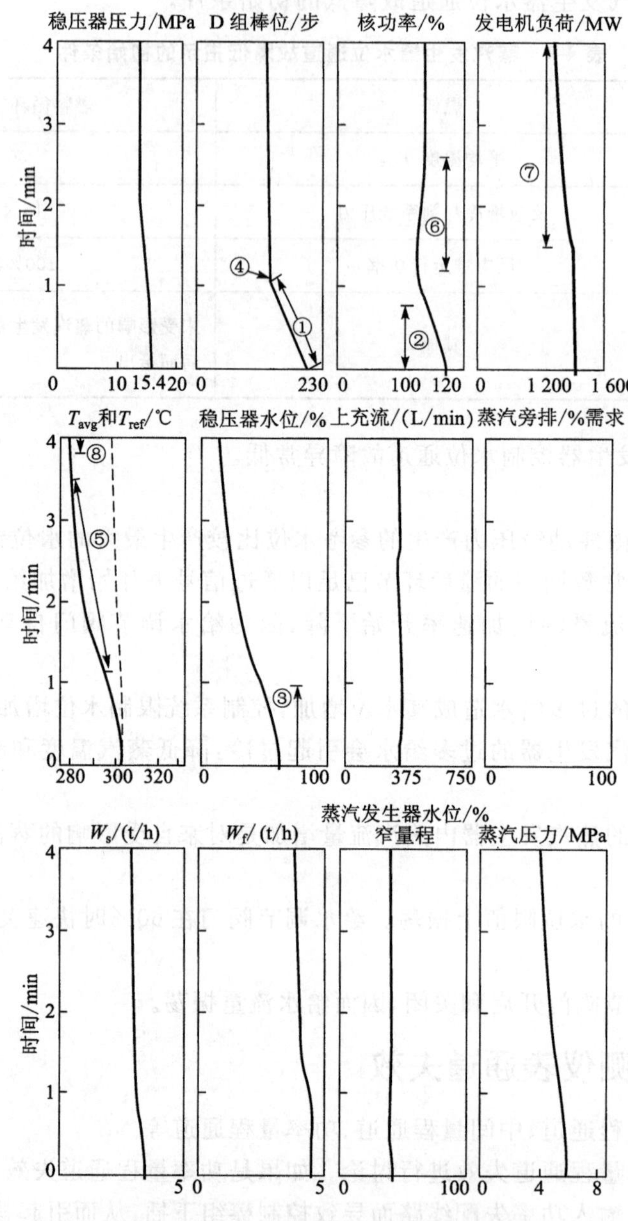

图 4-14 100%功率下功率量程故障高

表 4-10 芯外核测仪表通道失效高指示

初始条件	燃耗	燃料循环初期(BOL)
	平均温度 T_{avg}	303 ℃
	反应堆冷却剂系统压力	15.4 MPa
	反应堆运行功率	100%满功率
	其他	

始发条件:功率量程通道(无指示)失效高指示

瞬变要点说明：

1. 失效通道输入到功率失配环节(输入是最高的核功率)引起控制棒以最大的速度移动。

注:失效是立即的。因此,得到的是在核功率和冲动级压力之间的最大变化率。

2. 棒向堆内移动引起核功率下降。

3. 随着核功率下降和发电机出力维持常数,功率不平衡引起 T_{avg} 和稳压器水位下降。

4. 由功率失配环节来的信号是衰减的(超过 5 倍常数),但是,要求棒向堆内移动。T_{avg} 小于 T_{ref} 时要求棒向堆外移动。这两个信号相消,棒的移动停止。

5. 由于功率持续不平衡(见点 3),T_{avg} 仍然在下降,在 1.1 min 时,汽轮机负荷是 100% 满功率,而反应堆功率却是 75%满功率。

6. 在 T_{avg} 持续下降(点 5)时,引入正的反应性并开始使反应堆功率回升。

7. 蒸汽发生器内传热减少,从低一低 T_{avg} 开始,迫使二次侧蒸汽压力下降。在 1.5 min 时,汽轮机的控制阀门全部开启,且不能在较长的时间内维持发电机负荷。发电机负荷是减小二次侧蒸汽压力的函数。

8. 当汽轮机负荷和核功率进入一个新的平衡状态时,T_{avg} 开始稳定在 280 ℃。汽轮机和核功率大约为 86%满功率。

通过本章的讨论,可以看出,操纵员不仅要熟悉和掌握异常运行规程,还应该熟悉核电厂的一些瞬变过程。操纵员对核电厂某一运行参数变化,要清醒意识到,这往往并非都是由一种原因引起的。例如,从前面的运行实例中可见,同是一回路稳压器压力下降这一现象,引起的原因就可能是一回路小 LOCA,或稳压器卸压阀有泄漏,或稳压器压力通道故障高指示等。这样,就要求操纵员应该能及时作出正确判断。又如,及时检查安全壳的压力变化,放射性监测器指示;检查稳压器卸压管线温度,卸压箱的水位,温度;检查稳压器压力控制器指示及喷淋与电加热器的投入等。所以,一个操纵员的反应迅速、全面分析能力是非常重要的。

复习题

1. 有哪些现象表明在功率运行时有一组控制棒在连续上提?
2. 试进行 100%功率下稳压器卸压阀泄漏瞬变分析。
3. 什么是通道失效故障?一回路有哪些通道失效故障?二回路有哪些通道失效故障?试定性分析核电厂主要运行参数的瞬变。
4. 核电厂稳定运行在 100%功率,现在发现稳压器压力缓慢下降,试分析可能产生此现象的几种原因(要求能分析判断)。

第5章　事　故

5.1　概　述

核电厂的系统、部件或设备出现异常可以说是屡见不鲜的，如果处理及时、正确，就会化险为夷，如果处理的不及时、不正确，就有可能将异常扩大，甚至会扩大成部分燃料元件损坏或堆芯部分熔化和/或放射性物质向环境释放的事故。尽管核电厂设计时，对核电厂寿期内认为极小发生的事故如小破口失水事故、蒸汽管道小破裂事故、燃料组件装错位、控制棒误动作、丧失反应堆冷却剂强迫流等进行了分析，还对一般认为在核电厂寿期内预期不会发生的所谓假想事故如反应堆冷却剂系统管道大破口失水、主蒸汽管道破裂、蒸汽发生器传热管破裂、一台反应堆冷却剂泵卡轴、一台反应堆冷却剂泵断轴、给水管道断裂、一束控制棒组弹出反应堆外、未紧急停堆的预期瞬态等也进行了分析，实践证明，操纵员处理不当，会使事故扩大。如三哩岛事故本是小破口失水事故，分析认为不应造成反应堆堆芯燃料棒损坏，而事实是造成了堆芯部分熔化，可见操纵人员知识和正确及时处理事故的重要性。实践还证明，本来认为蒸汽发生器传热管破裂属于核电厂寿期内不会发生的事故，但曾经在若干座核电厂出现过，致使人们认为蒸汽发生器的寿命很难与核电厂的寿命相适应。因此，本章对蒸汽发生器传热管破裂作了较详细的介绍，并在附录中给出一个实例。本章还对有代表性的未紧急停堆的预期瞬态作了介绍，目的是能使读者对该事故的处理有清晰的理解和认识。限于本书的篇幅，不可能对上述提到的事故都作出介绍，而只能选择比较重要或可能在核电厂运行中会出现的事故作介绍。

实际上，核电厂的运行事故必然与处理事故的应急运行规程联系在一起，特别从美国三哩岛事故(TMI)的教训得出，核电厂有一套完善的应急运行规程极为重要。对事件或事故的处置规程称为应急运行规程。美国三哩岛事故前后的应急运行规程是有较大差别的。

1. 三哩岛事故前应急运行规程的特点

三哩岛事故前应急运行规程的制定是以事件(event)为依据的，具体讲有三个特点：

(1) 首先判断事件产生的原因，然后再采取相应的措施。这就有可能延误时间而造成事故的进一步扩大或造成更为严重的后果。

(2) 因为它是事件定向的处置规程，如果判断及时正确，能取得事故处理的较好结果。

(3) 一般讲，它不考虑多重故障的可能性。

2. 三哩岛事故后应急运行规程的特点

三哩岛事故后的应急运行规程主要是面向征兆的规程，或叫征兆定向(也叫状态导向)的规程，其主要特点为：

(1) 根据征兆边处置边诊断。

(2) 判明事故原因后，进行对症处置。

(3) 增加了关键安全功能定向的处置规程，在失去关键安全功能时，首先要采取措施恢复关键安全功能。

(4) 对多重故障有较好的处置效果。

为了克服事件定向应急运行规程的弱点，三哩岛事故之后，不仅美国核管会要求核电厂按征兆定向修改应急运行规程，而且法国和德国等也都根据各国具体情形，修改、补充、完善了应急运行规程。

5.1.1　应急响应导则(ERG)

美国西屋(Westinghouse)公司在三哩岛事故后开发的应急响应导则，是针对西屋公司设计的压水堆核电厂的应急响应规程的一般形式，在此一般形式导则中填入特定核电厂的具体参数和数据，结合特定核电厂的具体系统及设备，进行适当的修改或补充，即成为特定核电厂的应急运行规程。

西屋公司的应急响应导则，主要包括三个部分：最佳恢复导则(ORG)、关键安全功能状态树(CSFST)与功能恢复导则(FRG)。

5.1.2　最佳恢复导则(ORG)

最佳恢复导则(ORG)是指在应急运行状态中，执行以征兆为基础的、与事件相关的恢复对策，将核电厂引入最佳(放射性释放量和设备部件损坏量限制在最小)的终止状态。

最佳恢复导则处置的四个基本事故类型是：

1. 反应堆紧急停堆(非事故)；
2. 反应堆冷却剂丧失；
3. 二次冷却剂丧失；
4. 蒸汽发生器传热管破裂。

对于每一个基本事故类型，最佳恢复导则由三种形式的导则组成：

1. E 导则，是每一基本事故类型的总应急导则和入口导则；
2. ES 导则，是对 E 导则的补充，为每一基本事故类型提供补充的恢复对策；
3. ECA 导则，是应急偶然事件的行动对策。

应急响应导则的总入口导则是 E—0，进入 E—0 的条件(或征兆)是：反应堆自动紧急停堆或手动停堆；专设安全设施动作或要求动作。

最佳恢复导则(ORG)所包括的规程名称及代号见表 5-1。

表 5-1　最佳恢复导则包括的规程名称及代号

代号	规程名称
E—0	停堆或安注
ES—0.0	再诊断
ES—0.1(EPP—4)	停堆响应
ES—0.2(EPP—5)	自然循环冷却
ES—0.3(EPP—23)	上封头有汽的自然循环冷却(堆芯有水位测量系统)
ES—0.4(EPP—6)	上封头有汽的自然循环冷却(堆芯无水位测量系统)
E—1	失去反应堆冷却剂或二次冷却剂

续表

代号	规程名称
ES—1.1(EPP—7)	安注终止
ES—1.2(EPP—8)	失水后冷却和降压
ES—1.3(EPP—9)	切换至冷段再循环
ES—1.4(EPP—10)	切换至热段再循环
E—2(EPP—11)	故障蒸汽发生器隔离
E—3	蒸汽发生器传热管破裂(SGTR)
ES—3.1(EPP—12)	SGTR 后采用反注入方式冷却
ES—3.2(EPP—13)	SGTR 后采用排污方式冷却
ES—3.3(EPP—14)	SGTR 后采用排汽方式冷却
ECA—0.0(EPP—1)	失去所有交流电源
ECA—0.1(EPP—2)	失去所有交流电源的恢复—不需要安注
ECA—0.2(EPP—3)	失去所有交流电源的恢复—需要安注
ECA—1.1(EPP—15)	失去应急再循环能力
ECA—1.2(EPP—0)	安全壳外失水
ECA—2.1(EPP—6)	所有 SG 不可控降压
ECA—3.1(EPP—17)	SGTR 并发失水—过冷恢复
ECA—3.2(EPP—18)	SGTR 并发失水—饱和恢复
ECA—3.3(EPP—19)	SGTR 且失去稳压器压力控制

最佳恢复导则(ORG)转换流程见图 5-1。

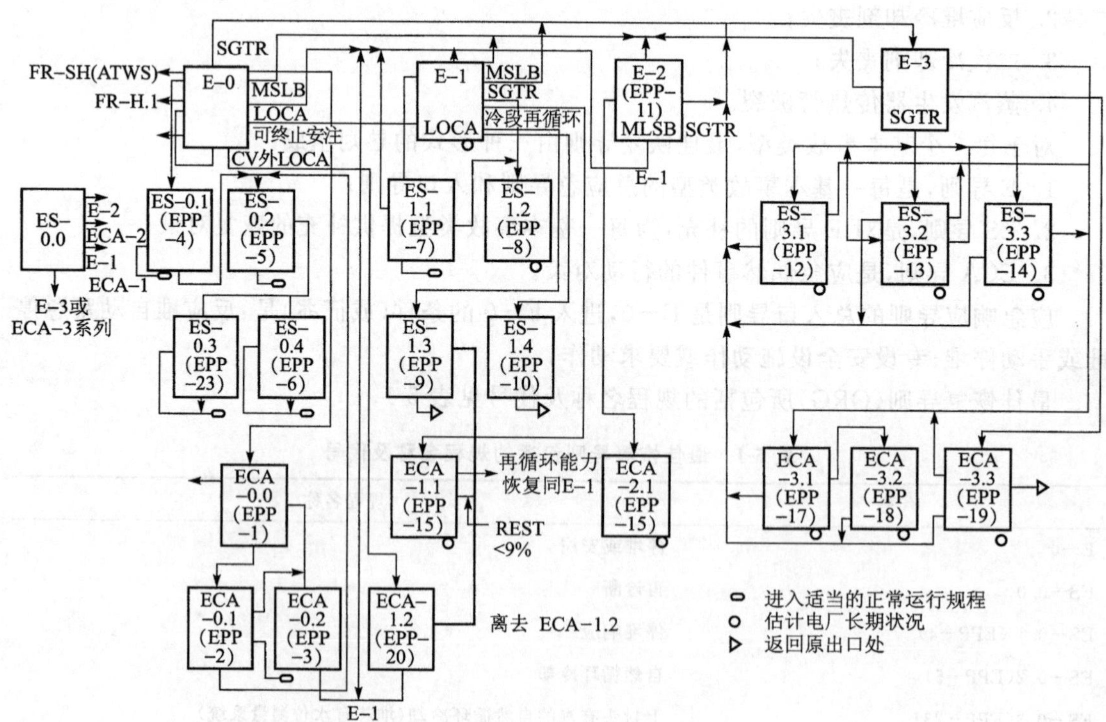

图 5-1 最佳恢复导则(ORG)转换流程图

1. E—0 导则(规程)——反应堆紧急停堆或安注

(1) E—0 导则的目的是在反应堆自动紧急停堆或手动停堆或安注后，指导操纵员确认自动保护系统的响应，评价电厂状况和确定恰当的恢复导则。

(2) E—0 导则的入口是反应堆紧急停堆或安注。

下列是反应堆紧急停堆的征兆：

① 任一反应堆紧急停堆报警信号灯亮；

② 核测仪表指示的中子水平快速下降；

③ 全部控制棒(包括停堆棒)插入堆芯，棒在底部的指示灯亮。

如果反应堆未发生紧急停堆，下列是要求紧急停堆的征兆：

① 反应堆紧急停堆的红色报警信号灯首先亮；

② 电厂的任一紧急停堆保护参数超过定值点。

下列是反应堆紧急停堆和安注的征兆：

① 任一安注报警信号灯亮；

② 安注泵运行；

③ 其他特定征兆。

如果未发生紧急停堆和安注，下列是要求紧急停堆和安注的征兆：

① 稳压器压力低于定值点；

② 安全壳压力高于定值点；

③ 蒸汽管道高流量＋蒸汽管道低压力或蒸汽管道高流量＋低低平均温度；

④ 蒸汽管道高压差。

导则采用两列排列形式，左边的是操纵员的动作或预期的响应，在左边内容不能满足时，进行右边的动作。

(3) E—0 导则的主要操作和监视内容包括：

① 确认保护系统和专设安全系统触发后的自动动作；

② 选用适当的最佳恢复导则；

③ 停闭不需要的设备，并继续选用适当的最佳恢复导则。

E—0 的诊断与操作流程简图见图 5-2。

2. E—1 导则(规程)——失去反应堆冷却剂或二次冷却剂

在 E—0 中一旦诊断出事故性质，立即转入事件定向的对策规程，规程执行完毕，如有必要，仍回到 E—0 相应的入口点继续执行 E—0 监督诊断规程。

E—1 规程的目的主要是失去反应堆冷却剂或二次冷却剂后的恢复。

E—1 的入口很多，其主要入口是从 E—0 进入的，有：卸压阀卡开、截止阀不能关闭；安全壳内高放射性、高压力或高再循环地坑水位；反应堆冷却剂系统(RCS)压力低于余热排出泵截止压头。从 E—2 的最后一步，在完成破损蒸汽发生器的识别和隔离后，总是转到 E—1 的入口。

E—1 的主要操作和监视内容是：

(1) 监视最佳方式运行的电厂设备；

(2) 检查后继的故障；

(3) 确定长期电厂恢复的最佳方法。

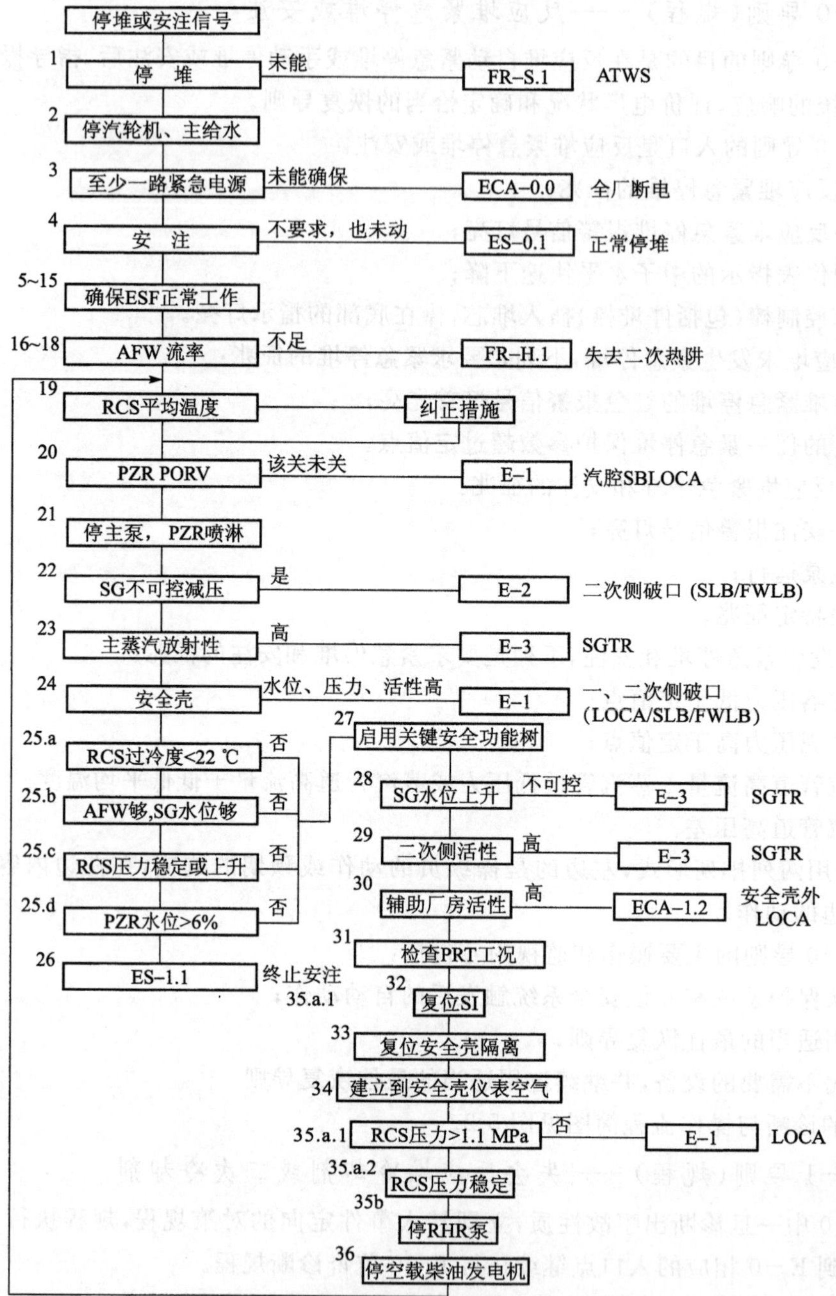

图 5-2 E—0 诊断与操作流程简图

E—1 的操作步骤简图，如图 5-3 所示。

在发生一次侧或二次侧破口时，冷却一次侧和堆芯的手段主要有两类：

(1) 利用上充流或安注补充一次侧水量丧失并冷却堆芯，一次侧完好时上充流加下泄(或稳压器排汽)或安注加稳压器排汽用来冷却堆芯(Feed—Bleed 过程)。

系统压力降到余热排出系统(RHR)工作压力以下，则可启用余热排出系统。当换料水箱低于设定值时则转入冷段再循环。事故后 24 h，转入热段再循环，以利抑制反应堆压力

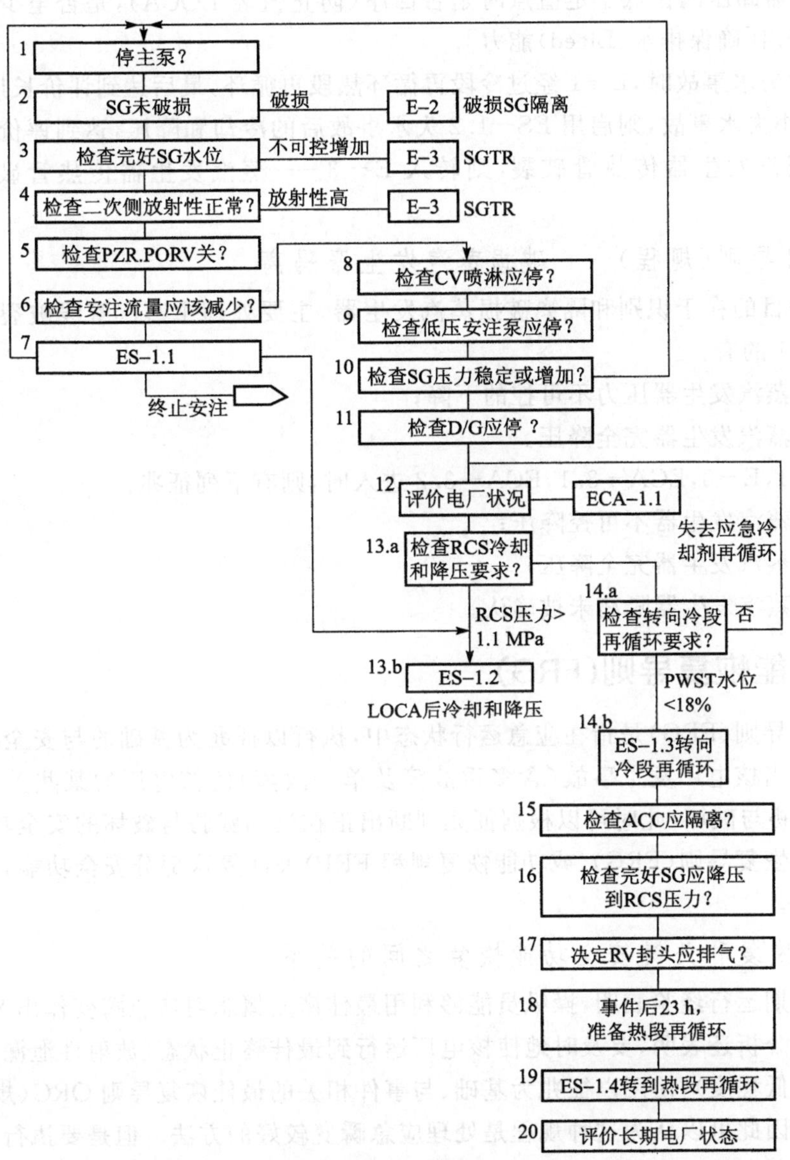

图 5-3　E－1 失去反应堆冷却剂和二次侧冷却剂诊断与操作流程图

容器上腔室汽化并搅匀硼浓度分布。

(2) 启用完好的蒸汽发生器，利用辅助给水加蒸汽旁路或排汽冷却一次侧，为此，需确保辅助给水流率和至少一台蒸汽发生器有一定的水位(例如5％～50％)。

作为上述两类手段的补充，必要时，可采取反应堆压力容器上封头排汽措施，以加大安注流量，提高堆芯水位，及早恢复自然循环能力。

为保证实现上述一次及二次侧冷却手段，E－1 中规定操纵员要注意核查下列事项：

(1) 蒸汽发生器是否完好，水位是否足够，辅助给水(AFW)流量是否足够；

(2) 换料水箱(RWST)水位是否够高；

(3) 辅助给水水源有无保证；

(4) 稳压器卸压阀在低于定值点时是否回座(防止汽腔 LOCA),是否至少有一台卸压阀的截止阀开启[确保排水(Bleed)能力]。

在发生大失水事故时,E—1 经过冷段再循环热段再循环,最后达到评价长期电厂状态。如果发生中、小失水事故,则启用 ES—1.2 失水事故后的冷却和降压,达到评价长期电厂状态。如果有蒸汽发生器传热管破裂,则转入 E—3——蒸汽发生器传热管破裂(SGTR)规程。

3. E—2 导则(规程)——破损蒸汽发生器隔离

本导则的目的在于识别和隔离破损蒸汽发生器,主要处理主蒸汽管线破裂事故。其主要入口是 E—1 的有:

(1) 任何蒸汽发生器压力不可控的下降;

(2) 任何蒸汽发生器完全降压。

如从 E—1,E—3,ECA—3.1,ECA—3.2 进入时,则有下列征兆:

(1) 任何蒸汽发生器不可控降压;

(2) 任何蒸汽发生器完全降压;

(3) 破损蒸汽发生器隔离未被确认。

5.1.3 功能恢复导则(FRG)

功能恢复导则(FRG)是指在应急运行状态中,执行以征兆为基础的与安全功能相关的对策的导则。当核电厂发生事故(含多重故障及单一故障)使核电厂的某些关键安全功能(CSF)受到威胁与破坏,此时可以根据征兆判断出正在受到威胁与破坏的安全功能,然后遵照相应的功能恢复导则(FRG)(或功能恢复规程 FRP)去恢复这部分安全功能,使核电厂恢复到安全状态。

1. 最佳恢复和关键安全功能恢复之间的关系

核电厂长期运行经验表明,操纵员能够利用最佳恢复概念对应急瞬变作出及时的响应。应急事件后果分析还表明,要及时地使核电厂运行到最佳终止状态(放射性泄漏和设备损坏可以减少到最低程度),使用以征兆为基础、与事件相关的最佳恢复导则 ORG(规程 EPP)是必不可少的。因此可以认为这种规程是处理应急瞬变较好的方法。但是要执行这种规程首先要准确地判断事故,然后要正确地执行规程才能奏效。这在核电厂发生单一事故时问题并不严重,而当发生多重故障时,其严重性就明显地暴露出来。多重故障可能造成的电厂状态和设备故障,使得操纵员几乎不可能使用与事件有关的恢复规程。在这种情况下,以征兆为基础,与功能相关的功能恢复导则 FRG(规程 FRP)就变成处理这种应急瞬变的较好方法。它不是以处理某一事件为目标,而是以恢复某一安全功能为目标。它可以有效地使核电厂运行到安全状态,但不是最佳终结状态。

从以上论述可以得出结论:

(1) 最佳恢复规程是西屋公司应急响应导则中的主要应急规程,它通常应用于事件征兆明确、发生单一事故的情况,执行的结果可以获得最佳终结状态。

(2) 功能恢复规程是对最佳恢复规程的一种补充,它通常应用于安全功能受到严重破坏的多重事件并发的情况,执行的结果可以使核电厂处于安全状态。

在一般情况下，关键安全功能状态树(CSFST)的诊断是与最佳恢复规程的执行相并行。只有当应急母线上有电且安全功能状态树诊断出某个关键安全功能遭到严重破坏时才中断最佳恢复导则(ORG)的执行，转而执行相关的功能恢复导则(FRG)。当相应的安全功能有所恢复后，再退出功能恢复导则(FRG)，继续执行原来中断的最佳恢复导则。从这个意义来说，功能恢复规程(FRP)中处理安全功能严重破坏的规程的优先级要比大多数最佳恢复导则的优先级高。

功能恢复导则(FRG)所包括的规程名称及代号见表5-2。

表5-2 功能恢复导则的规程名称及代号

代号	规程名称
FR－S.1(FRP－S.1)	对核功率产生/未紧急停堆的预期瞬变的响应
FR－S.2(FRP－S.2)	对丧失反应堆停堆功能的响应
FR－C.1(FRP－C.1)	对堆芯冷却严重不足的响应
FR－C.2(FRP－C.2)	对堆芯冷却条件降级的响应
FR－C.3(FRP－C.3)	对饱和的堆芯冷却条件的响应
FR－H.1(FRP－H.1)	对丧失二回路热阱的响应
FR－H.2(FRP－H.2)	对蒸汽发生器过压的响应
FR－H.3(FRP－H.3)	对丧失蒸汽正常释放能力的响应
FR－H.4(FRP－H.4)	对蒸汽发生器高水位的响应
FR－H.5(FRP－H.5)	对蒸汽发生器低水位的响应
FR－P.1(FRP－P.1)	对危急的受压热冲击的响应
FR－P.2(FRP－P.2)	对预期的受压热冲击的响应
FR－Z.1(FRP－J.1)	对安全壳高压力的响应
FR－Z.2(FRP－J.2)	对安全壳淹没的响应
FR－Z.3(FRP－J.3)	对安全壳高放射性的响应
FR－I.1(FRP－I.1)	对稳压器高水位的响应
FR－I.2(FRP－I.2)	对稳压器低水位的响应
FR－I.3(FRP－I.3)	对反应堆压力容器中产生汽泡的响应

2. 关键安全功能(CSF)

关键安全功能包括如下6个方面。

(1) 次临界度

它保证有足够的停堆深度和可靠的停堆功能，确保反应堆在停堆后处于可靠的次临界状态下，避免发生未紧急停堆的预期瞬态(ATWS)，重返功率量程和丧失堆芯停闭功能。

(2) 堆芯冷却

它保证足够的冷却剂装量以及通过堆芯的流量，避免堆芯冷却不足或出现堆芯饱和状态，保证燃料包壳温度低于 1 024 ℃。

(3) 二回路热阱

它保证蒸汽发生器有正常的水位和蒸汽释放通道，避免出现蒸汽发生器高水位、低水位、超压和丧失正常蒸汽释放能力，确保堆芯热量通过二回路能传送到最终热阱（自然界的热消散区）去。

(4) 压力边界完整

它维持正常的停堆冷却速率，反应堆冷却剂的温度和压力曲线保持在技术规范要求的范围内。避免冷却剂系统设备在受压情况下承受冷却过快而产生的热冲击，这可能导致压力容器或其他材料脆裂而破损。

(5) 安全壳完整

它保证安全壳完整，避免出现安全壳超压、淹没和高放射性水平，阻止放射性物质由最后一道安全屏障外泄。

(6) 冷却剂装量

它保证稳压器有一定水位，确保一回路压力可控的堆芯热量载出，避免出现稳压器高水位、低水位和压力容器出现汽泡。

在核安全分析中最重要的是确保核电厂安全三道安全屏障，它们体现了“纵深防御”的概念。图 5-4 给出了六个关键安全功能与三道安全屏障的关系。

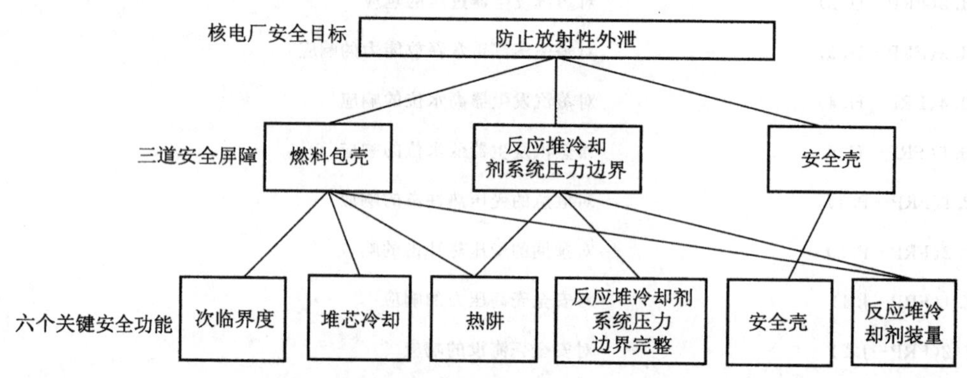

图 5-4 安全屏障与关键安全功能之间的关系

3. 关键安全功能状态树(CSFST)

关键安全功能状态树是用来引导操纵员对核电厂安全功能状态进行系统性诊断的系统。

(1)结构：树结构见图 5-5。

① 整个安全功能状态树由六个具有树结构的状态树串接组成，由 CSF－1～CSF－6。每个状态树对应一个关键安全功能，负责对该安全功能的状态进行诊断。

② 每个状态树由若干个状态诊断点组成，每个诊断点选定若干个安全参数，用其实际值与安全定值相比较来判断安全状态。

③ 每个状态树只有一个入口，但可有若干个出口，代表各种不同的安全状态，去启动一个特定的功能恢复规程。但是在核电厂实际运行时的确定时间内，每通过一次状态树，它只判断出一个确定的状态，也就是说每个状态树只有一个确定的出口。

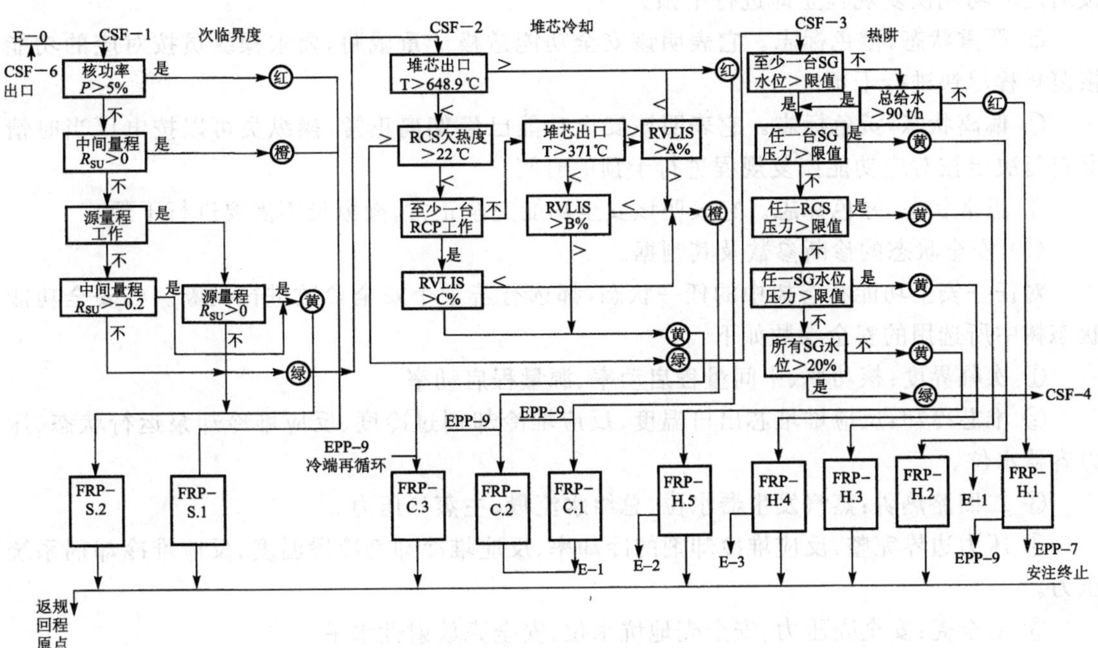

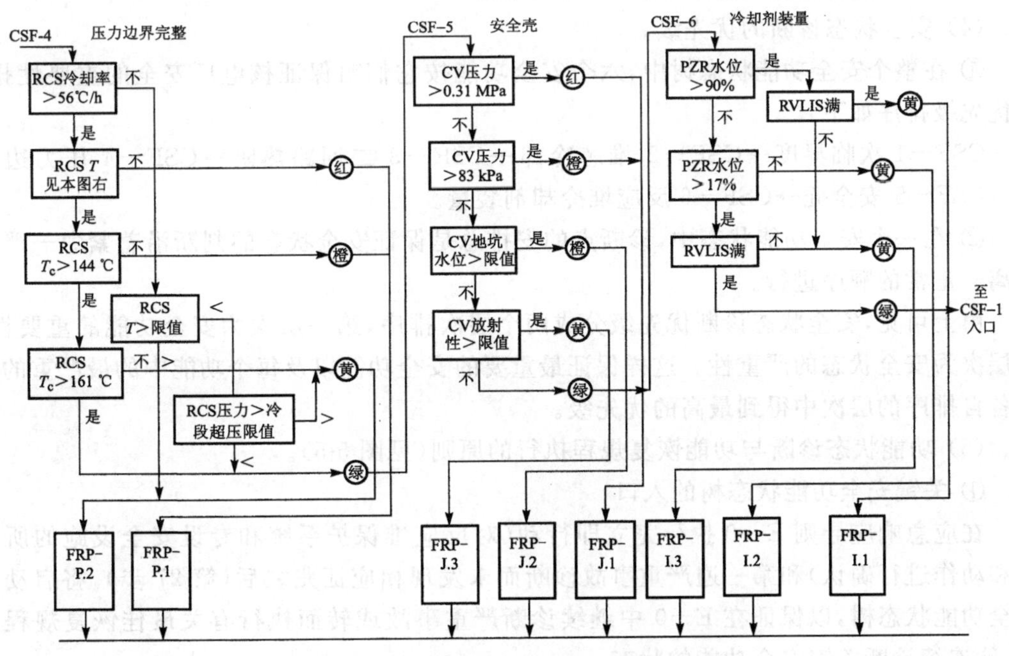

图 5-5　关键安全功能状态树与功能恢复规程

④ 一旦启动状态树，六个安全状态依次进行诊断。当第六个安全状态树诊断完毕，再转入第一个状态树，往返循环诊断。

(2) 安全状态级别。

每个安全功能的状态按其受到威胁和破坏的程度分成 4 级：

① 紧急状态，红色标志。它表明该安全功能遭极严重破坏，面临紧急状态，要求操纵员

按对应的功能恢复规程立即进行干预。

② 严重状态，橙色标志。它表明该安全功能遭极严重威胁，要求操纵员按对应的功能恢复规程尽快进行干预。

③ 偏离状态，黄色标志。它表明该安全功能已经偏离正常，操纵员可以按电厂当时情况自行决定按对应功能恢复规程进行干预的时间。

④ 正常状态，绿色标志。它表明该安全功能完全正常，操纵员不需要进行干预。

(3) 安全状态的诊断参数及其判据。

对任一安全功能状态树中的任一状态，都选有若干个安全参数进行判断。各安全功能状态树中所选用的安全参数如下：

① 次临界度：核功率、中间量程启动率、源量程启动率。

② 堆芯冷却：反应堆堆芯出口温度、反应堆冷却剂过冷度、反应堆冷却泵运行状态、压力容器水位。

③ 二回路热阱：蒸汽发生器水位、总给水流量、主蒸汽压力。

④ 压力边界完整：反应堆冷却剂的冷却率、反应堆冷却剂冷段温度、反应堆冷却剂系统压力。

⑤ 安全壳：安全壳压力、安全壳地坑水位、安全壳放射性水平。

⑥ 冷却剂装量：稳压器水位、压力容器水位。

(4) 安全状态诊断的优先级。

① 在整个安全功能状态树中，六个安全功能按它们对保证核电厂安全的重要性排序，其优先级排序如下：

CSF－1 次临界度→CSF－2 堆芯冷却→CSF－3 二回路热阱→CSF－4 压力边界完整→CSF－5 安全壳→CSF－6 反应堆冷却剂装量。

② 在一个安全功能状态中，诊断点的安排总是保证安全状态的判断沿着紧急—严重—偏离—正常的顺序进行。

由上可见，安全状态诊断优先级分成两个层次排序，第一层次为安全功能的重要性，第二层次为安全状态的严重性。这样保证最重要的安全功能以及每个功能中的最严重的状态在各自排序的层次中得到最高的优先级。

(5) 功能状态诊断与功能恢复规程执行的原则(见图 5-5)。

① 关键安全功能状态树的入口

在应急响应导则 E－0 执行完立即行动(对反应堆保护系统和专设安全设施的所有设备和动作进行确认)和第一遍严重事故诊断而未发现相应征兆之后(第 27 步)，将启动关键安全功能状态树，以保证在 E－0 中继续诊断严重事故或转而执行有关最佳恢复规程的同时，能连续诊断关键安全功能的状态。

之所以在确认所有保护系统和安全系统正常后才启动关键安全功能监督，是因为这些设备的正常工作是防止和校正关键安全功能任何降级的基本保证和前提。

除了 E－0 第 27 步(见表 5-2)启动关键安全功能状态的连续监督外，如果发生反应堆不能自动和手动停堆和辅助给水流量不能建立，还将分别从 E－0 第 1 步和第 17 步(见表 5-2)不经关键安全功能状态树的诊断而直接转向执行 FRP－S.1 和 FRP－H.1 规程。

② 状态诊断和规程执行的规则

一旦状态树开始监督，下列规则必须遵循：

a. 状态树必须按其原定优先级顺序连续监督。

b. 如诊断到紧急（红色标志）状态，操纵员应立即停止原来正在执行的最佳恢复规程，转而去执行相应的功能恢复规程。

c. 如诊断到一个严重（橙色标志）状态，操纵员应尽快地停止原来正在执行的最佳恢复规程，转而去执行优先级最高的严重状态所对应的功能恢复规程。

d. 如诊断到一个偏离（黄色标志）状态，操纵员有权自行决定继续原来正在进行的最佳恢复规程还是转而执行有关的恢复规程。

e. 在执行某一低级别（如严重）对应的功能恢复规程时，又发生了级别更严重的状态（如紧急），操纵员应暂时中断原正在进行的功能恢复规程，转而执行级别更严重的功能恢复规程。

f. 正在执行某一紧急或严重状态对应的功能恢复规程时，又发生了优先级更高的紧急或严重状态，操纵员应暂时中断正在进行的功能恢复规程，转而执行优先级更高的功能恢复规程。

③ 功能恢复规程的出口

一般来说，在某一恢复规程执行过程中，当原来据其进入该恢复规程所对应的状态消失后（如原执行的是紧急状态的恢复规程，执行的结果使紧急状态消失，转成严重或其他状态），就可以终止该规程的执行。在没有其他安全功能需要恢复时（红或橙），则可转去继续执行原被中断的最佳恢复规程。

但有个别功能恢复规程的出口规定了固定转移的最佳恢复规程的连接点。如发生了堆芯冷却严重不足且执行了 FRP－S.1 后，将转至 E－1（丧失反应堆冷却剂和二回路冷却剂）第 12 步，让操纵员去检查当时的全厂状态，特别是放射性泄漏程度和用于长期电厂恢复的设备可用性。又如发生了蒸汽发生器高水位且执行了 FRP－H.4 后，有可能转向 E－3（SGTR）处理。

4. 功能恢复规程（FRP）

功能恢复规程包括 6 个方面，由 18 个规程组成。其作用是指导操纵员去执行一系统的判断及其相应的操作，去恢复某一方面的安全功能，以使核电厂处于安全运行状态。

(1) CSF－1　次临界度

① FRP－S.1　对核功率产生/未紧急停堆的预期瞬态（ATWS）的响应

目的：解决次临界度丧失或未紧急停堆的预期瞬变问题，确保反应堆可靠停闭（出口为核功率＜5%）。

② FRP－S.2　对丧失反应堆停堆功能的响应

目的：确保反应堆可靠停闭。

(2) CSF－2　堆芯冷却

① FRP－C.1　对堆芯冷却严重不足的响应

目的：消除由堆芯裸露而导致堆芯冷却严重不足的问题。

（出口：a. 堆芯出口温度＜371 ℃，b. 压力容器水位＞A%）

② FRP－C.2　对堆芯冷却条件降级的响应

目的:恢复堆芯冷却条件。

③ FRP—C.3 对饱和的堆芯冷却条件的响应

目的:反应堆冷却剂系统在饱和状态下,恢复堆芯冷却条件。

(3) 热阱

① FRP—H.1 对丧失二回路热阱的响应

目的:恢复二回路热阱(出口:任一蒸汽发生器水位>20%,或总给水流量>90 t/h)如恢复不成,保证反应堆冷却剂系统的排—补水(bleed—feed)路径。

② FRP—H.2 对蒸汽发生器过压的响应

目的:将过压的蒸汽发生器压力降下来。

③ FRP—H.3 对丧失蒸汽正常释放能力的响应

目的:恢复受影响的蒸汽发生器的蒸汽释放能力。

④ FRP—H.4 对蒸汽发生器高水位的响应

目的:保护汽轮机,使高水位恢复正常。

⑤ FRP—H.5 对蒸汽发生器低水位的响应

目的:使低水位恢复正常。

(4) CSF—4 压力边界完整

① FRP—P.1 对危急的受压热冲击的响应

目的:避免受压热冲击造成的压力边界破损。

② FRP—P.2 对预期的受压热冲击的响应

目的:避免预期的受压热冲击造成压力边界破损。

(5) CSF—5 安全壳

① FRP—J.1 对安全壳高压力的响应

目的:保证安全壳完整,防止放射性外泄。

② FRP—J.2 对安全壳淹没的响应

目的:根据安全壳淹没的原因采取对策。

③ FRP—J.3 对安全壳高放射性的响应

目的:防止放射性外泄。

(6) CSF—6 冷却剂装量

① FRP—I.1 对稳压器高水位的响应

目的:将稳压器高水位以可控方式降至正常水位范围(<75%)。

② FRP—I.2 对稳压器低水位的响应

目的:将稳压器低水位增加至正常范围(>17%)。

③ FRP—I.3 对反应堆压力容器中产生汽泡的响应

目的:消除已经在反应堆压力容器上封头产生的汽泡。

5.1.4 最佳恢复导则与功能恢复导则的转换关系

最佳恢复导则与功能恢复导则的转换关系见图 5-6。

概括起来,图 5-7 给出了核电厂应急响应导则与正常、异常和应急运行间的关系。

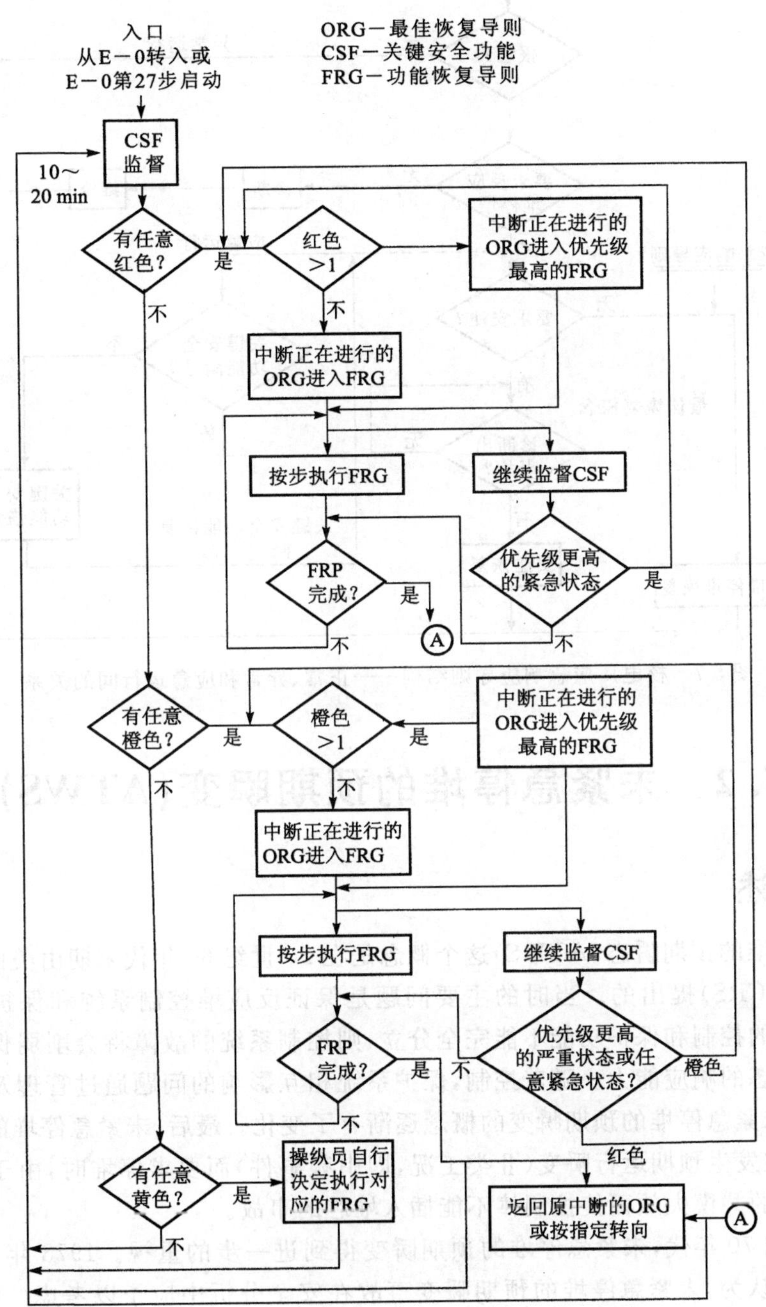

图 5-6　最佳恢复导则与功能恢复导则的转换关系

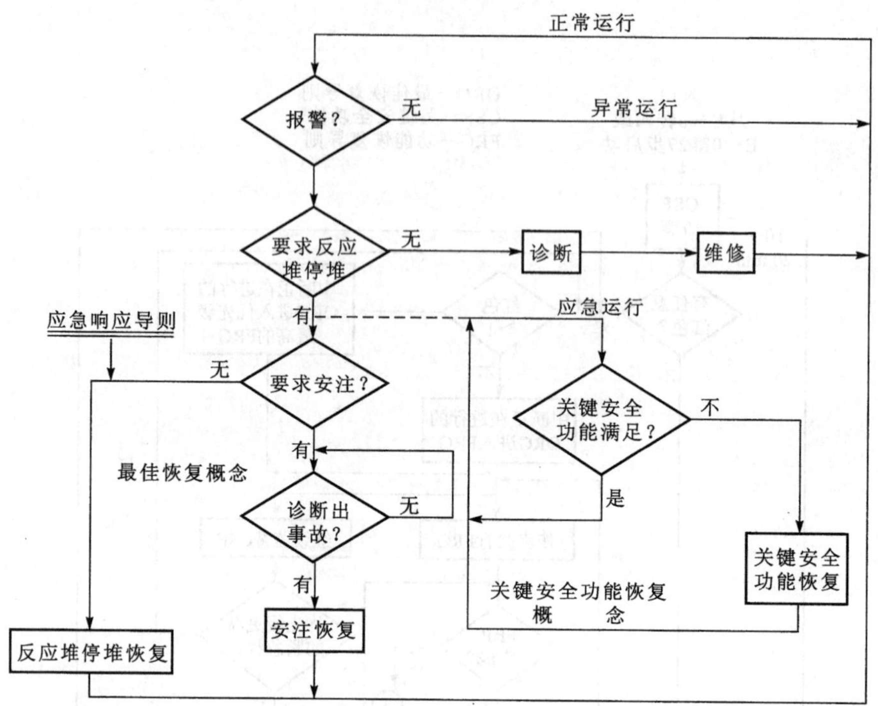

图 5-7 核电厂应急响应导则结构——正常、异常和应急运行间的关系

5.2 未紧急停堆的预期瞬变(ATWS)

5.2.1 概述

未紧急停堆的预期瞬态(ATWS)这个概念是在20世纪60年代末期由美国反应堆保障咨询委员会(ACRS)提出的。当时的主要问题是保证反应堆控制系统和保护系统的分立性。若反应堆的控制和保护功能不能完全分立,则控制系统的故障将会削弱保护系统对于要求停堆的瞬态的响应能力。随着控制,保护系统相互影响的问题通过管理及设计上的改进得到解决,未紧急停堆的预期瞬变的概念逐渐有了变化。最后,未紧急停堆的预期瞬变的定义演变为:在发生预期运行瞬变(Ⅱ类工况,即中频事件)而要求停堆时,由于非特定的电气或机械方面的共模失效而使控制棒不能插入堆芯的事故。

在20世纪70年代,未紧急停堆的预期瞬变得到进一步的重视。1973年,美国核管会(NRC)的报告认为,未紧急停堆的预期瞬变事故在安全分析中应予以考虑。继之,在美国西屋公司发表的资料中,得出了未紧急停堆的预期瞬变事故发生概率很小且后果也不太严重的结论。1977年,美国西屋公司又建议在发生该事故时要区分有汽轮机停机和要启动辅助给水系统的不同情况。1978年,NRC确定了出现未紧急停堆的预期瞬变事故的情况下应遵循的准则。NRC要求核电厂执照申请者在安全分析报告中将未紧急停堆的预期瞬变事故按第八类事故送审,而且要求增加未紧急停堆的预期瞬变缓解线路AMSAC(anticipatory mitigating systems actuation circuitory)。确保在发生未紧急停堆的预期瞬变事故时汽轮机停机和辅助给水自动投入。

1979年三哩岛事故后，未紧急停堆的预期瞬变被列为“尚未解决的安全事项”之一，当时对未紧急停堆的预期瞬变作了细致的研究。1983年2月美国Salem核电厂连续发生两起未紧急停堆的预期瞬变事件，使核工程界为之震惊。为此，NRC专门组织并进行了详细的调查和分析。至此，未紧急停堆的预期瞬变事故进程和性质已大体清楚。此后，NRC肯定了未紧急停堆的预期瞬变缓解线路的必要性，同时要求所有核电厂根据现有仪器和设备制定一个未紧急停堆的预期瞬变缓解恢复的应急运行规程(EOP)。

在美国研究未紧急停堆的预期瞬变的同时，其他国家也进行了研究。1977年法国成立了一个CEA－EDF－FRA专家组，研究了美国有关资料，评价了美国NRC有关未紧急停堆的预期瞬变的考虑，并针对法国核电厂的特点进行了具体分析计算。最后，该专家组得出结论同意美国NRC有关未紧急停堆的预期瞬变的意见和要求。对核电厂的分析计算结论与美国西屋公司的相似。

现在，各国研究的一致结论是，只要加装一条从探头输出开始直至动作部件的独立触发辅助给水投入和汽轮机停机的逻辑系统(未紧急停堆的预期瞬变缓解线路AMSAC)，未紧急停堆的预期瞬变的后果是可以接受的。当然，监督停堆或辅以手动仍是操纵员进入应急状态的第一个行动，若手动停堆失效，则手动注硼可以确保实现化学控制停堆。

未紧急停堆的预期瞬变事件可分为三种类型。第一类是由丧失一次侧热量排出能力引起的事件组成，属于这一类的事故有：

1. 部分丧失流量；
2. 丧失外电源；
3. 反应堆冷却剂系统的偶然降压。

其中最有特点的事件是丧失外电源。

第二类未紧急停堆的预期瞬变事件是由反应性骤增而引起的，包括：

1. 不可控的硼稀释；
2. 次临界状态下的控制棒抽出；
3. 功率运行状态下控制棒抽出；
4. 落棒；
5. 失效环路的启动。

其中，功率运行状态下控制棒抽出是最有特点的事故。最后，第三类未紧急停堆的预期瞬变事件是由丧失二次热阱而引起的，包括：

1. 丧失给水；
2. 丧失负荷。

其中，丧失负荷是这类未紧急停堆的预期瞬变事件中最有特点的事故，也是整个未紧急停堆的预期瞬变事件中最典型最有特点的事故。

完成了对未紧急停堆的预期瞬变事件进行的瞬变分析，以对偏离泡核沸腾比R_{DNB}和反应堆冷却剂系统压力进行评价。在丧失给水和丧失负荷的情况下，R_{DNB}随时间延长而增大。因此，反应堆冷却剂系统的峰值压力是所关心的参数。对于反应堆冷却剂系统的偶然降压，R_{DNB}是人们关心的安全限值。大多数未紧急停堆的预期瞬变事件导致在反应堆冷却剂系统中产生的热量的速率快于它能从二回路系统中排出的热量的速率。这将引起反应堆冷却剂系统的升温并有水膨胀进入稳压器，反过来又导致一压力瞬变。这个反应堆冷却剂系统压力升高正是大多数未紧急停堆的预期瞬变事件的限制参数。所以缓解未紧急停堆的预期瞬变事件结果的最重要的特点之一是靠稳压器卸压阀和安全阀限制压力上升的能力。

如前所述，最有特点的未紧急停堆的预期瞬变事件是丧失负荷，表 5-3 中给出了可能的事件后果。始发事件是在 100%功率水平下，由于丧失冷凝器真空而引起的丧失负荷（汽轮机停机）。

表 5-3 某核电厂丧失负荷引发的未紧急停堆的预期瞬变事件时间序列

序号	项　目	时间/s
1	汽轮机停机与主给水泵停泵	0
2	汽轮机停机引起反应堆停堆信号	0
3	稳压器卸压阀开启释放蒸汽	5
4	出现稳压器高压力停堆（定值点）信号	6.4
5	出现超温 ΔT 停堆（定值点）信号	8.4
6	蒸汽发生器安全阀开启	11
7	所有辅助给水泵开始向所有蒸汽发生器供水	60
8	稳压器充水，出现稳压器高水位停堆（定值点）信号	99
9	稳压器安全阀开启（排出水）	99
10	蒸汽发生器传热管无有效覆盖	110
11	反应堆冷却剂系统达到压力峰值（20.51 MPa）	120
12	反应堆冷却剂泵假设出现汽蚀（$Tc \leqslant 6$ ℃，在饱和温度之下）	165
13	稳压器安全阀关闭	175
14	稳压器卸压阀关闭	250
15	堆达到临界	450
16	一回路压力开始从 10.83 MPa 缓慢上升	560
17	堆芯功率为 6%，反应堆冷却剂系统压力为 10.89 MPa	＞600
18	稳压器为 15%～20%	＞600
19	蒸汽发生器传热管无有效覆盖	67
20	稳压器卸压阀开启（放汽）	72.5
21	稳压器充水	85
22	稳压器安全阀关闭	87
23	蒸汽发生器安全阀关闭（通过汽动泵放汽）	91.5
24	反应堆冷却剂系统压力峰值到达	113
25	反应堆冷却剂泵假设出现汽蚀（$Tc \leqslant 6$ ℃，在饱和温度之下）	160
26	主给水管线由辅助给水清洗完毕	166
27	所有稳压器卸压阀/安全阀关闭	260～270
28	堆达到临界	418
29	反应堆冷却剂系统压力开始从 11.51 MPa 缓慢上升	600
30	堆芯功率为 10%，反应堆冷却剂系统压力为 12.15 MPa	＞600
31	稳压器水位为 25%	＞600

注意:在这个事件后果里很多停堆定值点都达到了,但都未使反应堆停闭。换言之,在事故的任何时刻,假设控制棒并没下插,同时,还得注意,假设丧失冷凝器真空引起汽动主给水泵停运,由于这是一个加热事故,慢化剂温度系数终究会使功率下降至相当于辅助给水泵能力的水平。

图 5-8 给出了这个事件的温度瞬变。注意:在瞬变初期,温度开始上升。由于汽轮机停机和丧失给水,突然失去二次热阱和缺少过冷的给水而导致二回路温度和压力立即上升(从而,反应堆冷却剂系统温度和压力上升)。在 11 s 时蒸汽发生器安全阀开启,使之温度能稳定。然而,在事件发生大约 110 s 时,蒸汽发生器传热管开始裸露,从一回路向二回路的传热下降,该效应持续到冷的应急给水的进入,才开始明显增加蒸汽发生器内的传热,并在事故发生大约 200 s 时终止加热。

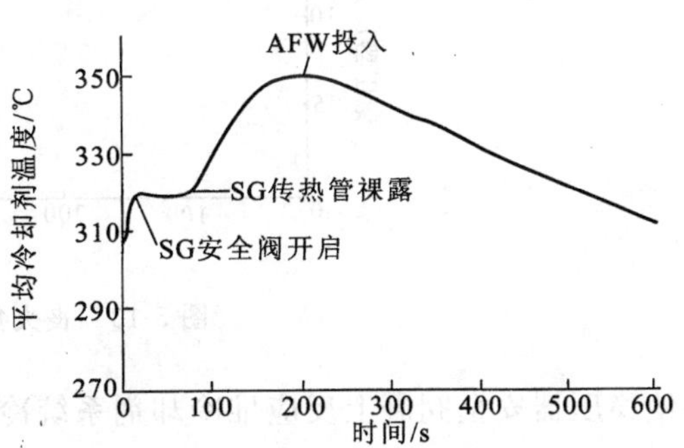

图 5-8 丧失负荷的 ATWS(Ⅰ)

图 5-9 中,热流一开始就从堆芯降下来了,这是由于加热使温度升高,负慢化剂温度系数引入了负反应性,因而驱使反应堆功率下降。在瞬变约 20 s 时,热流持平是由于蒸汽发生器安全阀开启而引起的暂时温度稳定效应的结果。然而,正如先前所讨论的那样,这段“平”是很短的,并随蒸汽发生器开始变干(dry out)。加热再使堆功率下降,进而热流下降,堆芯的核功率及热流最终稳定在一个等于辅助给水系统能力的数值上。一台汽动辅助给水泵和两台电动辅助给水泵能提供大约相当于 7%~8%功率的流量。

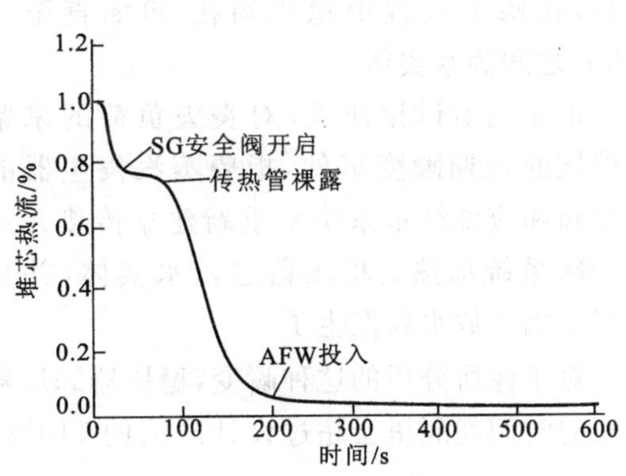

图 5-9 丧失负荷的 ATWS(Ⅱ)

在这一点上,反应堆等于由蒸汽发生器安全阀提供的蒸汽需要,并且反应堆在这点附近维持临界(忽略瞬变振荡)。蒸汽发生器不能被辅助给水系统所覆盖,而辅助给水在进入蒸汽发生器之后,立即闪蒸成蒸汽。这种情况一直持续到操纵员下插控制棒或注入硼液才能将反应堆停闭。

正如所讨论的那样,这种瞬变的最大特点是反应堆冷却剂压力变化,这种事件的实际压力瞬变见图 5-10。

压力瞬变基本上跟从反应堆冷却剂系统的温度。由于汽轮机停机引起稳压器正波动(insurge),稳压器的卸压阀在 5 s 时开始开启,压力继续上升直到稳压器安全阀的定值点(瞬时打开),在那一时刻,能觉察到蒸汽发生器安全阀的效果。稳压器的卸压阀在降低和维持核电厂压力直到蒸汽发生器于 110 s 干锅为止都是有效的。这种较大的加热会导致稳压器充水在约 99 s 时变成水实体。这样通过安全阀排放水就发生了,并且阀门在卸压方面不那么有效。因而,压力持续上升直至应急给水系统能增加蒸汽发生器传热,降低加热速率,

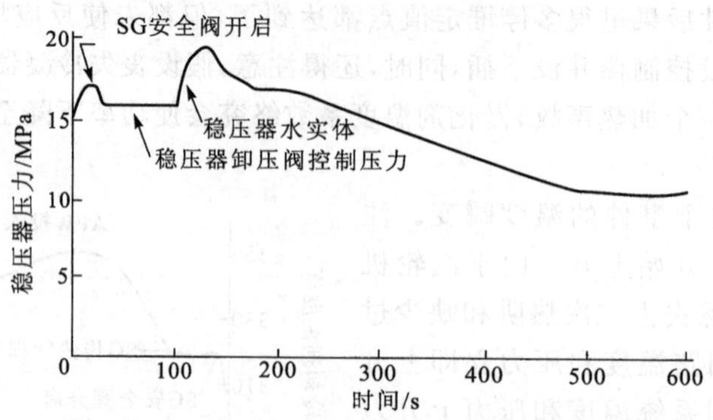

图 5-10 丧失负荷的 ATWS(Ⅲ)

并使稳压器安全阀赶上反应堆冷却剂系统冷却剂的膨胀为止。只有这样反应堆冷却剂系统的压力才确确实实地开始下降。

图 5-11 给出了这种瞬变中稳压器的水容积的变化,它基本上遵从所期望的 T_{avg} 瞬变。注意,在瞬变过程中稳压器在 99 s 直至约 270 s 之间为水实体。

正如先前讨论所见,对丧失负荷的未紧急停堆的预期瞬变事件,指望蒸汽发生器的安全阀和应急给水系统来重新建立传热并终止一次系统加热。稳压器进入水实体,并且从安全阀排放水就发生了。

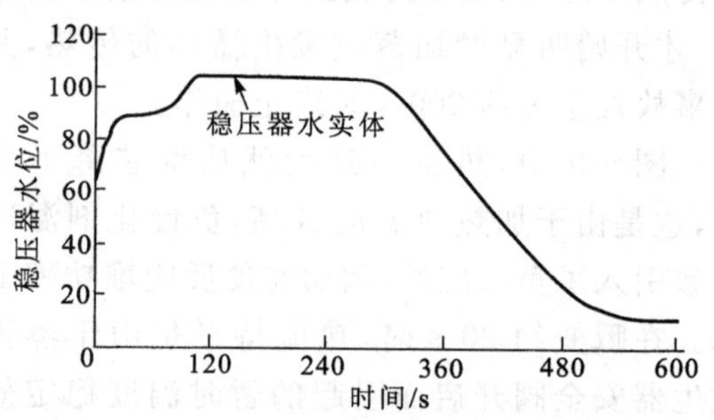

图 5-11 丧失负荷的 ATWS(Ⅳ)

对于像所分析的这种瞬变,稳压器卸压箱会充水并有可能将爆破膜冲破。尽管压力在很短的时间间隔里会超过设计限值的 110%,但它仍然能维持在强度应力限值 22.06 MPa 之下。

其他的未紧急停堆的预期瞬变事件的分析基本上都采用同样的思路,大多数情况下,一回路加热产生,因此压力也上升。然而,其他一些事件都不会像刚刚分析过的情况那么严重。在这种情况下,R_{DNB} 在整个瞬变过程中是在增加的,这是由于高功率时有高压力的缘故,在所有未紧急停堆的预期瞬变事件里的 R_{DNB} 都会保持在设计限值之上(≥1.30)。

一般情况下,未紧急停堆的预期瞬变事件可以通过采取以下正确的动作得以缓解:

1. 提供运行人员运行导则,以指导其在未紧急停堆的预期瞬变事件时操作;

2. 通过培训提供运行人员以背景材料和依据,以利于他们去分析未紧急停堆的预期瞬变事件;

3. 提供多样的动力源(circuitry)以确保汽轮机停机和辅助给水泵启动;

4. 提供安全壳隔离以限制在未紧急停堆的预期瞬变事件发生时放射性向外释放。

5.2.2 处理未紧急停堆的预期瞬变的应急运行规程——FRP－S.1

FRP－S.1 应急运行规程(见表 5-4)是一个功能恢复规程,用它来处理未紧急停堆的预期瞬变。一般是要在核电厂需要停堆或安注但反应堆并未停堆时,进入此规程。

表 5-4 ERP－S.1 指令及相应的应急动作

步骤	指　令	相应的应急动作
1	确认反应堆停堆 * 控制棒到底指示灯——亮 * 停堆及旁路断路器——断开 * 棒位指示器——零 * 核功率(通量)——下降	若未停堆,则手动停堆;若仍未停堆,则手动插棒
2	汽轮机停机 * 所有截止阀——关闭	若未停机,则手动停机;若仍未停机,则汽轮机快速降负荷;若汽轮机不能快速降负荷,则关闭诸 MSIV 及其旁路阀
3	核查辅助给水泵运行情况 a. 电机驱动 AFW 泵——运行 b. 汽轮机驱动 AFW 泵——运行	a. 若未运行,手动启动 b. 若未运行,手动打开供汽阀
4	应急加硼 a. 接通输送硼酸至上充泵汲入口的线路 * 经应急加硼阀 8104 * 经阀 FCV－113B 通过硼酸混合合器的正常线路 * 由 RWST 经阀 LCV－115B 或 LCV－115D * 经阀 FCV－114B 从 VCT 顶部进入(有约 10 min 的时间延迟) * 经备用的应急加硼阀 8349——就地打开 b. 核查含硼水进入上充泵汲入端 c. 接通输送上充流到 RCS 线路 * 经阀 HCV－8146 的正常上充 * 经阀 HCV－8147 的备用上充 * 输送 RCP 的密封水输送线路 * 经阀 HCV－8145 至稳压器的辅助喷淋管线 d. 检查 RCS 压力——小于 16.1 MPa	d. 否则执行下列操作 * 打开稳压器卸压阀和截止阀至 RCS 压力小于 16.1 MPa * 核实安全壳通风系统隔离,若隔离挡板未关闭,则手动关闭
5	检查下列停闭是否实现 a. 反应堆停堆 b. 汽轮机停机	a. 若未停堆,派操纵员就地停堆 b. 若未停机,派操纵员就地停机
6	确认 AFW 流量——大于 3 028.3 L/min	否则,启动 AFW 泵,调整阀门
7	确认所有稀释通道——隔离	否则,手动隔离稀释通道
8	检查 RCS 不可控冷却而引入的正反应性 * RCS 温度低于 260 ℃并在下降,或 * 任一 SG 低于 5.52 MPa 并在下降	若没有不可控冷却,则转向第 12 步
9	检查 MSIV 和旁路阀——关闭	若未关闭,则手动关闭阀门
10	识别有故障蒸汽发生器(SG) 检查蒸汽发生器压力 * 任何蒸汽发生器在不可控地降压 * 任何蒸汽发生器已完全失压	若无,则转至第 12 步

续表

步骤	指　　令	相应的应急动作
11	隔离有故障的蒸汽发生器 a. 隔离给水 b. 隔离通向故障的蒸汽发生器的 AFW c. 核查蒸汽发生器的卸压阀——关闭 d. 关闭通向汽轮机驱动 AFW 泵的供汽阀	否则，就地隔离 SG 卸压阀的气源
12	确认堆处于次临界 a. 功率量程通道——<5% b. 中间量程通道——负的启动率 注意：在下列情况时停止注硼 * 已获得足够的停堆深度，或 * 堆处于次临界且任何不可控的冷却已终止	否则，继续注硼。若注硼失效，则允许 RCS 升温，执行其他功能恢复规程的动作。但这些不会冷却降温或以其他方式向堆芯添加正反应性，直到堆加硼至次临界后才继续往下进行
13	返回并执行其他规程	

注：此规程引自美国核电厂 Shearon Harris Unit 1。

5.3 蒸汽发生器传热管破损(SGTR)事故

5.3.1 蒸汽发生器传热管破裂事故概述

从世界各国压水堆核电厂的运行经验来看，蒸汽发生器传热管破裂事故是核电厂发生频率较高的事故之一。

蒸汽发生器是核电厂的重要设备，它既是一回路设备，又是二回路设备，是一回路和二回路结合点，承担一、二回路能量传递任务。蒸汽发生器既面对一回路高温、高压工作流体条件，又面对二回路水质条件恶劣工作条件，因为蒸汽的连续产生致使二次侧的杂质、盐分和泥渣的浓集，因此带来了运行和安全的复杂性，恶劣的工作造成了传热管的泄漏和破损。另外，蒸汽发生器的传热管是一回路实际上的压力边界的一部分(尽管技术规范不将传热管列为一次压力边界)。对于一个电功率为 300 MW 的蒸汽发生器，它大约具有 5 000 根传热管，因此发生个别传热管破损的可能性是很大的，再加上其壁厚大约为 1.0 mm，因此它又是一个薄弱环节。从世界上已经运行的压水堆核电厂所发生的主要事故来看，也以蒸汽发生器传热管破损(以下简称 SGTR)发生频率为最高，核工业界已经作了许多努力，企图减少这类事故，例如：二次侧和管子检查；改进蒸汽发生器设计；改善水化学控制等。但是，无论怎样，蒸汽发生器破管事故仍然是压水堆核电厂最可能发生的事故之一。截至 1987 年 9 月，美国发生 5 次因蒸汽发生器传热管破裂事故导致安注投入和紧急停堆，事故发生概率高达 10^{-3}/堆年。法国的蒸汽发生器发生一根传热管破损的频率为 6×10^{-3}/年，而发生小泄漏事故的概率高达 4.8×10^{-2}/年。1991 年 2 月 9 日，日本美滨 2 号机也发生了一起严重的蒸汽发生器传热管破裂事故，这是日本核电厂投入运行 20 多年来，第一次启动应急堆芯冷却系统。

对于蒸汽发生器传热管破裂事故，如果干预及时，处理正确，后果不会那么严重，可能只会有少量带有放射性的一次冷却剂排向大气。因此，研究蒸汽发生器传热管破裂事故的进程，操纵员何时干预、如何干预等是很重要的。

在处理蒸汽发生器传热管破裂事故操作中，必须注意到如下事实：尽管操纵员采用的是同样一个应急操作规程，引入的事故大小也相同，但是，不同操纵员可以处理出极为不同的结果，即有的可以较早的终止泄漏，有的却会造成蒸汽发生器满溢。也就是说，有了应急操作规程，还有一个如何使用和及时正确操作的问题。

5.3.2 蒸汽发生器传热管破裂的瞬变过程

表 5-5 给出了蒸汽发生器传热管破裂瞬变的初始条件。

表 5-5 蒸汽发生器传热管破裂

	燃耗	燃料循环初期(BOL)
初始条件	平均温度 T_{avg}	294 ℃
	反应堆冷却剂系统压力	15.4 MPa
	反应堆运行功率	100%满功率
	其他	离心上充泵工作； 受影响的蒸汽发生器的水位和蒸汽流量在图 5-12 中以曲线②的形式给出

始发事件：1 号蒸汽发生器传热管破损流量为 2 653 L/min。

图 5-12 给出了蒸汽发生器传热管破裂的瞬变曲线。

瞬变要点说明：

1. 通过反应堆冷却剂系统侧向二次侧泄漏使系统的水装量损失超过了离心上充泵的流量，致使稳压器水位下降。

2. 从曲线②可以看出：由于反应堆冷却剂系统泄漏到蒸汽发生器二次侧，造成蒸汽发生器在开始的 12 s 内水位增加。蒸汽发生器水位控制系统使给水量下降，这是水位返回到程序水位的开始。

注意：在宽量程仪表的盘面刻度上没有给出参数的精确变化。此外，详细给出则时间刻度太长，主要控制盘仪表将不能反映如此小的变化。因此，此时瞬态对操纵员来说可能只出现稳压器液位偏离信号。

3. 稳压器液位控制系统试图通过提高上充流量来维持液位。

4. 报警器报警窗给出 ΔT_{OT}汽轮发电机组将出现快速降负荷信号，这可以通过稳压器中的压力下降来得到证实。

5. 棒控功率失配回路受汽轮机快速降负荷的影响使棒向堆内移动。

6. 离心泵根据低液位使上充流增加到最大。

7. 反应堆首先出现稳压器低液位紧急停堆，低压安注信号在此后 5 s 被触发。

注意：ΔT_{OT}作为紧急停堆的原因同样是可以接受的。

8. T_{avg}跟着典型的反应堆紧急停堆响应。

9. 单台离心上充泵不能维持破口流且稳压器液位偏离指示范围。

10. 当稳压器偏离稳压器液位，反应堆冷却剂系统最热的部位压力降到饱和压力时，直至应急堆芯冷却系统(ECCS)注入流超过破口流压力保持在饱和状态。

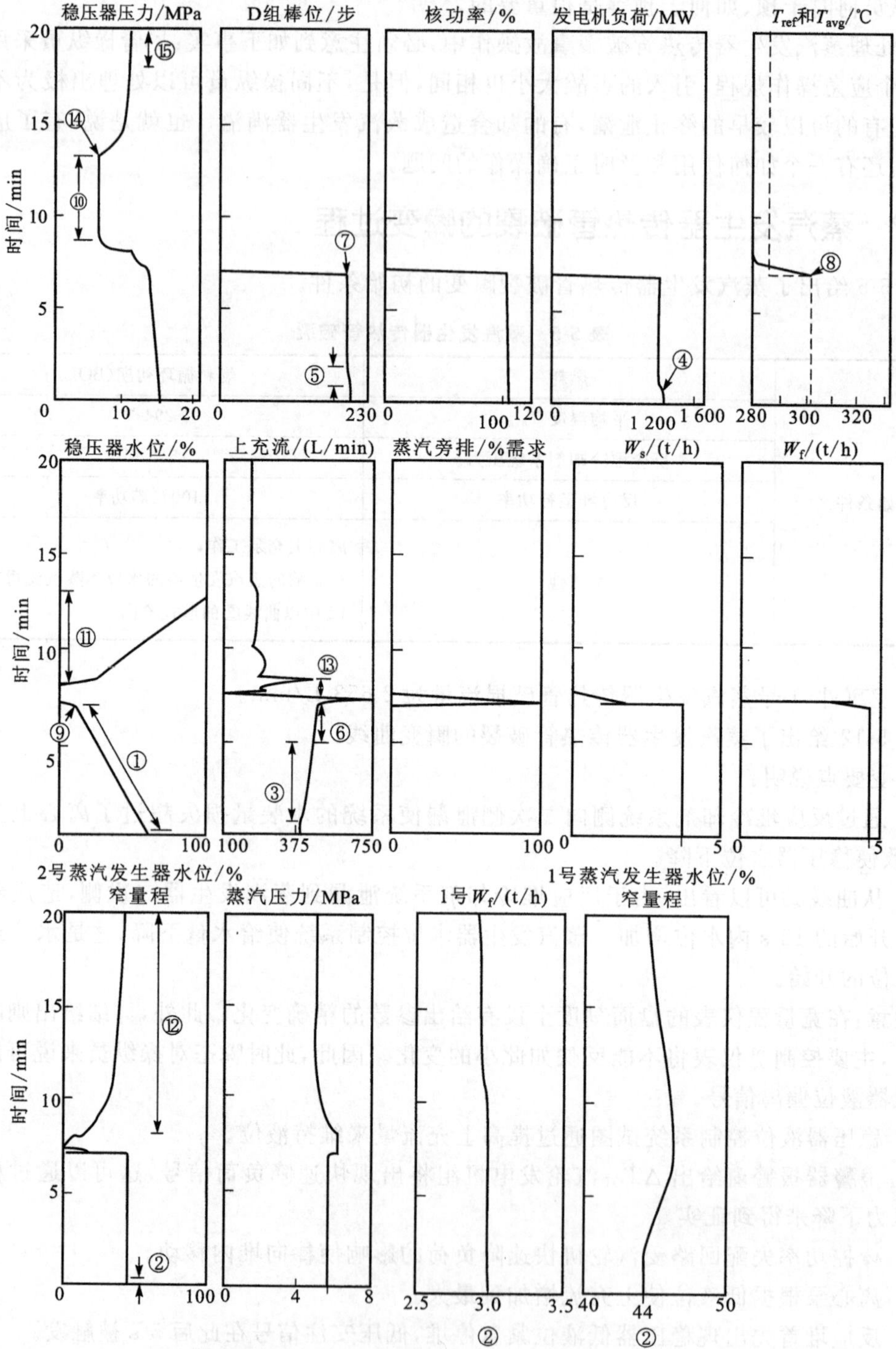

图 5-12 蒸汽发生器传热管破裂(SGTR)瞬变曲线

11. 由于高的饱和压力蓄压器没有机会注入，所以稳压器的液位恢复较慢，应急堆芯冷却系统流量此时超过破口流。

12. 因为反应堆冷却剂系统压力大约保持在 4.13 MPa ，高于二次侧压力，继续流入受影响的蒸汽发生器，使受影响的蒸汽发生器液位继续上升。

13. A 阶段隔离，ESF 信号关闭上充管线隔离阀门降低流量至零。由于液位仍然低于定值点的 25%，打开 FCV 阀则通过反应堆冷却剂泵密封的流量增大。低的反应堆冷却剂系统压力允许高的密封流量。经过 8 min 20 s 后，水位返回并超过水位定值点，上充泵流量回到最小的 182 L/min 值。

14. 稳压器液位增加超出指示范围，使稳压器顶部的蒸汽受到压缩，且提高了压力。

15. 如果无操纵员干预，压力将继续升高，直至破口流和注入流之间达到平衡。

说明：图 5-12 给出的 SGTR 的瞬变曲线是选自美国核管会(NRC)培训中心的培训模拟机。该资料是 20 世纪 80 年代初的资料。该模拟机设备陈旧落后，仿真教学模型不精确，所以模拟结果有的地方不适宜，但给学员增加感性认识还是可以的。我国已投运的核电厂都拥有各自的全范围模拟机，性能指标比较先进，现在都在很好地发挥作用，用于培训自己的操纵人员。

下面我们选了两个 SGTR 事故瞬变模拟附上，无论从教学模型上，还是从计算机性能上都能给出较好的模拟结果。

图 5-13 是秦山核电厂全范围模拟机上取得的 SGTR 事故模拟结果。初始条件为 100%满功率，寿期初 BOL，蒸汽发生器 A 中单根传热管双端断裂。

图 5-14 是秦山第二核电厂全范围模拟机上取得的 SGTR 的模拟结果。初始条件为 100%满功率，寿期初，在 1 号蒸汽发生器上发生了 SGTR，在模拟机上严重度为 100%。

最后特别说一点：这里给出的结果仅供学员参考。学员以后肯定要在模拟机上训练，届时通过实操可以深入讨论。

5.3.3 处理蒸汽发生器传热管破裂事故的应急运行规程

1. 处理蒸汽发生器传热管破裂事故的应急运行规程由 7 个部分组成：

E－3 导则(规程)——蒸汽发生器传热管破裂事故的入口规程；

ES－3.1，ES－3.2，ES－3.3——蒸汽发生器传热管破裂事故的子规程；

ECA－3.1，ECA－3.2，ECA－3.3——有关概率较小的蒸汽发生器传热管破裂事故的操作规程。

其中：

ES－3.1 为蒸汽发生器传热管破裂后采用反充冷却；

ES－3.2 为蒸汽发生器传热管破裂后采用排污冷却；

ES－3.3 为蒸汽发生器传热管破裂后采用蒸汽排放冷却；

ECA－3.1 为蒸汽发生器传热管破裂同时发生反应堆冷却剂丧失时—过冷恢复；

ECA－3.2 为蒸汽发生器传热管破裂同时发生反应堆冷却剂丧失时—饱和恢复；

ECA－3.3 为蒸汽发生器传热管破裂没有稳压器压力控制。

2. E－3 规程是蒸汽发生器传热管破裂事故的入口规程。

(1) 何时转入 E－3

在执行应急操作规程 EOP 的任何时候如有以下现象：

① 二次侧放射性异常；

② 任何蒸汽发生器液位不可控制上升。

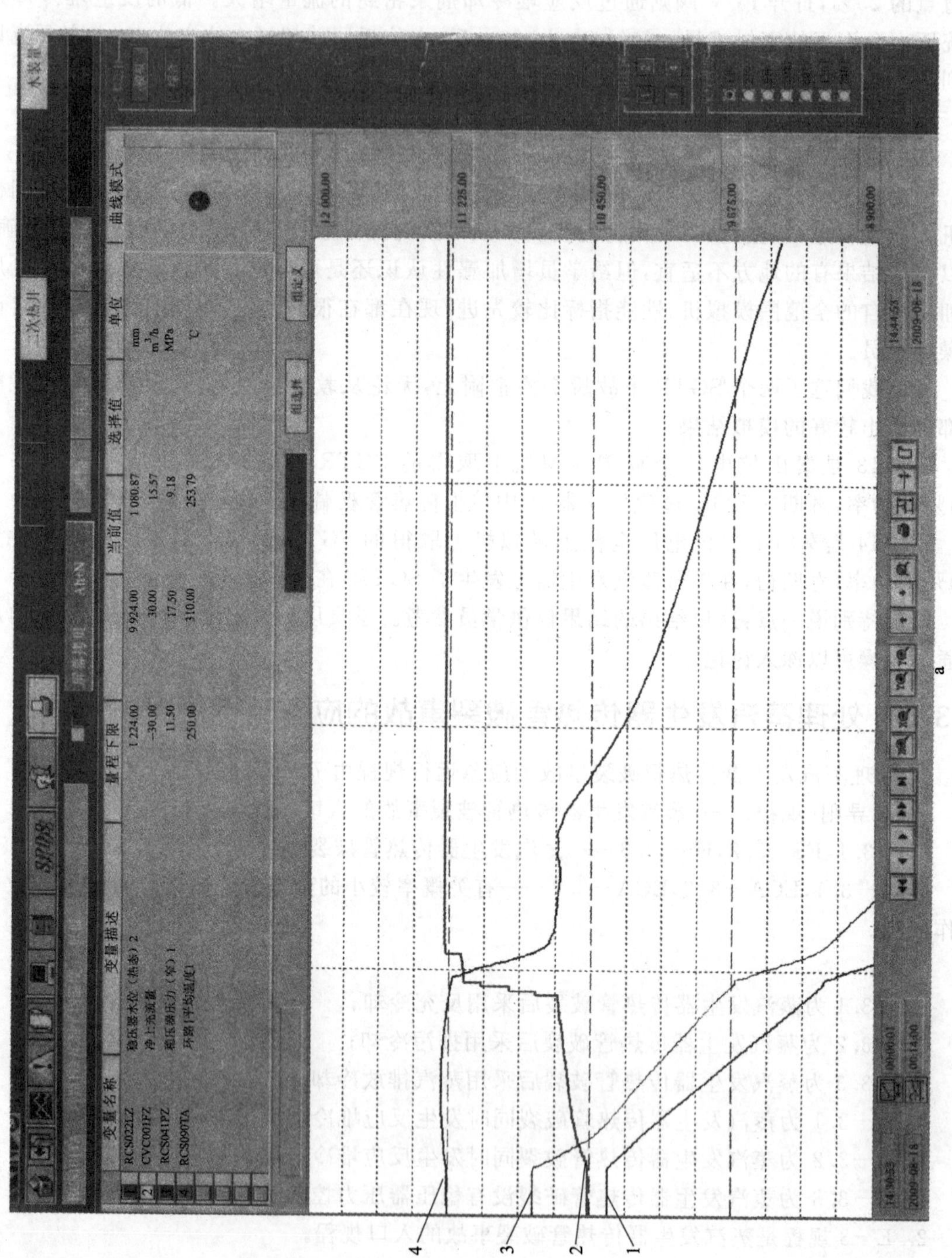

变量名称
变量描述
量程下限
当前值
选择值
单位
曲线模式
RCS022LZ
CVC001PZ
RCS041PZ
RCS090TA
稳压器水位（热态）2
净上充流量
稳压器压力（窄）1
环路1平均温度
12 000.00
11 225.00
10 450.00
9 675.00
8 900.00
1
2
3
4
a

变量名称
变量描述
量程下限
量程上限
当前值
选择值
单位
曲线模式
RCS074LZ
环路1蒸汽发生器水位(窄)04
8 900.00
12 000.00
12 673.12
mm
RCS090PZ
蒸汽发生器A出口蒸汽压力
0.00
8.00
4.45
MPa
NUI200WA
反应堆平均功率
0.00
120.00
0.11
%
ZGS110FZ
给水A流量
0.00
1200.00
0.00
t/h
SIS090FZ
环路1(A/B泵）高压注射冷段流量
0.00
200.00
34.37
m³/h
12 000.00
11 225.00
10 450.00
9 675.00
8 900.00
14:30:12
2009-08-18
14:44:12
2009-08-18
1
2
3
4
5
3

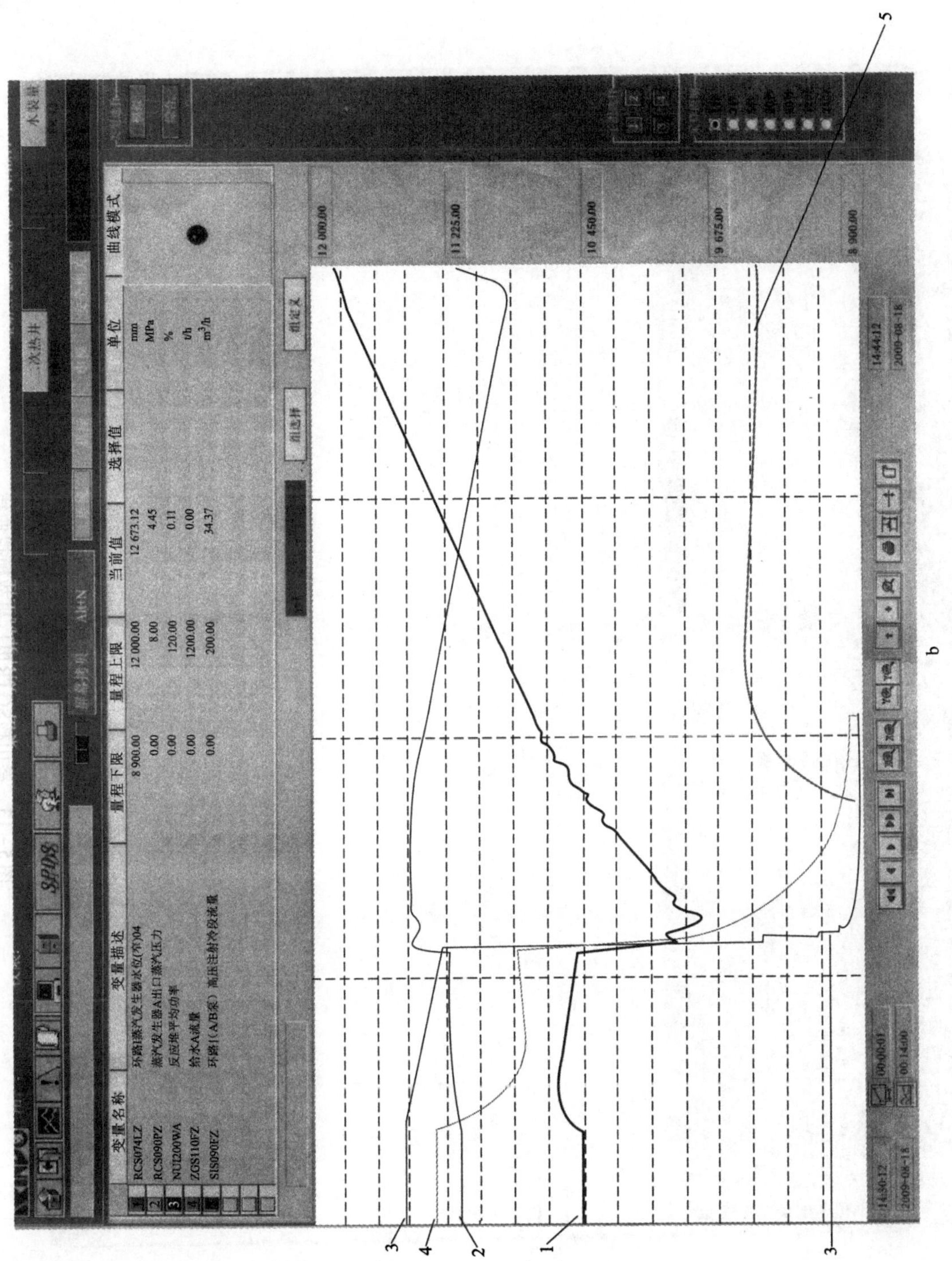

b

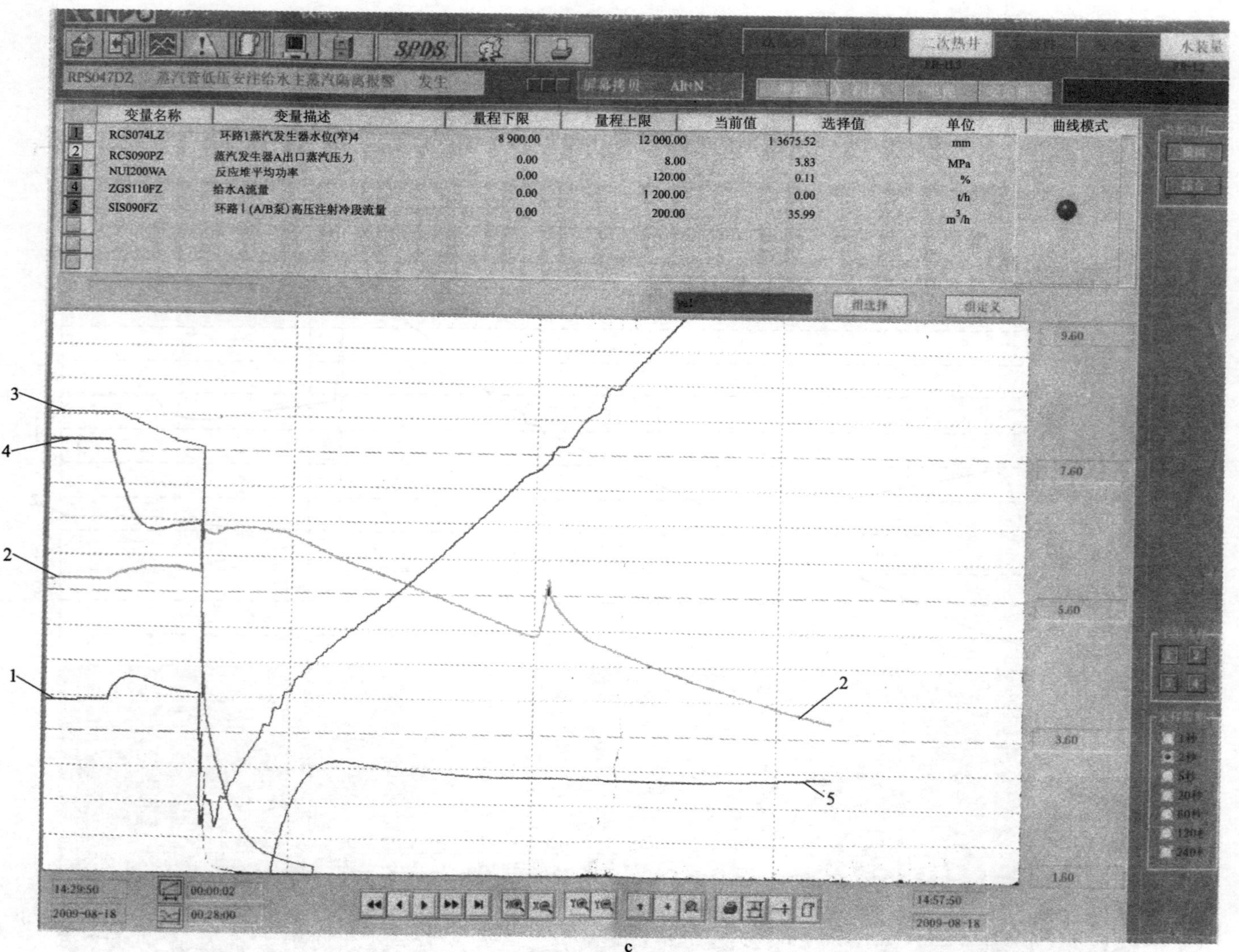

c

图5-13 秦山核SGTR电厂事故模拟曲线

寿期初满功率，SGI发生SGTR，在模拟机上的严重度为100%

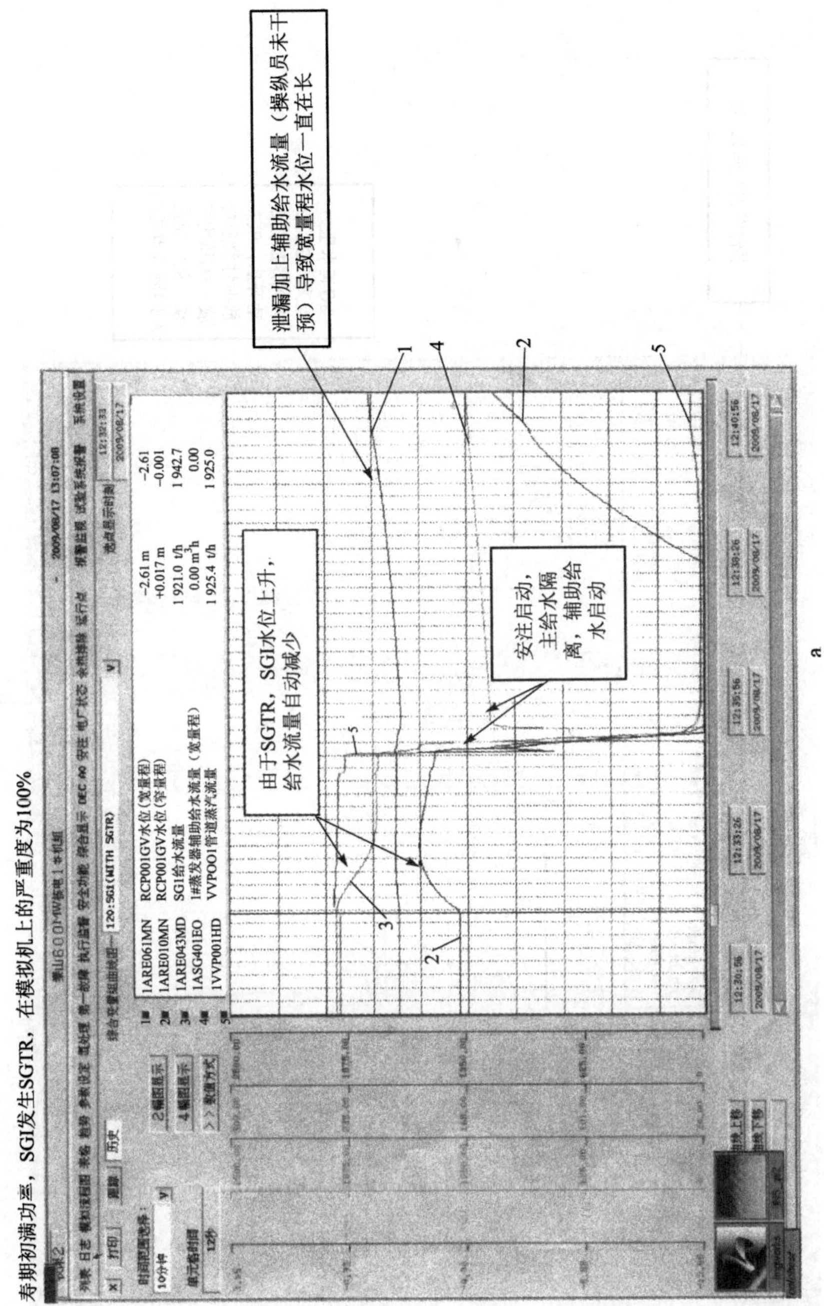

a

事件发生时间12:32
SG满水压力上升，GCT-A大气排放阀自动开启，液态放射性物质排放，SG压力抖动，从而导致ASG流量也抖动
宽量程水位计达到满量程
1ARE061MN RCP001GV水位(宽量程) -2.61 m
1ARE010MN RCP001GV水位(窄量程) +0.010 m
1ARE043MD SG1给水流量 1 921.9 t/h
1ASG401EU 1#蒸发器辅助给水流量，(宽量程) 0.00 m3/h
1VVP001MD VVP001管道蒸汽流量 1 923.3 t/h
b

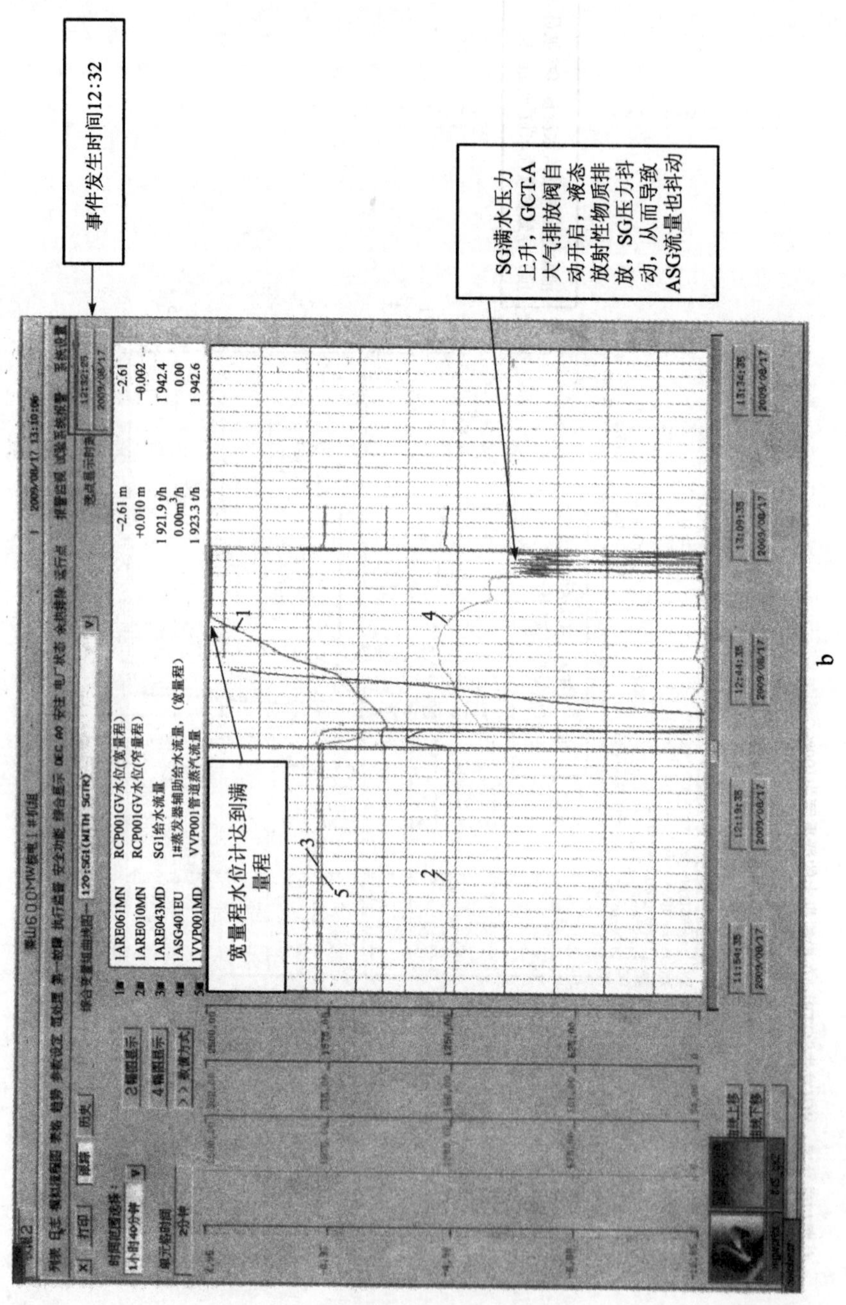

破损SG在12:52分宽量程水位计达到满量程
1ARE061MN RCP001GV水位(宽量程) −2.61 m +2.94
1ARE010MN RCP001GV水位(窄量程) +0.009 m +1.636
1ARE043MD SG1给水流量 1 919.8 t/h 0.1
1ASG401EU 1#蒸发器辅助给水流量（宽量程） 0.00 m³/h 172.41
1VVP001MD VVP001管道蒸汽流量 1 924.9 t/h 28.2
1
2
3
4
5

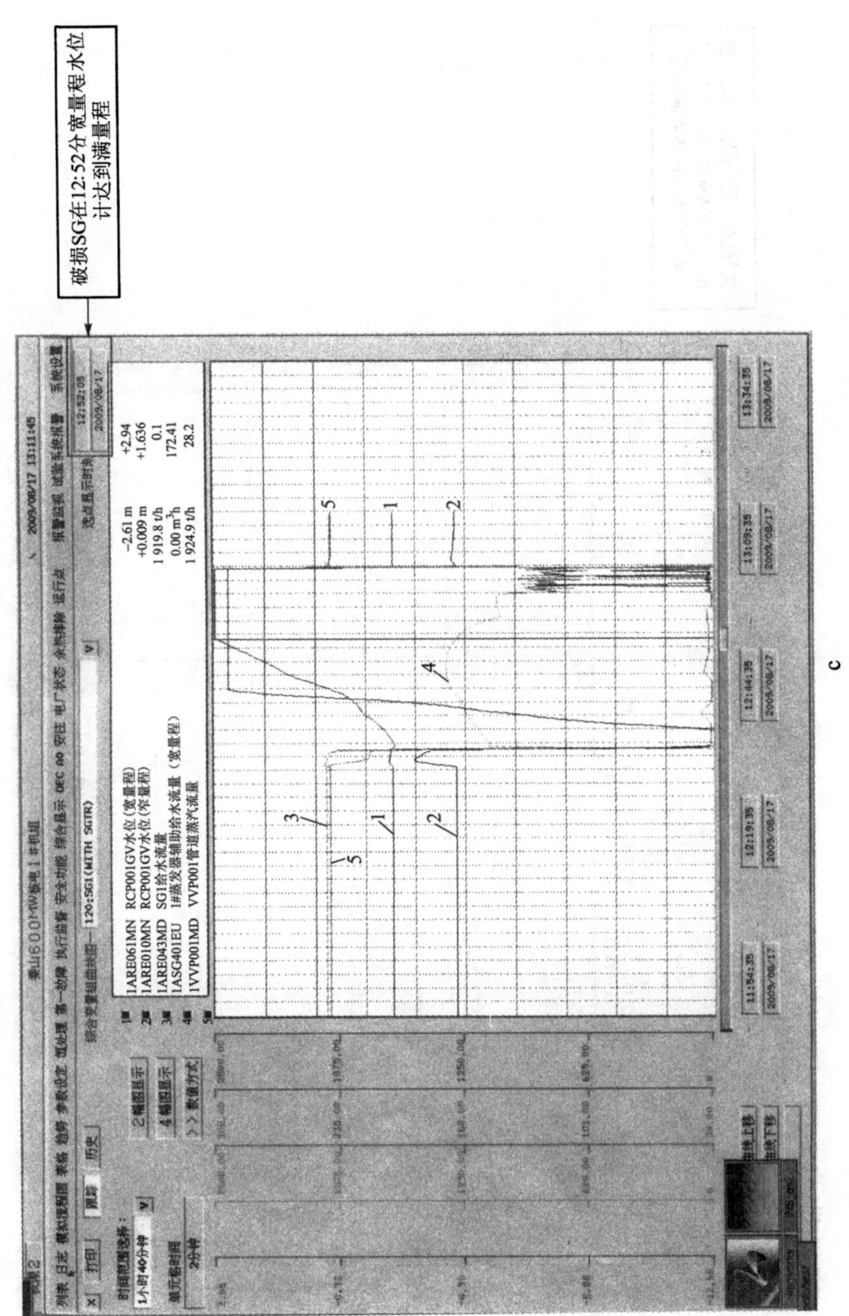

c

完好SG，无一回路到SG的泄漏，只有ASG供水，在12:56宽量程水位计达到满量程
2009/08/17 13:15:05
119:SG2(WITHOUT SGTR)
12:56:53
2009/08/17
1ARE062MN RCP002GV水位(宽量程) −2.63 m +3.05
1ARE020MN RCP002GV水位(窄量程) −0.000 m 1.636
1ARE044MD SG2给水流量 1 898.7 t/h 0.1
1ASG402EU 2#蒸发器辅助给水流量，(宽量程) 0.00 m³/h 177.43
1VVP002MD VVP002管道蒸汽流量 1 881.2 t/h 12.4
11:59:13
2009/08/17
12:24:13
2009/08/17
12:49:13
2009/08/17
13:14:13
2009/08/17
13:39:13
2009/08/17
1
2
3
4
5

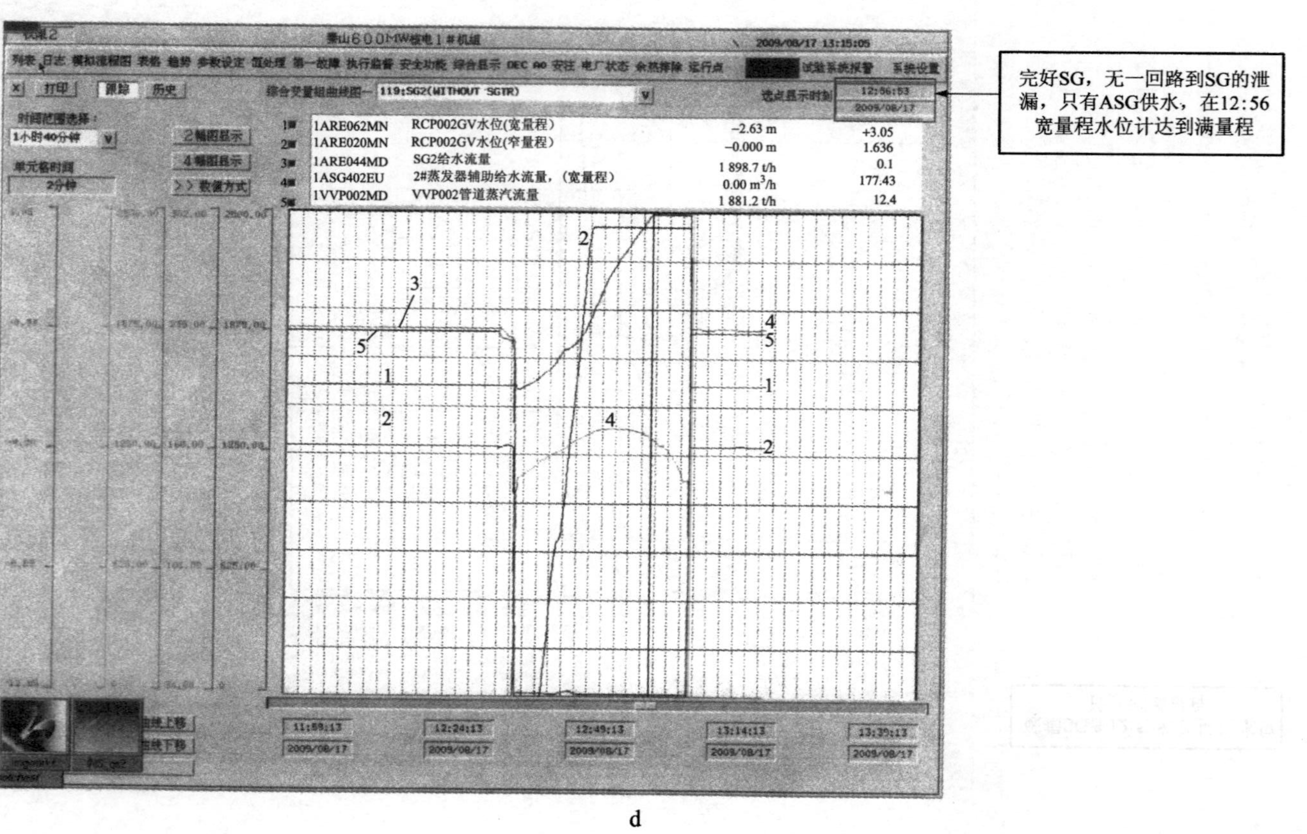

d

主蒸汽隔离阀关闭后，破损SG很快满水，SG压力上升，GCT-A排放阀动作，SG压力抖动。此时也存在倒灌回一回路的可能
1# 1KRT043EU SG1总γ活度 9.2E+04c/s 1.0E+01
2# 1VVP008MP VVP002管道蒸汽压力 6.64 MPa 2.64
3# 1RCP037MP 反应堆冷却剂压力 15.46 MPa 4.13
4# 1VVP007MP VVP001管道蒸汽压力 6.64 MPa 8.26
5# 1BPN001VE 核功率有效值 95.458 8 % 0.007 1

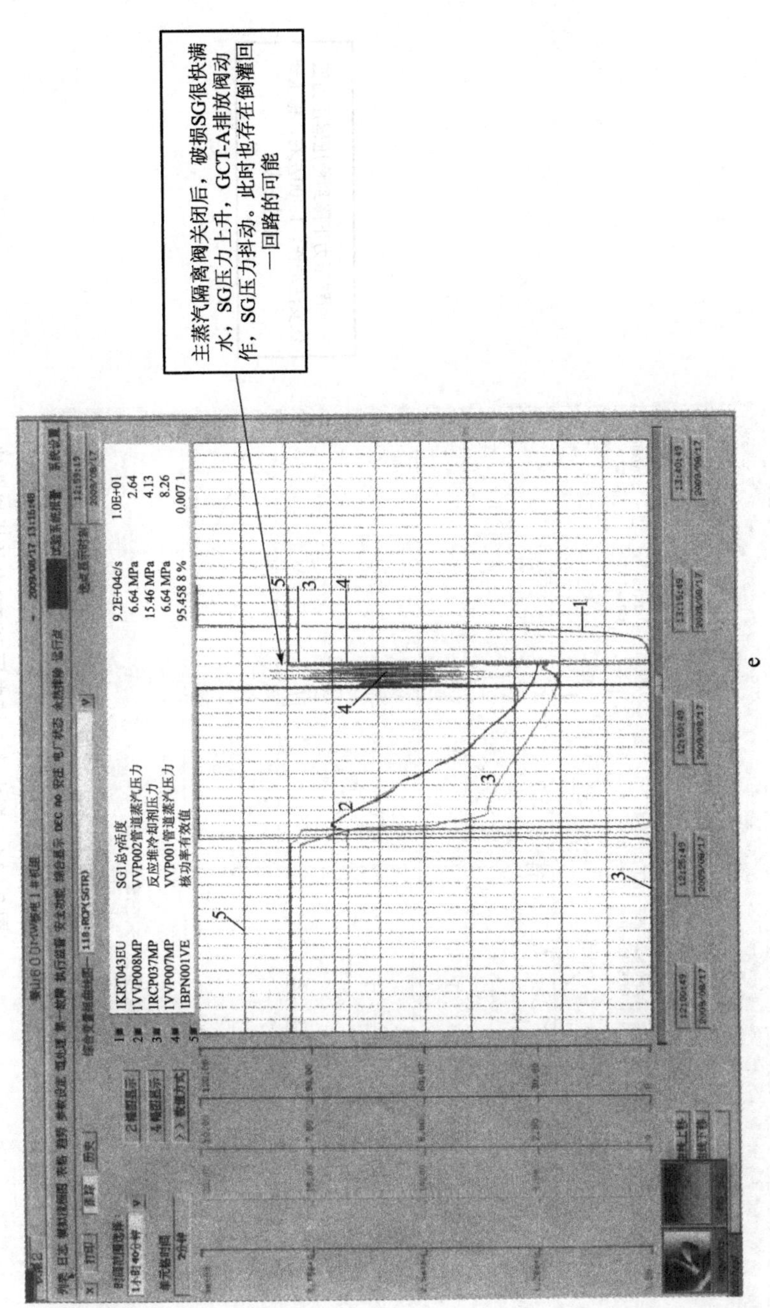

e

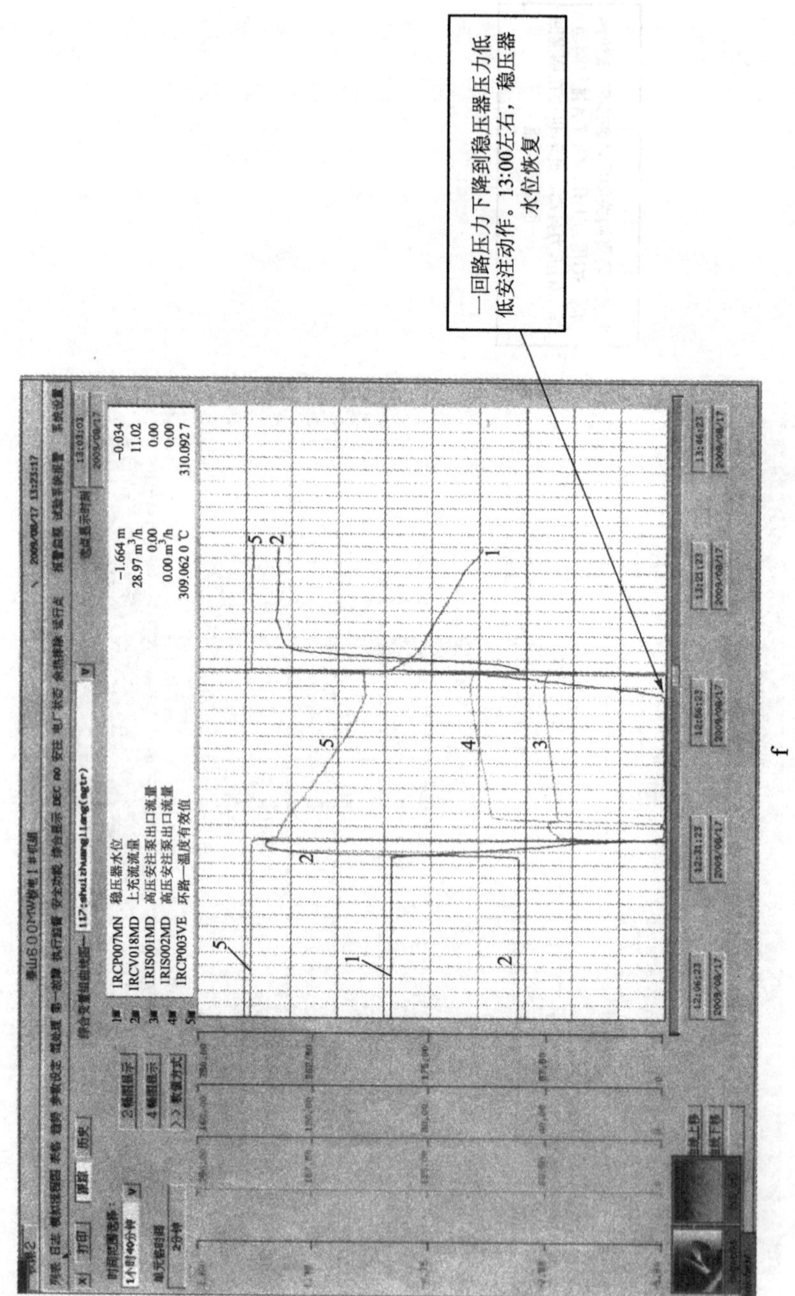

f

图5-14 秦山第二核电厂SGTR事故模拟曲线

即可转入蒸汽发生器传热管破裂事故的入口规程 E－3。

(2) E－3 主要目标和主要操作步骤

① E－3 主要目标是达到终止一次侧向二次侧的泄漏，建立并维持足够的一次冷却剂装量和堆芯一定的过冷度。

② E－3 主要运行操作：

- 识别并隔离有破管的蒸汽发生器；
- 冷却以建立反应堆冷却剂系统过冷裕度；
- 使反应堆冷却剂系统降压以恢复冷却剂装量；
- 终止安注以停止一回路向二回路的泄漏；
- 为冷却到停堆状态作准备。

5.3.4 操纵员及时干预下的蒸汽发生器传热管破裂

5.3.4.1 操纵员对蒸汽发生器传热管破裂事故及时干预的重要性

蒸汽发生器传热管破损(SGTR)事故与其他一些事故，如失水事故 LOCA 不同，LOCA 事故不需要操纵员做太多的干预，它只要求操纵员确认核电厂保护系统应该有响应，如：是否已经停堆，是否已经停机，安注是否启动等。而蒸汽发生器传热管破裂却不同，在蒸汽发生器传热管破裂事故发生后，如果操纵员能及时按照应急规程作出应有的响应，及时识别有关的蒸汽发生器并将其隔离，及时对反应堆冷却降压，及时终止安注，从而终止泄漏，就可能不会有多大的后果。但如果操纵员不能及时作出响应，那么蒸汽发生器传热管破裂事故的后果也可能是相当严重的，下面具体说明蒸汽发生器传热管破裂可能产生的后果。

1. 带有放射性的反应堆冷却剂可能通过二次侧的释放阀、安全阀直接排放到环境中去。

众所周知，1979 年 3 月 28 日，美国发生了三哩岛堆芯熔化事故。但最后的调查报告给出了这样的结论，即事故对环境的放射性释放是可以忽略不计的，虽然堆芯发生了熔化事故，放射性释放的第一道屏障破坏了，大量的裂变碎片和裂变气体从元件中释放出来，进入了反应堆冷却剂中，然后这些强放射性的裂变产物，又随反应堆冷却剂通过不能正常回座的稳压器卸压阀流入卸压箱，后又因连续的反应堆冷却剂流入卸压箱，致使其超压，引起卸压箱的保护隔膜板爆破，大量的带有强放射性的反应堆冷却剂又流进了安全壳。至此，可以说放射性的第二道屏障，一次压力边界实际上失效了，当然冷却剂不是通过正常的一次压力边界损坏而释放进安全壳的。但幸运的是放射性的第三道屏障——安全壳完好无损，它将带有放射性的反应堆冷却剂全部容纳在内，并隔离了与外界相通的管线(安全壳隔离)，因此，这么大的堆芯熔化事故，却对环境影响如此之小，完全是靠了安全壳。

正如前面所述，虽然在技术规范的定义中不将蒸汽发生器的传热管列为一次压力边界，这是因为规范制定的需要，但实际上是一次压力边界，是放射性释放的第二道屏障。如果发生了蒸汽发生器传热管破裂事故，这意味着反应堆的第二道放射性屏障失效，带有放射性的反应堆冷却剂就会通过破口流入蒸汽发生器的二次侧。虽然蒸汽发生器置于安全壳内，但蒸汽发生器的蒸汽出口管线却是穿过安全壳，将蒸汽引入汽轮机厂房的。因此，作为放射性释放的第三道屏障——安全壳，对蒸汽发生器传热管破裂事故是不起作用的，也就是说发生了蒸汽发生器传热管破裂事故，带有放射性的反应堆冷却剂，可以毫无阻挡地直接进入蒸汽管线、汽轮机、冷凝器。如果不能及时终止这种漏流，蒸汽管线上的安全阀和释放阀也可能开启，又会将带放射性的反应堆冷却剂直接排向环境。

2. 破损的蒸汽发生器可能满溢，它可能会更加剧事故的放射性后果，也可能进一步引发其他事故。

操纵员如果不能及时隔离带有破损传热管的蒸汽发生器，及时隔离它的给水，不能终止泄漏，就有可能会使蒸汽发生器很快满溢，大量的放射性水流进蒸汽管线，而蒸汽管线上的安全阀是只按照排气条件设计的，对于水或汽水混合物，安全阀的工作性能会变得很坏，它的压力设定点一般就不准了，它的回座失效率也会大大增加。根据法国PSA报告所提供的资料(见表5-6)，它的回座失效率为0.1，而美国Ginna核电厂1982年发生的蒸汽发生器传热管破裂事故，由于蒸汽发生器安全阀因排水而不能正常回座的时间长达50 min之久。

表5-6 蒸汽发生器安全阀动作概率

提前开启	0.5	注：卸压阀开启前开启
回座失效	0.1	

试想，如果漏流不能终止，蒸汽发生器安全阀又不能回座，为了维持反应堆冷却剂系统的压力，安注泵又不能停止，那么将会有大量的换料水箱(RWST)的水通过传热管破口、通过安全阀排失，这样就会失去安全壳再循环冷却的能力。大量的冷却水进入蒸汽管线还可能造成其他管线损坏等后果。

5.3.4.2 蒸汽发生器传热管破裂瞬变

1. 厂外电源可用时的蒸汽发生器传热管破裂瞬变

(1) 反应堆冷却剂漏失

蒸汽发生器传热管破裂事故发生后，因为反应堆冷却剂系统压力(正常为15.4 MPa)要比蒸汽发生器二次侧的压力(名义上是6.89 MPa)高出许多，因此反应堆冷却剂会通过传热管的破口漏向蒸汽发生器的二次侧，蒸汽发生器传热管破裂只是反应堆冷却剂漏失事故的一个特例，它不是直接漏入安全壳，而是漏入蒸汽发生器，因此它与其他反应堆冷却剂丧失事故一样，有明显的反应堆冷却剂系统泄漏征状。

① 稳压器压力因冷却剂丧失而降低，稳压器的备用电加热器开启。

② 上充流超正常值，稳压器液位或能维持，或不能维持。如果漏量超过了CVCS的补给能力，反应堆冷却剂的装量就会持续减少。

③ 由于反应堆冷却剂系统压力降低，使得保护燃料元件表面防止烧毁的ΔT_{OT}设定点降低，自动快速降负荷(runback)，控制棒跟随下插。

(2) 蒸汽发生器二次侧放射性异常

由于被污染的反应堆冷却剂漏入蒸汽发生器的二次侧，将造成二次侧的放射性异常，这是蒸汽发生器传热管破裂特有的征状。现有的蒸汽发生器通常在其排污系统，冷凝器抽气系统或主蒸汽管线上设置放射性监测仪器仪表，在蒸汽发生器传热管破裂事故发生后，这些监测仪器仪表就会提供高于本底的放射性读数，发出高放射性报警，报警时间的早晚取决于流体到放射性监测器所需的传输时间。从以往所发生的蒸汽发生器传热管破裂事故中发现，放射性报警几乎与稳压器低水位同时出现，这为蒸汽发生器传热管破裂事故的诊断提供了确切的依据。

(3) 蒸汽发生器水位异常,给水流量与蒸汽流量不匹配

由于反应堆冷却剂系统通过破口漏入了有关的蒸汽发生器二次侧,致使其水位升高偏离正常值,给水系统为补偿漏流,将会自动减少给水以维持蒸汽发生器的水位,因此,可以看到该蒸汽发生器的给水流量要小于它的蒸汽流量,并给出蒸汽流量与给水流量失配的报警信号。这也为及早诊断出蒸汽发生器传热管破裂事故,并确定是哪台蒸汽发生器发生了蒸汽发生器传热管破裂事故提供了又一判据。在蒸汽发生器传热管破裂小泄漏事故中,上述征状也许不明显,因为正常的给水流量和蒸汽流量相对来说是大得多的,给水调节能力是很强的,因此水位的变化与给水流量和蒸汽流量的差异也可能很难看出。

(4) 反应堆冷却剂持续泄漏可能引起停堆

反应堆冷却剂持续泄漏可能使反应堆因反应堆冷却剂系统低压力而停堆,或冷却剂温升超过 ΔT_{OT} 设定点而停堆。

(5) 反应堆停堆后可能触发安注

反应堆停堆后(系统温度降至无载温度),反应堆冷却剂因降温而收缩,再加上泄漏和稳压器低水位为防止电加热器被烧坏而自动关闭(同时下泄隔离),因而稳压器压力下降得更快了,在反应堆停堆后不久,即有可能因稳压器低压力触发安注。

(6) 安注启动后反应堆冷却剂系统和二次侧的有关响应

① 安注触发后,自动隔离主给水,启动辅助给水系统,并向所有的蒸汽发生器供水。此时,要求操纵员手动控制给水流量,以维持蒸汽发生器的窄量程水位。

② 由于反应堆停堆,冷却剂收缩,加上漏流,因此,在安注启动时,稳压器的液位通常是超量程的低。假如安注能力低于漏流和冷却剂收缩造成的结果,则稳压器的液位还会继续下降,稳压器的压力也会继续下降,如对于多根传热管破损事故,反应堆冷却剂系统的压力可能会低于系统的饱和压力。相反,如果安注能力超过了漏流和冷却剂收缩的总和,则稳压器的液位和压力将会回升,直到达到平衡。平衡时的反应堆冷却剂系统压力取决于破口的大小、安注能力和反应堆冷却剂冷却的速率,平衡时安注流正好能够补偿破口的损失。对于破口较小的蒸汽发生器传热管破损,高压安注的投入可能使稳压器的水位上升到相当高的位置,然而,更多的情况是稳压器的水位会回到量程范围以内,但仍低于它的正常值。有些核电厂用模拟机对蒸汽发生器传热管破裂进行的模拟,在高压安注后会使稳压器满溢,这是不大可能的。

(7) 操纵员的第一个干预操作

识别具有破管的蒸汽发生器并进行隔离。操纵员根据二次系统放射性异常和蒸汽发生器水位异常,给水流量和蒸汽流量之间的不匹配等现象,及时诊断出有破管的蒸汽发生器,为操纵员的第一个干预动作做准备。一旦识别了有破管的蒸汽发生器,就要对该蒸汽发生器进行隔离操作。隔离操作步骤如下:

① 隔离该蒸汽发生器的所有出口:

- 关闭主蒸汽隔离阀;
- 关排污管线阀;
- 关闭汽动辅助给水泵的供汽阀;
- 适当调高蒸汽发生器管线的释放阀的压力定值。

② 为防止满溢，及早关闭辅助给水泵对该蒸汽发生器的供水，减少给水在蒸汽发生器内的积累，延长其达到满溢的时间。当有破口的蒸汽发生器的窄量程水位达到 >15%时，即刻关闭对它的辅助给水阀。

当有破管的蒸汽发生器被隔离以后，由于反应堆冷却剂系统仍在不断地向二次侧漏流，因此它的压力会呈上升趋势。

(8) 操纵员的第二个干预操作

用完好的蒸汽发生器尽快地冷却反应堆冷却剂系统，使冷却剂的温度下降到相当于有破管的蒸汽发生器压力下的饱和温度以下 22 ℃(通常需要的过冷度是 22 ℃)。然后再用稳压器喷淋来降低反应堆冷却剂系统的压力，使反应堆冷却剂系统的压力与已经隔离的蒸汽发生器的压力相等，以终止漏流。因为一次侧向二次侧的漏流是因为它们之间存在压差造成的，只有尽快使反应堆冷却剂系统与二次侧压力平衡，才能终止泄漏，而反应堆冷却剂系统的降压又必须在首先降温的基础上进行。

在厂外电源可用的情况下，冷却剂系统的快速降温是完全可以实现的，可以通过完好的蒸汽发生器排放蒸汽到冷凝器或用其卸压阀排放蒸汽到大气。反应堆冷却剂系统的压力也会因为冷却器的收缩而下降一些，但最后的降压要靠稳压器的正常喷淋或间歇打开卸压阀或采用辅助喷淋来实现。

(9) 操纵员的第三个干预操作

该操作是及时终止安注。只有及时终止安注才能真正全部地终止漏流。

过量的安注会增加漏流，因为过量的安注会使系统压力升高，因此，当反应堆冷却剂系统满足一定条件后，就可以终止安注。终止安注的条件是：

① 有足够的冷却剂装量(稳压器内液位在量程以内一定值，各电厂的技术规程均有规定)并还要有一定的“余量”。因为一旦安注终止，反应堆冷却剂系统还在继续向二次侧泄漏，这部分的冷却剂装量余量是用来补偿漏流终止前的那部分冷却剂漏失的，余量的大小取决于当时反应堆冷却剂系统与二次侧之间的压力差值，差值越大要求的“余量”越多。如何最有效、快速地恢复反应堆冷却剂系统的冷却剂装量，并使其有一定的“余量”，达到安注终止的条件呢？研究分析表明，先冷却反应堆冷却剂系统，直到它达到应该有的温度条件后，再通过稳压器喷淋来降低反应堆冷却剂系统的压力，这种操作模式要比边冷却、边降压的操作模式对于再充稳压器要好得多。喷淋降低反应堆冷却剂系统压力会使安注流量增大，因为安注泵的出口压力相对于反应堆冷却剂系统的压差增加了，反应堆冷却剂系统降压后也会因为一次侧相对二次侧的压差减少而使蒸汽发生器的漏流减小。因而稳压器的液位就会很快上升。反应堆冷却剂系统的冷却会使系统压力下降，安注流增加，漏流减少，但由于冷却造成了冷却剂收缩，因而，总的效果对稳压器液位的影响不明显。

由于稳压器液位或冷却剂装量是安注量、漏流量和冷却剂收缩的总效果，它们之间又有相互的关系，很难一下说清楚上述两种不同的操作方式，所得到的不同的稳压器液位的响应，但分析验证了上述结果，所以在反应堆冷却剂降温降压过程中，一定要遵循先冷却，而后再降压的操作模式，以便及早再充稳压器，及早终止安注，进而及早终止泄漏。

对于多根管子破坏事故也许在稳压器水位回到量程以内以前，反应堆冷却剂系统的压力已降到有破管的蒸汽发生器压力之下，有破管的蒸汽发生器的二次侧会向反应堆冷却剂系统倒流，安注流量会帮助再充稳压器。对于小的蒸汽发生器传热管破裂事故，也可能不需要考虑恢复冷却剂装量问题。

② 反应堆冷却剂有足够的过冷度(技术规格书中有规定)。

在满足上述两个条件后,就可以终止安注。

当然还有另外两个条件:① 二次热阱可用;② 系统压力稳定或增加。但通常只有后两个条件满足时,才会有前两个必要条件的满足。

终止安注以后,反应堆冷却剂系统压力才能逐渐趋向有破管的蒸汽发生器压力,最后达到一次侧和二次侧的压力相等,从而终止泄漏。虽然安注终止前也可以通过喷淋使反应堆冷却剂系统降压,使反应堆冷却剂系统和二次侧压力相等,但由于终止安注条件没有满足,不能终止安注,压力又会升高,漏流则会继续,因此,只有将安注终止了,那时漏流才会终止。

(10) 选择下述一种合适的方式进一步将反应堆引向冷停堆

泄漏终止以后,下一步是如何将反应堆引向冷停堆,以进行检修。根据美国西屋公司提供的应急操作规程,有以下三种蒸汽发生器传热管破裂后的冷却方法。

① 反流(backfill)方法:控制反应堆冷却剂系统的压力低于有破管的蒸汽发生器的二次侧压力,让有破管的二次冷却剂反流进反应堆冷却剂系统,再用辅助给水泵向有破管的蒸汽发生器供水,这样来进行有破管的蒸汽发生器的冷却。

反流方法不会造成对环境的污染,但是缺点是二次系统冷却剂可能对反应堆冷却剂系统的设备有化学影响,另外也可能造成对反应堆冷却剂系统硼的稀释。不过后一个问题通常不大,因为长期的安注已经使反应堆冷却剂系统的硼浓度相当高,稀释也不会造成不满足停堆深度要求的问题。不过应该进行取样检查和估算。

② 排污(blowdown)方法:对有破管的蒸汽发生器不断供水,然后通过排污系统排水的方法来冷却有破管的蒸汽发生器。这种方法也不会造成放射性对环境释放的问题,但存在排污系统容量和处理能力大小的问题,如果能力不够,也会影响其他系统,污染其他系统。

反流和排污这两种方法都有一个共同的缺点,就是冷却过程比较慢,因为受破口大小和排放管线容量大小的限制。

③ 蒸汽排放(steam dump)方法:通过有破管的蒸汽发生器排放蒸汽来冷却该蒸汽发生器,这种方法很明显会造成放射性对环境的污染,但这种冷却方法最快,有时需要采用这种处理方法,是为了尽快让余热排出系统投入工作,否则可能发生放射性通过完好的蒸汽发生器排向大气(因为冷凝器内有放射性)。但如果冷凝器不好用,则用有破管的蒸汽发生器排向大气。美国核管会 NRC 规定,要求不超过 10CFR20 的限制。另外,如果主蒸汽管线中存在水(即蒸汽发生器已经满溢),也不能用蒸汽排放来冷却有破管的蒸汽发生器,那样会引起水锤现象。

在蒸汽发生器漏流终止以后,根据情况也可以三种方法都采用。如先用反流方法,再用排污方法,最后采用蒸汽排放方法。如果多台蒸汽发生器出了问题,也可以对不同的蒸汽发生器同时采用不同的方法来处理。如 A 蒸汽发生器可用反流方法,B 蒸汽发生器可用排污方法。

2. 失去厂外电源下的蒸汽发生器传热管破裂瞬变

失去厂外电源与厂外电源可用时的蒸汽发生器传热管破裂事故动态过程和恢复过程基本上是相同的,所不同的只是蒸汽旁排系统、反应堆冷却剂泵和反应堆控制系统因为电源丧失而受到影响,因而需要采用其他设备和控制系统来达到反应堆冷却剂系统冷却、降压并终止泄漏的目的。

(1) 蒸汽发生器的大气释放代替蒸汽向冷凝器的排放

在反应堆紧急停堆、汽轮机紧急停机后，为了维持反应堆冷却剂的无载平均温度，所有的蒸汽旁排阀将打开，通过将蒸汽排放到冷凝器来冷却反应堆冷却剂系统。但在丧失厂外电源和反应堆停堆的情况下，一方面这些阀门不能打开，另一方面冷凝器失去真空不可用。因而正常的蒸汽旁排系统因失去厂外电源而不能用。此时，反应堆冷却剂系统侧的能量将使蒸汽发生器的压力快速增加，直到蒸汽发生器的大气释放阀打开为止。此时，蒸汽发生器的二次侧压力要比有厂外电源情况时高，因而二次侧相应的温度也高，使得反应堆冷却剂系统向二次侧传热的能力减小(温压减小)，反应堆冷却剂系统压力的下降也会相对缓慢。因此，此后的安注启动和所有有关的自动动作都将推迟，失去厂外电源和具有厂外电源的自动动作序列比较见表 5-7。

表 5-7 两种情况下自动动作序列比较

事件/信号	时间/s	
	有厂外电源	没有厂外电源
传热管破损	0	0
反应堆事故停堆信号	232	232
所有交流电源丧失		232
蒸汽旁排运行	233	
汽轮机隔离	234	234
安全阀运行		245
安注信号	250	386
主给水隔离	257	293
辅助给水泵启动[1]	310	466

注:1) 辅助给水泵可能在全厂断电时就启动，对于典型的四个环路的核电厂，仅汽动给水泵在那时启动，而电动泵只有在安注以后再加载到应急柴油发电机上。

(2) 自然循环冷却方式替代强迫循环冷却方式

全厂断电致使反应堆冷却剂泵丧失，反应堆冷却剂系统逐渐转向自然循环，由于反应堆冷却剂在蒸汽发生器内滞留时间增加(流速降低)，冷段温度趋向蒸汽发生器温度，反应堆冷却剂的温升 Δt，因为反应堆停堆而下降，此后又随着自然循环流量的建立而略有增加。

没有反应堆冷却剂泵运行压力容器上封头将变为死区，在该区域内流体的温度变化要比其他流动的区域缓慢得多。在此后的冷却和降压过程中，该区域很容易形成汽腔。形成汽腔以后会进一步减慢反应堆冷却剂系统的降温降压至冷停堆模式。因此在自然循环过程中，要求按照操作规程一步一步地进行。在上封头形成汽腔后，也会造成稳压器液位快速上升现象，因为上封头的水被蒸汽顶入了稳压器。

在自然循环情况下，对有影响的蒸汽发生器进行隔离以后，冷却完好的反应堆冷却剂系统环路，可能使有影响的环路内冷却剂停滞，因此，在该环路的热段温度会比其他环路内的热段温度高。而安注流注入冷段后，致使停滞环路冷段的温度也大大低于其他区域。

(3) 稳压器卸压阀或辅助喷淋代替正常喷淋

反应堆冷却剂泵停运后，正常的稳压器喷淋不能工作，稳压器的压力必须依靠操作卸压阀或采用辅助喷淋来控制，虽然卸压阀能快速地降低反应堆冷却剂系统的压力，但它也会引起反应堆冷却剂的额外丧失，它还可能使卸压箱超压，使爆破盘破裂而污染安全壳。辅助喷淋虽不会有冷却剂丧失问题，但它可能引起喷淋管嘴的过大热冲击，从而使其破坏。辅助喷淋只在正常喷淋和稳压器卸压阀都丧失的情况下才可启用。

与有厂外电源情况相同，一旦安注终止，就不会有进一步的反应堆冷却剂系统向二次侧的泄漏或不可控的放射性的释放。

即使对于多根传热管破损事故，保护系统也有足够的能力自动地维持堆芯的冷却，只是对操纵员的要求更高，要求他们能更及时迅速地进行干预，以终止泄漏、防止有破管的蒸汽发生器满溢。

必须指出，虽然每一个蒸汽发生器传热管破裂事故基本上是相似的，但由于破口大小不同，各厂的专用设施不同（如安注能力，操纵员的响应时间）都会对整个瞬态过程有影响，因此可以说，不同的蒸汽发生器传热管破裂过程又都不会是完全相同的。

5.3.4.3　对蒸汽发生器传热管破裂事故的干预操作

1. 蒸汽发生器传热管泄漏的分类

从运行角度看，蒸汽发生器传热管的泄漏大致可分为三种情况：

(1) 泄漏量小于技术规范的限值。

(2) 泄漏量大于技术规范的限值，但小于化容系统的补给能力，化容系统通过自动调节，增加上充流量，可以补偿冷却剂的损失，不会造成自动停堆。

(3) 泄漏量大于化容系统的补给能力，因而稳压器压力降低或达到超温 ΔT 保护定值而自动停堆，继而由稳压器低压力触发安注系统。

2. 操纵员的干预操作

(1) 对于第一种情况，操纵员需要随时监督蒸汽发生器的运行和反应堆冷却剂系统的工艺参数，密切注意泄漏量的扩大，但核电厂仍可以继续运行。

(2) 对于第二种泄漏和自动停堆前的第三种泄漏，如果操纵员根据冷却剂泄漏的征状，二回路放射性异常或蒸汽发生器水位异常等，确定是蒸汽发生器传热管破裂事故时，应该手动降功率直至停堆，尽量避免高功率紧急停堆。

(3) 无论是手动降功率至停堆，还是自动紧急停堆，停堆后最紧迫的任务是尽快使泄漏终止，阻止放射性物质向二次侧扩散。为此，操纵员必须进行以下的干预操作：识别并隔离故障蒸汽发生器；尽快降低反应堆冷却剂系统压力，使反应堆冷却剂系统压力与有故障的蒸汽发生器的压力相等；及时终止安注，从而最终终止泄漏。

表5-8给出了美国Ginna核电厂发生蒸汽发生器传热管破裂(SGTR)时对有破管的蒸汽发生器的隔离处理。

表5-8　Ginna核电厂SGTR事故时蒸汽发生器的隔离

时间	隔离处理
9:25 a.m.	B蒸汽发生器传热管破损
9:28 a.m.	稳压器低压力停堆 停止该蒸汽发生器对汽动辅助给水泵的供汽 隔离电动辅助给水泵的供水 开始对反应堆冷却剂系统进行冷却
9:40 a.m.	关闭故障蒸汽发生器的主蒸汽隔离阀(MSIV)

5.3.4.4 对蒸汽发生器传热管破裂事故具体干预

1. 隔离故障蒸汽发生器

根据应急规程通常按如下次序进行隔离：

(1) 关闭主蒸汽隔离阀(MSIV)；

(2) 调高故障蒸汽发生器蒸汽出口管的大气释放阀压力定值，但应低于该蒸汽管线上安全阀的定值；

(3) 确认排污隔离；

(4) 维持蒸汽发生器液位在8%～50%，及时停止辅助给水。

如果教条地根据规程操作，不管故障蒸汽发生器的液位有多高，就关闭 MSIV，蒸汽发生器可能会很快满溢，因为冷却剂会不断地从反应堆冷却剂系统侧漏入二次侧。所以在关闭 MSIV 之前，一定要减少冷却剂在故障蒸汽发生器内的积累，并及早关闭该蒸汽发生器的辅助给水。最好在蒸汽发生器液位为 20%左右时关闭 MSIV。美国 Ginna 核电厂于1982 年 1 月 25 日发生蒸汽发生器传热管破裂事故，隔离 MSIV 的处理也是根据情况灵活掌握的。

2. 反应堆冷却剂系统降温降压

反应堆冷却剂系统快速降温降压，操作程序的选择要综合考虑以下因素：

先降温后降压的含义是：将反应堆冷却剂的温度首先快速降到已被隔离的故障蒸汽发生器工质饱和温度以下(美国西屋公司应急操作规程规定，将冷却剂温度降到比饱和温度低22 ℃)。然后再降压，一直到反应堆冷却剂系统压力等于或接近有故障蒸汽发生器的压力为止，此时压力平衡，泄漏终止，并且反应堆冷却剂还有一定的过冷度。

边降温边降压的含义是：反应堆冷却剂温度下降一点就开始降压，如冷却剂过冷度不够，则停止降压，过冷度有余量时再降压，而后又停止，如此反复，一直到反应堆冷却剂的压力趋近故障蒸汽发生器压力。

边降温边降压方法的明显优点是：能及时降低系统压力，减少反应堆冷却剂向二次侧的泄漏，从而延长了故障蒸汽发生器达到满溢的时间，尤其是故障蒸汽发生器满溢将成为主要危险时，这种处理方法更为合适。

但边降温边降压的主要问题是：要求操纵员在边降温边降压的同时，要注意观察反应堆冷却剂的过冷度、系统压力、稳压器液位等，并要及时终止安注，所以这种方法头绪多，容易出现差错，处理不当反而延误了正常操作。边降温边降压容易造成冷却剂饱和，因为过冷度本来就不大，一不小心就会降压过多使系统出现闪蒸，给以后的操作带来困难。例如，美国Ginna 核电厂蒸汽发生器传热管破裂事故处理中，由于冷却剂达到饱和温度，稳压器很快升到了满水位，致使操纵员终止安注操作延误了 28 min，因此泄漏也持续了 28 min，因为他们怕稳压器水位是虚假水位，而造成另一个三哩岛事故。

一般来说采用先降温后降压的方法，只要处理及时，完全可以避免过多的放射性释放。

蒸汽发生器传热管破裂事故停堆初期，为达到反应堆冷却剂系统与有破管蒸汽发生器压力在先所进行的冷却阶段，反应堆冷却剂系统的冷却速率可以远远超过技术规范所规定的每小时降温量限值，因为此阶段所需的温度下降度数要比技术规范所规定的 1 h 内所允许的温度下降度数要小。假设蒸汽发生器隔离后压力为 7 MPa，饱和温度约为 284 ℃，冷却剂过冷度取22 ℃,那么全系统冷却的目标温度是262 ℃,模拟机零负荷时冷却剂温度是291 ℃,只需要冷却29 ℃,比技术规范规定的冷却速度限值(每小时降温不超过55 ℃)要小得多。

只要正常喷淋或稳压器卸压阀、辅助喷淋可用,降压速率也可以很快。因此如果处理得当,就会很快达到终止泄漏的目的。当然在终止泄漏之后,随后的冷却速率就要减小,以保证反应堆冷却剂系统冷却速度在1 h内温度下降总数不超过技术规范限值。

先降温后降压的方法,对于及时恢复反应堆冷却剂的装量来说,也比边降温边降压为好。

3. 避免停反应堆冷却剂泵

美国西屋公司的应急操作规程及以后诞生的其他版本,都有关于停反应堆冷却剂泵的规定,即当反应堆冷却剂系统的压力降到某一数值(如9.65 MPa),应停反应堆冷却剂泵(当然还有另一个条件,即存在安注),这一规定是在总结三哩岛事故原因的基础上作出的。他们认为,此时停反应堆冷却剂泵虽然削弱了强迫冷却堆芯的能力,但可以减少冷却剂的丧失,利大于弊。关于蒸汽发生器传热管破裂事故的应急处理,也有停反应堆冷却剂泵的操作,理由是:虽然单纯的蒸汽发生器传热管破裂事故无须停反应堆冷却剂泵,但怕难于判断是否还存在另外的冷却剂泄漏,因而不管情况如何,只要反应堆冷却剂系统压力降到9.65 MPa时,就要停反应堆冷却剂泵。

实际上停反应堆冷却剂泵存在以下问题:

(1) 首先,在蒸汽发生器传热管破裂事故初期,操纵员重要的操作之一是快速冷却反应堆冷却剂系统,以便及早终止泄漏,而停反应堆冷却剂泵,以自然循环代替强迫循环,反应堆冷却剂系统的冷却受到了极大的限制,因而延长了泄漏时间。

(2) 停反应堆冷却剂泵以后,压力容器顶盖部位成了流动死区而得不到冷却,加上持续的泄漏使反应堆冷却剂系统压力降得很低,因此,一旦停反应堆冷却剂泵,顶盖部位冷却剂就会很快饱和从而闪蒸。

(3) 停反应堆冷却剂泵以后,反应堆冷却剂系统的降压通常要靠不断开启和关闭稳压器卸压阀来实现,而卸压阀回座的失效概率是较大的,三哩岛事故是这样,美国Ginna核电厂蒸汽发生器传热管破裂事故处理中也是这样,用卸压阀来控制反应堆冷却剂系统的压力比正常喷淋要差得多。而且泄压阀的反复开、关,还可能会造成稳压器卸压箱爆破膜破裂而污染安全壳。

美国核管会(NRC)1983年年初,要求核电厂根据实际情况确定与停反应堆冷却剂泵有关的参数设定值。作这样的设定,对小破口冷却剂丧失事故能及时停反应堆冷却剂泵,而对那些要求强迫循环冷却,要求控制稳压器压力的事故(如蒸汽发生器传热管破裂和非失水事故)所选定的参数不会达到停反应堆冷却剂泵设定值。

为防止小破口事故冷却剂过多丧失,通常根据以下三个参数决定是否停反应堆冷却剂泵:反应堆冷却剂系统压力,冷却剂过冷度及一、二回路压差。西屋公司提供了一个三环路核电厂的计算实例,见表5-9。计算结果表明,用反应堆冷却剂系统压力值来停反应堆冷却剂泵,不能区别小LOCA和蒸汽发生器传热管破裂,因为根据小LOCA得到的停反应堆冷却剂泵的压力设定值是8.7 MPa,而蒸汽发生器传热管破裂和非失水事故的压力值则低于8.7 MPa,因此蒸汽发生器传热管破裂和非失水事故不能避免停反应堆冷却剂泵操作。但采用冷却剂过冷度和一、二回路压差作为停泵参数，就能将蒸汽发生器传热管破裂、非失水事故和小 LOCA 区别开来，因为蒸汽发生器传热管破裂和这两个参数比停反应堆冷却剂泵的设定值都要高。

表 5-9 反应堆冷却剂泵停止参数[1)]

项目	停反应堆冷却剂泵规范		
	反应堆冷却剂系统压力/MPa	冷却剂过冷度/℃	一、二回路压差/MPa
蒸汽发生器传热管破裂和非失水事故瞬态最小值	8.4	20.5	2.41
停反应堆冷却剂泵设定值	8.7	9.4	1.08
是否符合 NRC83－10C 和 83－10D 的区别要求	否	是	是

注：1)用作计算的核电厂具有高压安注系统，蒸汽发生器为 51 型，零负荷冷却剂平均温度为 286 ℃。

对蒸汽发生器传热管破裂事故的处理，应通过研究，总结运行经验，从而确定停反应堆冷却剂泵的相关参数，争取做到在发生单纯的蒸汽发生器传热管破裂事故时，尽量避免停反应堆冷却剂泵操作，以达到快速冷却降压。

综上所述，可以得到以下几点结论：

(1) 对于同样的蒸汽发生器传热管破裂事故，即使采用同一个应急操作规程，可能因处理不同，而得到大不相同的结果；

(2) 蒸汽发生器传热管破裂事故需要操纵员及时正确地进行干预，尽快终止泄漏，阻止放射性物质向二回路扩散；

(3) 最好在蒸汽发生器水位为 20%左右时关闭主蒸汽隔离阀；

(4) 反应堆冷却剂系统的快速降温降压，建议采用先降温后降压的方法；

(5) 蒸汽发生器传热管破裂事故的处理，应尽量避免停反应堆冷却剂泵。

附录 1 核电厂模拟机简介

核电厂模拟机是利用计算机仿真技术对核电厂的正常运行、异常运行和事故进行模拟的专用设备，又称核电厂仿真机(见附图 1-1)。

核电厂模拟机通过数学模型对核电厂各种工艺过程进行描述，并根据核电厂的运行工况和系统状态对数学模型进行组合，按照一定的初始条件(IC)和边界条件(BC)用计算机进行演算，以数学的方式反映核电厂各工艺过程有关参数的变化过程。

从美国三哩岛事故说，世界各国都加强了安全文化教育，采取了相应的安全措施。每个核电厂都装设了与自己配套专用于培训的全范围核电厂模拟机，因为其控制室的设计与布置与电厂主控室完全一样，其控制台、控制盘屏等的尺寸、大小与核电厂主控室 1∶1，所以又称为全尺寸模拟机。

附图1-1 核电厂模拟机示意图

这种模拟机的主要功能应该包括：① 核电厂员工的培训，主要是操纵员的培训（初训和复训），当然也包括高级操纵员及安全工程师的培训；② 核电厂运行规程的验证和开发；③ 核电厂各种瞬变工况的研究和事故后果的分析，为制定防止事故扩大的措施提供依据。此模拟机应能准确地、实时地模拟真实电厂的运行特点和操作特性，包括冷停堆、热停堆、反应堆冷却剂升温升压，反应堆启动到临界，汽轮发电机组冲转、升速、并网，功率提升到满功率，以及正常停堆、紧急停堆等过程。同时它还应能模拟实际运行中可能出现的各种异常工况和事故工况，包括重要设备故障所引起的异常和事故。

全范围模拟机由三部分组成：① 模拟专用计算房；② 控制室；③ 教员控制台（简称教控台）。它们通过实时接口相互连接（见附图 1-2）。

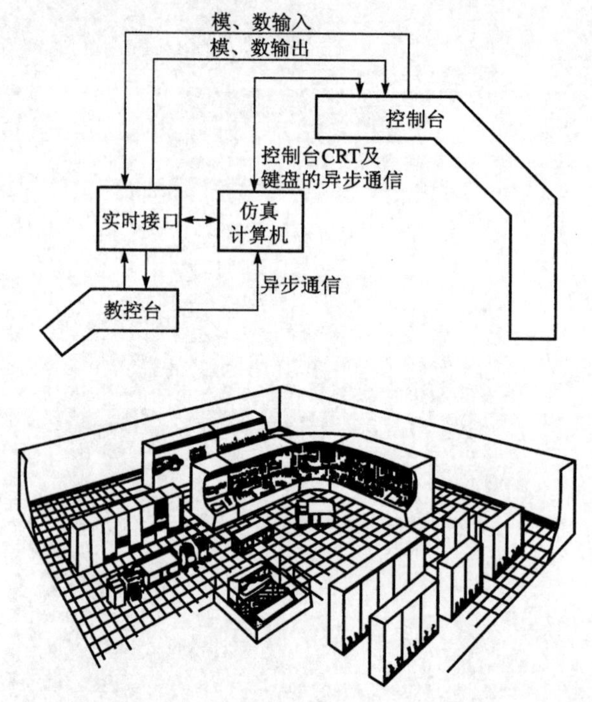

附图 1-2 全范围核电厂模拟机硬件系统示意图

计算机系统是核电厂模拟的核心。核电厂的反应堆以及各工艺系统的物理过程和特性的模拟是通过它来实现教学仿真的，核电厂的逻辑控制系统及电气系统也由此计算机系统来模拟，而核电厂的数字化控制系统，包括核电厂计算机系统及各类操纵员支持系统等则由其他专门的计算机系统来模拟，以简化仿真软件系统。

控制室和核电厂的主控室完全一样，一般它都是根据主控室真实复制的。当进入模拟机控制室时，完全如同身处核电厂主控室一样，颇具真实感。在此控制室操作同核电厂主控室操作一样，同样也是根据核电厂运行规程、文件（如图、表）进行的，模拟机控制室具有与主控室同样的运行文件、规程和资料。

教控台是教员专用的工作台，多半单独间隔、设置，可以观察控制室的全貌，但并不干扰控制室内的操作训练。教控台的功能很多，学员可以通过它来设置各种初始工况（IC），引入各种可能故障(单发性故障、多发性故障或继发性故障)和事故训练。像早期的模拟机(美国 Shearon Harris Unit 1 的模拟机具有 29 个 IC,每个 IC 给出了核电厂主要运行参数,如平均温度、稳压器压力、稳压器水位、硼浓度、^{135}Xe 氙毒、核功率、反应性、堆芯寿期等。此模拟机可设置 134 个故障。

模拟机能模拟运行故障和事故工况,这是一大优点。众所周知,核电厂安全运行,保证发电是主要任务,一旦启动投运后,电厂基本上都处在稳定功率运行工况。之所以不可能让核电厂停下来不发电而进行培训,一方面是从安全上考虑,不允许在真实电厂上让学员进行异常故障和事故训练;另一方面从经济上讲也不允许,因为核电厂发电一天的产值大约 100 万美元。但在模拟机上可以很方便进行训练。模拟机教控台上可以设置许多初始工况(IC)、许多故障与典型事故等。这对提高操纵人员实操能力,培养操纵人员的安全素养非常重要。

教控台具有许多培训需要的特有功能,如:

① 冻结(freeze)。这是核电厂上做不到的。教员为了给学员讲解某现象,或讨论某个问题,可以让运行暂停下来,讨论完后再继续运行。

② 重放(replay)。这也是核电厂上做不到的。模拟机可以将进行过的运行情况重放给学员看,以达到教学目的。

③ 重操(backtrack)。模拟机回复到在以前某个指定的时刻自动记录下的状态的过程。

④ 快拍(snapshot)。这也是模拟机特有功能之一。将某个给定时间存在的工况快速记录下并贮存起来。这个贮存起来的工况以后可以作为新的初始条件(IC)反复调出使用。

⑤ 某些运行参数可以加速若干倍,如核电厂加热升温过程。真实电厂执行到这一操作需要很长时间,但模拟机培训教学是有时间要求的(一般约 4 小时为一培训单元),在模拟机上可以加快升温速率而不影响其他参数,大大提高了效率。又如慢化剂中硼的稀释与加浓的过程也可以加快速率来完成。

⑥ 通过教控台设置更换不同初始条件(IC),可以在一个培训单元时间里分段进行来完成一个较长的完整过程。还是以加热升温为例:从第 1 个 IC 开始加热升温,进行一段时间后,转到第 2 个 IC,如建立汽腔,再选定一个 IC 直至完成加热升温。这样节省了不少时间,学员可以很容易串起一个完整过程。最后教员再总结讲解重点所在,大大提高了效率,同时也完成了教学要求。

⑦ 教控台上可以调节控制运行进展情况,例如事故训练中发生破口泄漏,在教控台上可以连续缓慢增加破口大小,使事故慢慢扩大,现象合理更逼真。

⑧ 教控台上可以预先设置好出现异常现象的时间,到时自动出现。如培训内容:IC 为满功率 100%稳定功率运行,教员可设置运行到 5 min 时出现第一个故障(如,一回路某故障),运行到 15 min 时出现第二个故障(如,二回路某故障),1 h 时出现某事故(如,蒸汽发生器传热管破裂事故等),这样给受训学员以实际锻炼,让他们根据自己的知识与经验,依据运行规程去消除故障,处理事故。

教控台的功能很多,它是完成培训教学要求的重要环节。真正核电厂主控室没有教控台,这也是模拟机独特的地方。

实时接口完成控制室和仿真计算机之间的信息转换和传递。

全范围模拟机不仅是重要的培训工具,也是操纵员取照考试的重要设备。每个操纵员考试中的操作部分都在模拟机上进行，特别是故障事故处理的内容必须在模拟机上进行。正常运行中的启动开堆也是非常重要的内容，不仅操纵员考试中是重点，即使在取照两年后的复训中也还要在模拟机上反复训练，因为他们在真实电厂运行中能碰上启动开堆的机会不多。

总之，全范围核电厂模拟机是保证每个核电厂安全运行不可或缺的重要设备。

附录2 蒸汽发生器传热管破裂事故实例

日本关西电力公司美滨核电厂2号机组于1991年2月9日发生了蒸汽发生器传热管破裂事故。

1. 事故梗概

(1) 1991年2月9日12:40，(日本)关西电力公司美滨2号机组正在500 MW满功率运行，核电厂计算机发出注意蒸汽发生器排污水监测器R－19的指示信号，于是予以严密监视。12:40左右，操纵员发现R－19的读数比正常数值偏高。当化学人员对蒸汽发生器二次水进行放射性分析时，凝汽器真空泵的气体监测器R－15的计数率报警器于13:40发出音响警报。接着，R－19的计数率报警器于13:45发出音响警报。

(2) 从13:45左右起，反应堆冷却剂系统的压力开始线性下降。13:48手动降低反应堆功率，以便停堆。13:50反应堆紧急停堆，紧接着自动触发应急堆芯冷却系统(ECCS)。

(3) 因此，隔离已判明发生传热管泄漏的蒸汽发生器A；使用完好的蒸汽发生器B的主蒸汽释放阀对反应堆冷却剂系统进行冷却；使用稳压器辅助喷淋使反应堆冷却剂系统降压；最后，美滨2号机组于1991年2月10日2:30达到冷停堆状态。

(4) 事故期间释放的放射性并不影响美滨核电厂周围的环境。

(5) 根据调查的结果判定，在蒸汽发生器A冷段侧的一根传热管，恰好在6号支撑板的上方沿环向完全断裂。

2. 事故历程和认识

根据下列五个方面的记录和分析，将美滨2号机组蒸汽发生器传热管断裂历程摘要报告如下：

- 报警器打印机的记录①；
- 事故后监测器(PAM)的跟踪记录②；
- 事件顺序记录；
- 值长的运行日志；
- 电厂设备的记录仪器(记录纸)。

附图2-1给出由记录和分析获得的事故历程。

在附图2-1中：

1—13:40 R－5的"计数率警报器"报警；

① 由于计算机处理的存储容量不足，"指示信号"以及采用由参数变化来调节"部件运行工况"的部分，在紧急停堆后有3 min，从报警器的打印机记录上失去跟踪。

② 由于计算机处理的存储容量不足，紧急停堆后有10 min，没有最大堆芯出口温度和过冷度等进行计算和校正。

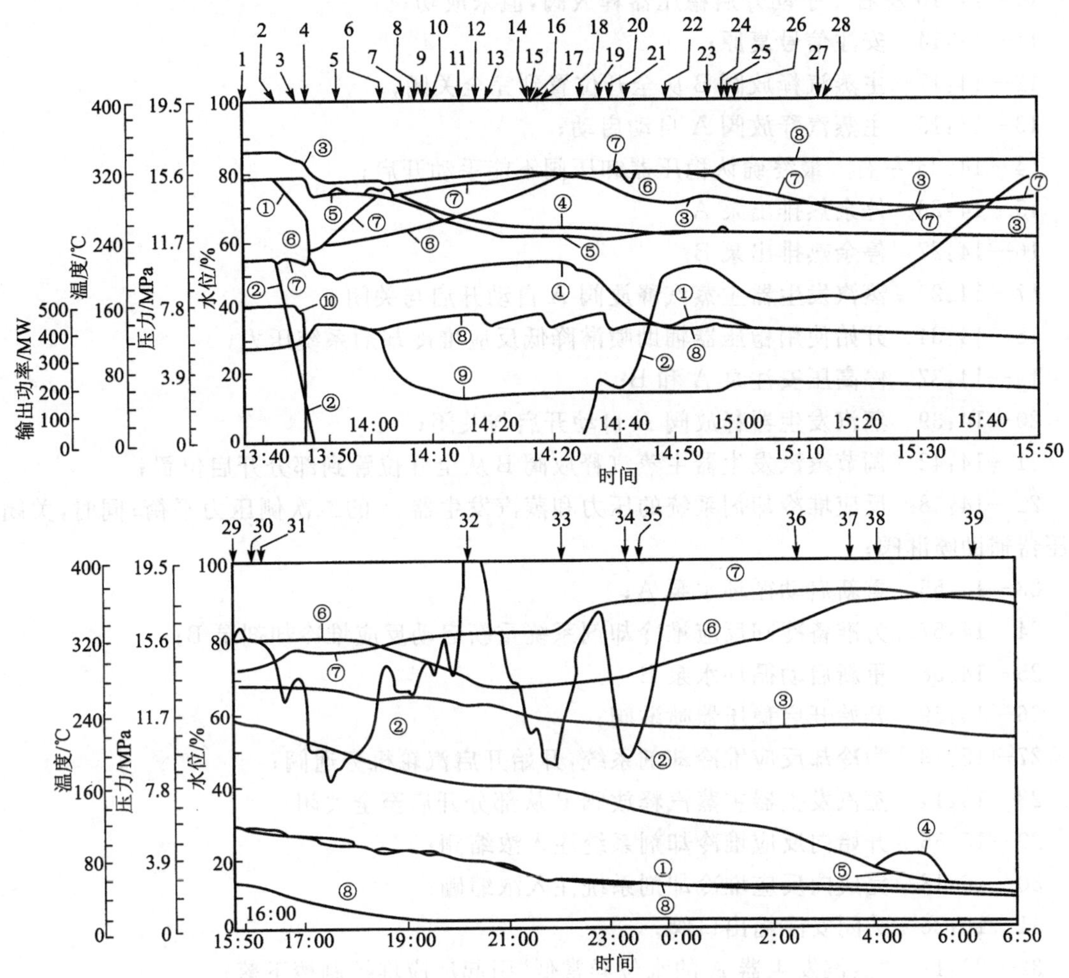

附图 2-1　运行记录摘要

①—冷却剂压力；②—稳压器水位；③—饱和温度；④—(A 环路)热段冷却剂温度；
⑤—(B 环路)热段冷却剂温度；⑥—(A 环路)蒸汽发生器的水位；
⑦—(B 环路)蒸汽发生器的水位；⑧—(A 环路)蒸汽发生器的压力；
⑨—(B 环路)蒸汽发生器的压力；⑩—发电机输出功率

2—13:45　R—19 的"计数率警报器"报警；

3—13:48　开始降负荷；

4—13:50　R—15 的"计数率高值警报器"报警；13:50"低的稳压器压力"信号使反应堆紧急停堆；13:50"低的稳压器压力和低的稳压器水位"触发安注；

5—13:55 左右　R—19 的"计数率高值警报器"报警；13:55　蒸汽发生器 A 的主蒸汽隔离阀开始关闭；13:55　蒸汽发生器 A 的主蒸汽隔离阀完全关闭；

6—14:02　为使反应堆冷却剂系统冷却，手动开启蒸汽发生器 B 的主蒸汽释放阀；

7—14:05　恢复非安全等级的母线供电；

8—14:07　开启安全壳外侧的仪表空气隔离阀；

9—14:09　上充泵 A、B、C 启动(向一次冷却剂系统补水)；

10—14:10 左右　手动开启稳压器释放阀，但未成功；

11—14:14　安注信号复原；

12—14:17　主蒸汽释放阀 B 从全开位置到完全关闭；

13—14:19　主蒸汽释放阀 A 自动启动；

14—14:25 左右　最终确认稳压器卸压阀不能手动开启；

15—14:26　停余热排出泵 A；

16—14:27　停余热排出泵 B；

17—14:29　蒸汽发生器主蒸汽释放阀 A 自动开启与关闭；

18—14:34　开始使用稳压器辅助喷淋降低反应堆冷却剂系统压力；

19—14:37　停高压安注泵 A 和 B；

20—14:39　蒸汽发生器释放阀 A 自动开启与关闭；

21—14:42　调节蒸汽发生器主蒸汽释放阀 B 从全开位置到部分开启位置；

22—14:48　反应堆冷却剂系统的压力和蒸汽发生器 A 的二次侧压力平衡；同时，关闭稳压器辅助喷淋阀；

23—14:55　重新启动循环水泵 A；

24—14:57　为准备冷却反应堆冷却剂系统重新启动反应堆冷却剂泵 B；

25—14:58　重新启动循环水泵 B；

26—14:59　开始开启稳压器喷淋阀；

27—15:13　为冷却反应堆冷却剂系统，开始开启汽轮机旁通阀；

28—15:14　蒸汽发生器主蒸汽释放阀 B 从部分开启至全关闭；

29—15:55　开始向反应堆冷却剂系统注入浓缩硼；

30—16:18　完成向反应堆冷却剂系统注入浓缩硼；

31—16:26　关闭安注箱出口阀；

32—20:11　“蒸汽发生器 A 的水位异常低”引起反应堆控制棒下落；

33—22:01　重新启动余热排出泵 A；

34—23:17　重新启动余热排出泵 B；

35—23:28　R－15 的“计数率高值警报器”复原；

36—02:30　冷停堆(低于 93 ℃)；

37—03:37　停止反应堆冷却剂泵 B；

38—04:05　开始开启稳压器辅助喷淋阀，以便冷却稳压器；

39—06:00　完成反应堆冷却剂系统的冷却(40 ℃，1.68 MPa)。

(1) 事故历程

① 1991 年 2 月 9 日 12:24，美滨 2 号机组正满功率运行时，核电厂计算机发出 R－19 的指示信号，随之进行严密监视。12:40 左右，操纵员发现 R－19 的读数比正常值偏高。13:00 左右，化学人员开始分析蒸汽发生器二次侧水的放射性浓度。13:20 左右得到的化学分析结果表明，蒸汽发生器 A 二次侧水放射性浓度略高于正常值。当对放射性浓度重新分析以判断是否发生泄漏时，13:40 R－15 计数率报警器发出音响警报，接着 R－19 计数率报警器于 13:45 也发出音响警报。由于稳压器的水位和反应堆冷却剂系统的压力降低，13:45 备用的上充泵启动，尽管有三台上充泵工作，但是反应堆冷却剂系统的压力仍然继续下降，

有关的报警器相继发出音响警报。13:48,为了停堆,开始手动降低功率。此外,为防止放射性物质向环境释放,隔离了从蒸汽发生器A到汽轮机驱动的辅助给水泵的汽源。

② 13:50,报警盘上R—15的"计数率高值警报器"发出音响警报,由于稳压器压力低(反应堆冷却剂压力低)",反应堆、汽轮机和发电机按照预定的顺序自动停止。停堆后大约7 s,由于"稳压器压力低(反应堆冷却剂系统压力低)和稳压器低水位符合",触发安注信号,自动靠应急堆芯冷却系统(ECCS)有关的设备把水注入堆芯,隔离安全壳,并在发电机停运之后正常母线断电。由于这些动作的缘故,由正常母线供电且必须通过汽轮机旁通阀使用凝汽器进行冷却的设备,其运行时间被限制在紧急停堆后的30 min之内。13:52停止蒸汽发生器A(后称"损坏的蒸汽发生器")的辅助给水。13:55操纵员试图从控制室遥控关闭损坏的主蒸汽发生器隔离阀,但不能完全关闭。14:02,手动将该阀门完全关闭,从而使损坏的蒸汽发生器被隔离。

③ 从14:02至14:07开启了蒸汽发生器B(后称"完好的蒸汽发生器")的主蒸汽释放阀,以便冷却反应堆冷却剂系统。为了准备给反应堆冷却剂系统卸压,于14:07开启安全壳的仪表用空气隔离阀,以保证供给稳压器卸压阀动作的气源。14:09当完好的蒸汽发生器的反应堆冷却环路热段中的冷却剂被冷却到275 ℃左右时,为了控制反应堆冷却剂的装量,重新启动因安注信号而停运的三台上充泵。为了使损坏的蒸汽发生器一次侧和二次侧的压力相等而停止泄漏,于14:10试图手动开启稳压器卸压阀,然而两个阀门均未能开启。

④ 14:34操作稳压器辅助喷淋阀,使反应堆冷却剂系统降压,于是反应堆冷却剂压力呈下降趋势。在确认稳压器水位和反应堆的过冷度(由压力决定的沸腾温度和实际温度之差)恢复之后,于14:37停止两台高压安注泵,于是损坏的蒸汽发生器二次侧水位停止上升,稳压器水位继续恢复。14:48,损坏的蒸汽发生器一、二次侧压力相等,至此,完成了反应堆冷却剂系统的卸压。在此期间,损坏的蒸汽发生器主释放阀于14:19,14:29,14:39自动开启关闭三次。

⑤ 为了通过汽轮机旁通阀使用凝汽器进行再次冷却,于14:55启动两台循环水泵。14:57还启动了完好环路上的反应堆冷却剂泵。15:13利用汽轮机旁通阀开始对反应堆冷却剂系统进行冷却并卸压。为补偿温度下降引起的反应性,16:18完成高浓硼注入反应堆冷却剂系统的操作。2:10启动余热排出泵,以替代汽轮机旁通阀继续对反应堆冷却剂系统进行冷却。

1991年2月10日2:30,反应堆到达冷停堆模式。

(2) 核电厂的响应

① 安注的投入(至13:50)

1991年2月9日12:24,核电厂计算机显示R—19指示信号,12:10左右,R—19的读数略高于正常值,综合13:20左右得到的蒸汽发生器二次侧水的放射性活度分析结果,估计大约在12:40已经发生反应堆冷却剂向蒸汽发生器A的二次侧的少量泄漏。从13:15左右开始,由于反应堆冷却剂系统压力和稳压器水位呈线性下降趋势,估计蒸汽发生器A的传热管损坏从此加剧,随后传热管沿环向完全断裂。刚好在13:50以前蒸汽发生器二次侧压力稍有增加,这是由于13:18为了降低功率将汽轮机调节阀稍微关闭所致。

② 完成损坏的蒸汽发生器的隔离(13:50～14:02)

13:50以后,反应堆冷却剂系统压力和稳压器水位下降得更快,这是由于反应堆紧急停堆和损坏的蒸汽发生器一次侧冷却剂泄漏到二次侧引起温度下降，使得反应堆冷却剂收缩造成的。

13:55 以后，反应堆冷却剂系统水位逐渐升高，这是由于备用的高压安注泵把水注入反应堆容器上部空间（后称上腔室）造成的，采取这一措施的目的是维持注入反应堆冷却剂系统的流量超过反应堆冷却剂泄漏到损坏的蒸汽发生器二次侧的泄漏量。

维持正常环路的温度低于饱和温度（沸腾温度取决于压力），就可以估计反应堆的堆芯（反应堆容器内装有燃料组件的区域）被淹没，并且能保证余热排出功能。

然而，预计稳压器和波动管或者进入反应堆容器顶部或上腔室的热水，会引起损坏的蒸汽发生器反应堆冷却环路（后称损坏环路）热段中的冷却剂温度暂时上升。

③ 运用稳压器辅助喷淋开始对反应堆冷却剂系统卸压（14:02～14:34）

14:02～14:34，通过开启完好的蒸汽发生器的主蒸汽释放阀和高压安注泵向堆芯注入冷水（约 30 ℃），使正常环路热段冷却剂的温度逐渐下降。

同样，由于高压安注泵（见附图 2-2 和附图 2-3）将冷水直接注入上腔室，在某一时间堆芯出口温度（燃料组件顶部的反应堆冷却剂温度）低于热段或冷段的冷却剂温度。

在 14:19 以后，损坏的蒸汽发生器主蒸汽释放阀自动开启关闭三次，这是由于在反应堆冷却剂系统的高压下，热水泄漏到损坏的蒸汽发生器的二次侧，从而导致二次侧压力升高的缘故。

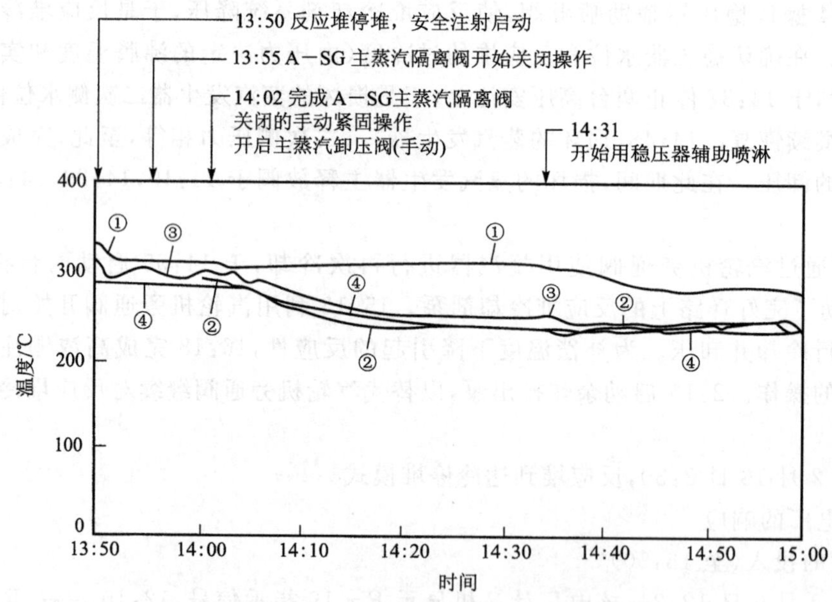

附图 2-2 反应堆冷却剂饱和温度，来自堆芯的冷却剂出口温度，A 环路冷、热段的冷却剂温度

①—反应堆冷却剂的饱和温度；②—来自堆芯的冷却剂出口温度；
③—热段侧的冷却剂温度（A 环路）；④—冷段侧的冷却剂温度（A 环路）
（来自堆芯的冷却剂出口温度②，从 13:50～14:05 在计算机上没有输出）

④ 反应堆冷却剂系统和损坏的蒸汽发生器二次侧压力的平衡（14:34～14:48）

14:34～14:37，反应堆冷却剂系统压力两次趋于下降。前者的压力下降是因为稳压器辅助喷淋开始卸压；后者则是高压安注泵停运所致。

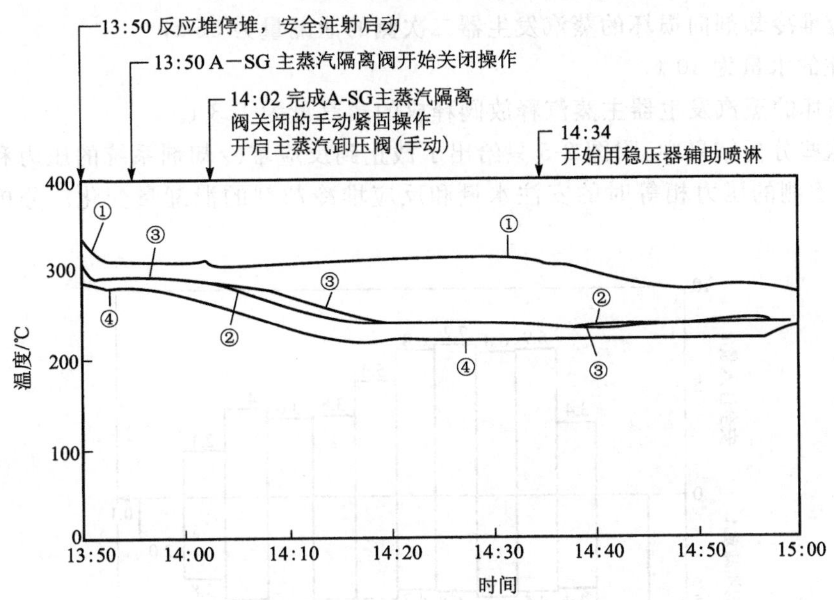

附图 2-3　反应堆冷却剂饱和温度，来自堆芯的冷却剂出口温度，A 环路冷、热段的冷却剂温度
①—反应堆冷却剂的饱和温度；②—来自堆芯的冷却剂出口温度；
③—热段侧的冷却剂温度（A 环路）；④—冷段侧的冷却剂温度（A 环路）
（来自堆芯的冷却剂出口温度②，从 13:50～14:05 在计算机上没有输出）

因为随着反应堆冷却剂压力的降低，反应堆冷却剂向损坏的蒸汽发生器二次侧的泄漏量减小，以及高压安注泵注入反应堆冷却剂的水量增加，所以使得稳压器水位在 11:35 回复到可以监测的范围。

（3）事故评定

① 为了尽可能详细地模拟事故，采用事故期间表明设备启动和运行的实际现场数据进行实物分析，以便了解事故的发展和评估反应堆冷却剂向损坏的蒸汽发生器二次侧的泄漏量。

② 根据分析结果，附图 2-4 给出了反应堆功率、反应堆冷却剂系统的压力、蒸汽发生器二次侧的压力以及反应堆冷却剂向损坏的蒸汽发生器二次侧的泄漏量变化。主要的结果如下：

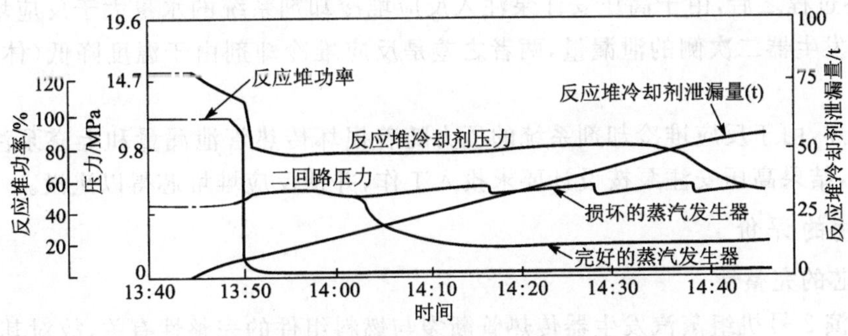

附图 2-4　事故的分析结果

a. 反应堆冷却剂向损坏的蒸汽发生器二次侧的泄漏量为 55 t；

b. 安注的水量为 50 t；

c. 从损坏的蒸汽发生器主蒸汽释放阀释放的蒸汽量为 1.3 t。

③ 在这些分析结果中，附图 2-5 只给出了截止到反应堆冷却剂系统的压力和损坏的蒸汽发生器二次侧的压力相等时的安注水量和反应堆冷却剂的泄漏量变化。分析结果如下所述：

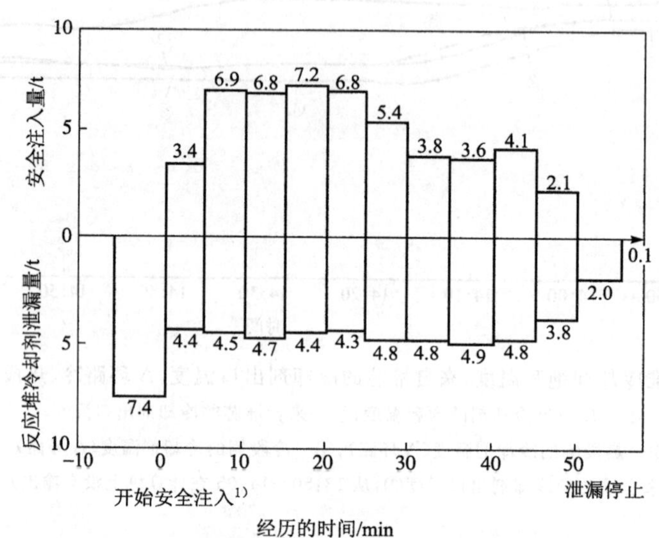

附图 2-5 安注量和反应堆冷却剂泄漏量的分析结果

安全注入量 反应堆冷却剂泄漏量

总计：约 50 t 总计：约 55 t

（注：1）由高压安注泵安全注入的起始点）

a. 从 13:45 到安注开始，反应堆冷却剂通过破损传热管向损坏的蒸汽发生器二次侧的泄漏量相当于稳压器损失的水量与上充泵注入反应堆冷却剂系统的水量之和。

b. 安注系统投入后有 5 min，反应堆冷却剂向损坏的蒸汽发生器二次侧泄漏的水量超过高压安注泵注入反应堆冷却剂系统的水量。然而，估计该量之差相当于反应堆冷却剂因温度升高而膨胀的体积量。

c. 上述过程之后，由于高压安注泵注入反应堆冷却剂系统的水量大于反应堆冷却剂向损坏的蒸汽发生器二次侧的泄漏量，两者之差是反应堆冷却剂由于温度降低（体积）收缩而产生的。

如上所述，由于反应堆冷却剂系统的压力随着损坏传热管泄漏量和上充泵注入水量的变化而变化，结果高压安注泵按设计要求投入工作，并使反应堆堆芯得以淹没。

3. 事故的评价

(1) 堆芯的完整性

因为美滨 2 号机组蒸汽发生器传热管断裂与燃料组件的完整性有关，故对其进行评定。

① 堆芯的淹没状况

a. 根据完好环路热段的反应堆冷却剂温度逐渐下降，以及反应堆热段与冷段之间的反应堆冷却剂温差得以维持，可以断定堆芯一直被冷却剂淹没，并通过完好的蒸汽发生器维持着自然循环流动(见附图 2-4)。

b. 14:37，由于停止高压安注泵，稳压器水位曾一度下降，但从 14:42 左右开始急剧升高。稳压器内水位的增加超过了三台上充泵注入反应堆冷却剂系统以及反应堆冷却剂泄漏到损坏的蒸汽发生器二次侧的预期值。为此，设想从 14:42 开始，由于压力下降在反应堆冷却剂系统的高温区产生空泡，导致稳压器内的水位上升。分析的结果表明，空泡的容积大约是 5 m^3，假定该空泡腔发生在反应堆顶盖内侧距堆芯上方大约 4 m 处，因而不会影响堆芯淹没。

总之，在 14:42 左右或在此之后，因为热段中的冷却剂温度和堆芯出口温度大体保持低于饱和温度 40 ℃(见附图 2-4)，因而在堆芯内不会有任何空泡产生。

② 偏离泡核沸腾比(DNBR)

分析结果表明，对于 DNBR 来说，当反应堆处于最不利的情况时，反应堆紧急停堆前最小的偏离泡核沸腾比为 2.37，大于 1.17 的允许限值。这意味着尽管燃料包壳和冷却剂之间的传热效果恶化，但包壳温度急剧上升的危险情况不会出现(见附图 2-6)。

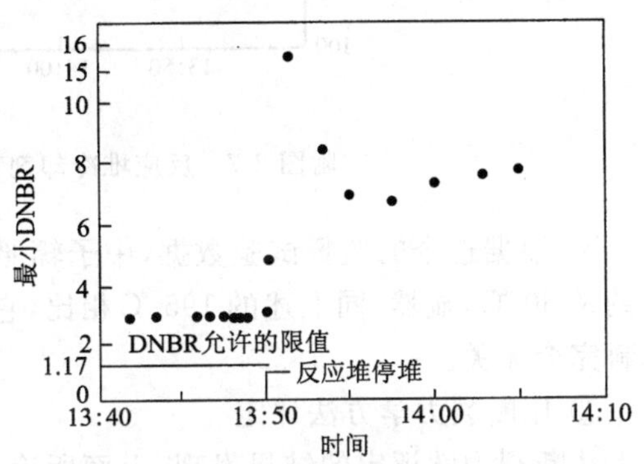

附图 2-6　最小 DNBR 的分析结果

③ 冷却剂放射性的分析结果及燃料组件的检查结果

a. 冷却剂放射性分析的结果表明，在运行期间和紧急停堆之后，没有探测到冷却剂中^{131}I 的浓度有偏高。由此断定，事故期间燃料组件没有泄漏。

b. 事故之后，为了以防万一，对所有的燃料组件用“燃料组件啜吸法”检验燃料组件的放射性泄漏，以及使用水下摄像机作“燃料组件目视检查”，检验燃料组件的外观，结果没有发现异常。

鉴于以上结论，可以断定燃料组件没有异常，保持了堆芯的完整性。

(2) 反应堆容器在承压热冲击下的完整性

反应堆容器在工作压力下运行期间，当为了某种原因容器经受急剧冷却时，会引起反应堆容器产生高的拉应力，这种现象谓之承压热冲击(PTS)。这种高的拉应力是由拉应力(热应力)和其他的应力叠加产生的：前者由反应堆容器内外表面温度差引起；后者由内压引起。如果反应堆容器的韧性由于中子和其他辐照而降低，且裂纹大于某一尺寸，当高的拉应力现象发生时，反应堆容器可能会受到损坏。

因为事故时启动应急堆芯冷却系统(ECCS)，将温度约 30 ℃的水注入反应堆冷却剂系统，因而反应堆容器的分析与承压冲击有关。

① 反应堆热冲击的评定

a. 反应堆容器的热冲击分析主要针对损坏的环路，因其温度下降过大。分析结果发现，当堆芯应急冷却系统(ECCS)停运时，流入反应堆容器的反应堆冷却剂温度降到 173 ℃，在这种情况下，在反应堆容器下降通道的上部区域可达到的最低温度为 195 ℃(见附图 2-7)。

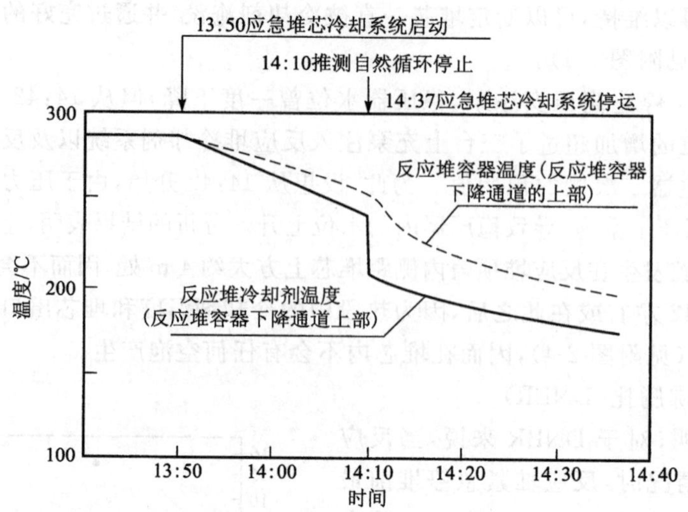

附图 2-7 反应堆冷却剂和反应堆容器温度的分析结果

b. 根据迄今的监督试验数据，中子辐照下的反应堆容器材料的脆性转变温度(RT_{NDT})大约是 60 ℃，显然，同上述的 195 ℃相比，它是相当低的数值，从脆性破坏的观点看，与容器材料完全无关。

② 用断裂力学方法评定

从断裂力学评定的结果发现，上面所论及的反应堆容器材料有足够的断裂韧性，即使有裂纹，其尺寸也不会扩展。

由前面的结论可以断定，承压热冲击(PTS)不可能对反应堆容器的完整性产生危害。

(3)对环境的影响

对事故期间释放到环境中的放射性，以及核电厂周围公众的有效剂量作如下评定(见附图 2-8)。

① 释放到环境中的放射性数量的评定结果

a. 放射性惰性气体的释放约 2.3×10^{10} Bq(约 0.6 Ci)，这个评定值是根据气体监测器的读数，损坏的蒸汽发生器二次侧水的放射性惰性气体测量值，以及事故分析的结果。

b. 放射性碘的释放约 3.4×10^{8} Bq(约 0.01 Ci)，该评定值依据 1 号机组辅助厂房通风烟囱中放射性浓度的测量值和损坏的蒸汽发生器二次水的放射性碘浓度的测量值。

c. 液体放射性物质释放约 7.0×10^{6} Bq(约 2×10^{-4} Ci)，该评定值依据蒸汽发生器二次水放射性物质的浓度测量值。

d. 所有这些数值大大低于"美滨电厂核反应堆设施安全规则"中规定的年释放控制指标(放射性惰性气体为 2.1×10^{5} Bq、^{131}I 为 7.4×10^{10} Bq、液体放射性物质为 1.1×10^{11} Bq)。

② 对电厂周围公众有效剂量的评定结果

a. 电厂周围公众接受的放射性惰性气体和放射性碘的有效剂量为 1×10^{-5} mSv(约 0.01 Sv)。该值是对释放期间释放到环境中的放射性，风向和速度，以及大气稳定性进行评定得出的。

b. 该值远低于"美滨 2 号机组建造申请报告"附件 10(下文称"附件 10"，1990 年 9 月 17 日批准)中规定的有效剂量标准(5 mSv)。

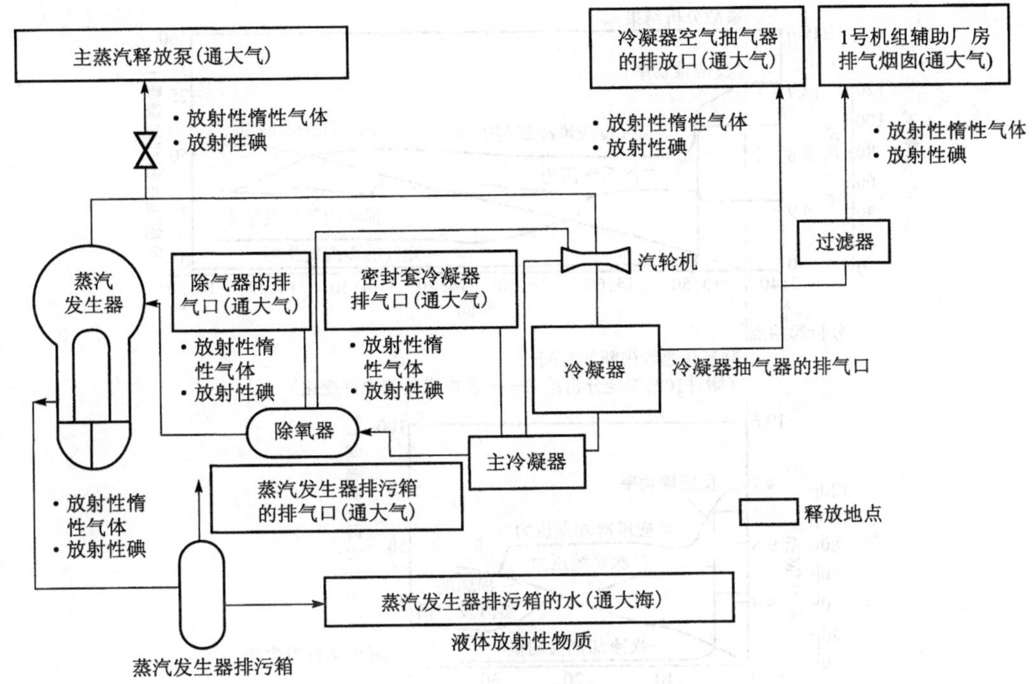

附图 2-8 放射性释放的途径

另外,上述剂量值约为一年内受到的自然放射性有效剂量(约 1 mSv)的十万分之一,因此,对电厂周围的公众没有影响。

③ 环境辐射的监测结果

因事故造成的空间辐射剂量率和辐射浓度(如浮尘、海水、海底有机物等环境样品)的测量值没有显示任何的偏离。释放的放射性对电厂周围的环境没有影响。

(4) 参照反应堆建造申请文件中的安全分析结果和事故情况进行对比

附图 2-9 给出事故和附件 10 中的分析结果(下文称“安全分析”)对比。此外,下面叙述分析前提和分析结果之间的主要差异。

① 分析前提的主要差异

a. 反应堆功率:安全分析假设反应堆在紧急停堆之前以 102%的功率运行。实际上,反应堆在紧急停堆之前,功率已经开始下降。

b. 辅助给水泵的运行情况:安全分析假设汽轮机驱动的辅助给水泵有一台失效。实际上,所有辅助给水泵,包括汽轮机驱动的辅助给水泵都在运行。

c. 厂外电源:安全分析假设厂外电源将不能使用。实际上,紧急停堆后用厂外电源供汽轮机旁通阀工作 30 s,进行反应堆冷却剂系统的冷却。

d. 隔离损坏的蒸汽发生器:安全分析假设紧急停堆后 10 min 隔离损坏的蒸汽发生器。实际上,在紧急停堆前 2 min 已隔离了损坏的蒸汽发生器到汽轮机驱动的辅助给水泵的汽源,并且在紧急停堆后 2 min 停止了损坏的蒸汽发生器的辅助给水。

此外,紧急停堆后 5 min 虽尽力关闭主蒸汽隔离阀,但未能完全关闭。紧急停堆后 12 min 才把损坏的蒸汽发生器完全隔离。

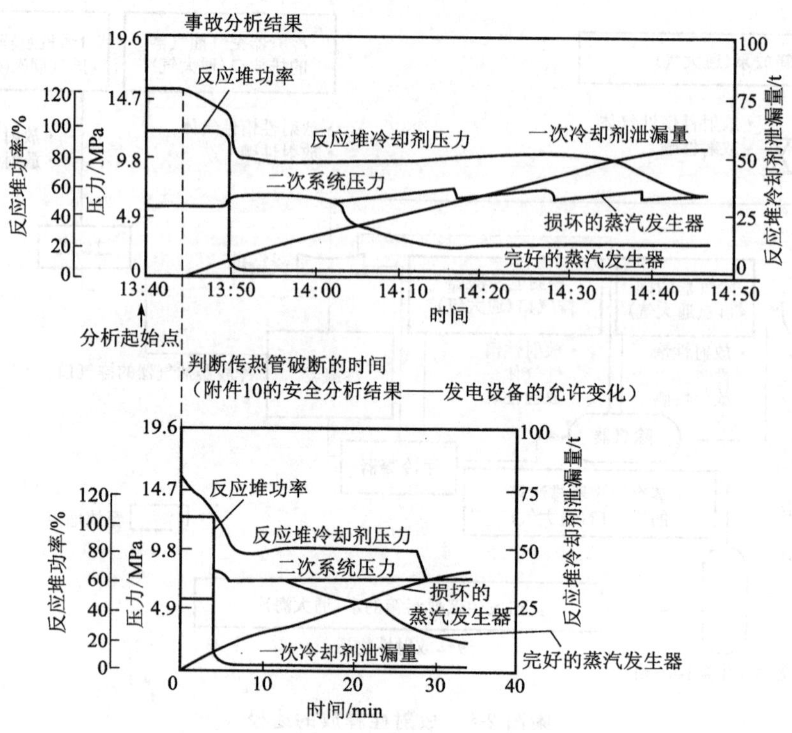

附图 2-9 安全分析和事故分析结果比较

e. 终止事故的操作:安全分析设想用稳压器卸压阀使反应堆冷却剂系统降压,以便使损坏的蒸汽发生器中的反应堆冷却剂和二次侧的压力相等。实际上,虽尽力打开稳压器卸压阀使反应堆冷却剂系统降压,但未能成功,于是只好使用稳压器的辅助喷淋。

f. 高压安注泵的停运:安全分析设想损坏的蒸汽发生器反应堆冷却剂和二次侧压力相等之后关闭稳压器卸压阀,同时在反应堆冷却剂系统压力上升确认该阀门关闭之后,即可停运高压安注泵。实际上,因事故时稳压器卸压阀不能使用,高压安注泵是在降压期间才停运的。

g. 反应堆冷却剂的放射性浓度:安全分析假设按相当于1%的燃料包壳破损率的浓度(例如,^{131}I 的浓度:6.60×10^4 Bq/g)进行评定。实际上,事故的实际值大约为10^{-4},大大低于假设值(例如,^{131}I 的浓度为 4 Bq/g)。

h. 安全分析估计损坏的蒸汽发生器的反应堆冷却剂系统和二次测的压力在反应堆紧急停堆后的 30 min 可以达到平衡。实际上用了 58 min。

② 安全分析结果和事故评定之间的主要差异

a. 事故分析结果的主要差异

事故中反应堆冷却剂泄漏到损坏的蒸汽发生器二次侧的泄漏量约 55 t,而安全分析确定的泄漏量约 39 t。这是由于事故期间稳压器卸压阀不能使用,导致泄漏终止的时间延长造成的。事故中排放到环境中的蒸汽量大约是 2.2 t,而安全分析则确定为 12 t。主要原因是在紧急停堆之后大约有 30 s,靠汽轮机旁通阀把蒸汽排放到凝汽器。

b. 放射性释放的评定结果和剂量之间的主要差异

释放到环境中的放射性，安全分析确定放射性惰性气体约 2.0×10^{14} Bq(0.5 MeV 的 γ 射线当量)，放射性碘约 3.4×10^{10} Bq(^{131}I 当量)。而事故中，放射性惰性气体的释放大约为 5.1×10^{10} Bq(0.5 MeV 的 γ 射线当量)和 2.3×10^{7} Bq 左右的 ^{131}I 当量。这主要是因为反应堆冷却剂中的放射性浓度很低。

有效剂量：安全分析确定为 0.39 mSv 左右，而事故中约为 1×10^{-5} mSv。

复习题

1. 简述三哩岛(TMI)事故前后应急运行规程的特点。
2. 美国西屋公司应急响应导则(ERG)包括哪三个部分？
3. 什么是最佳恢复导则(ORG)？它处置哪四个基本事故类型？
4. 什么是功能恢复导则(FRG)？
5. 简述最佳恢复与功能恢复的关系。
6. 关键安全功能 CSF 包括哪六个方面？
7. 简述三道安全屏障与关键安全功能之间的关系。
8. 简述未紧急停堆的预期瞬变 ATWS 的定义。
9. 简述操纵员对 SGTR 事故及时干预的重要性。

索引

(本索引按汉语拼音排序,每个词条后面的数字,是它在本书中首次出现地方的页码)

A

安全屏障 138
安全壳 2
安全壳喷淋系统 25
安全壳完整 138
安全文化 10
安全注射系统 9
安全状态 136

B

包壳 2
保护梯形 64
不可识别的泄漏 22

C

操作员 19
常规岛 6
常轴向偏移控制 65
超功率温差 24
超温温差 24
次临界度 140
次临界公式 48

D

大亚湾核电厂 17
碘坑 4
动作 21
堆芯冷却 9
堆芯剩余释热 2
堆芯寿期 5
多重故障 130

E

二回路 6
二回路热阱 137
二氧化铀 61

F

反流方法 167
反应堆保护系统 6
反应堆补给水系统 43
反应堆冷却剂泵 3
反应堆冷却剂系统 2
反应堆临界 1
反应性 2
放射性 2
峰值线功率密度 62
俘获反应 3

负荷瞬变 66
辅助给水系统 36
辅助喷淋 98

G

高级操纵员 11
给水流量 92
功率亏损 1
功率量程 93
功率运行 8
功能恢复导则 131
固有安全性 5
故障运行规程 18
关键安全功能 130
关键安全功能状态树 131

H

核岛 6
核电厂 1
核功率 93
核裂变 1
化学和容积控制系统 6
缓发中子 3
换料 2
换料水贮存箱 98

J

技术规格书 5
极限事故 8
紧急状态 139

K

可控泄漏 22
可识别的泄漏 22
控制棒 5
控制棒驱动机构 5
快速降负荷 6

L

链式裂变反应 1
裂变产物 1
裂变碎片 2
冷却剂装量 115
冷停堆 6
临界条件估算 42
零功率 5

M

慢化剂 5
慢化剂温度系数 5
美国西屋公司 91

P

排污方法 167
偏离泡核沸腾 6
偏离状态 140
硼热再生系统 93
平衡氙毒 1
平均线功率密度 62

Q

启动 4
启动率 140
汽轮机 6
汽腔 6
秦山核电厂 21
秦山第二核电厂 35
轻水堆 3

R

燃料元件 3
热备用 8
热管因子 28
热流密度 61
热平衡计算 79
热态 1
热停堆 8
容积控制水箱 98

S

三哩岛事故 130
设备冷却水 91
剩余功率 2
剩余裂变发热 2
事故规程 19
失水事故 116
衰变热 2
瞬发中子 3

T

停棒 6
停堆深度 6

W

外推法 48
未紧急停堆的预期瞬变 137
稳压器 6

X

稀释率 42
稀有事件 8
线功率密度 6
氙振荡 63
象限功率倾斜比 22
泄漏 8
行政性控制规程 19

Y

压力边界完整 138
压力边界泄漏 22
压水堆 1
研究堆 4
严重状态 140
异常运行规程 91
一回路 2
仪控通道失效 116
应急堆芯冷却系统 32
应急加硼 97
应急响应导则 131
应急运行规程 130

余热排出系统 3
源量程 45
运行规程 17
运行模式 22
运行梯形 64

Z

载硼运行 5
正常喷淋 166
正常运行 2
正常运行规程 17
正常状态 140
蒸汽发生器 3
蒸汽发生器传热管破裂 9
蒸汽流量 165
蒸汽排放方法 167
质量保证 12
质量控制 12
中等频度事件 8
中间量程 95
中子 2
轴封注入水 110
轴向偏移 30
轴向通量偏差 22
自然循环 115
纵深防御 138
最低临界温度 5
最佳恢复导则 131
最佳终结状态 136
最终安全分析报告 8

其他

γ射线 2
E 导则 131
ECA 导则 131
ES 导则 131
E—0 导则 133
E—1 导则 133
E—2 导则 136
E—3 导则 153

参考文献

[1] 国防科学技术工业委员会．核电厂操纵人员的执照考核(EJ/T1043—2004).

[2] 郑福裕,邵向业,丁云峰．压水堆核电厂运行．北京:原子能出版社,1998.

[3] 美国核管会培训中心编著．核电厂培训教程．孔昭育等译．北京:原子能出版社,1992.

[4] 陈维敬主编．中国电力百科全书．核能及新能源发电卷(第2版)．北京:中国电力出版社,2001.

[5] 陈济东主编．大亚湾核电站系统及运行(下册)．北京:原子能出版社,1995.

[6] 郑福裕编著．压水堆核电厂运行物理导论．北京:原子能出版社,2009.

[7] 张大发主编．启用反应堆运行与管理．北京:原子能出版社,1997.

[8] 朱继洲主编．核反应堆运行．北京:原子能出版社,1992.